KB102163

손영운의 우리 땅
과학답사기

손영운의 우리 땅
과학 답사기

손영운 지음

살림Friends

| 살아 있는 자연사 박물관 우리 땅을 가다 |

온 나라가 월드컵 열기로 가득 찼던 2002년 봄, 나는 17년을 근무했던 교직을 그만두었다. 이유는 단순했다. 사람이 이 세상에 태어나 80년을 산다면 그중 반은 진짜로 자신이 원하는 삶을 살아야 한다는 생각 때문이었다. 이 생각 속에는 지난 40년은 완전히 자신의 의지대로 살지 못했다는 후회가 깃들어 있다. 세상에 태어나는 일, 초등학교, 중학교, 고등학교 그리고 대학교를 다니는 일, 사회인이 되어 직장을 선택하고, 직장생활을 하는 일, 결혼하고 아기를 낳아 부모로서 사는 일 등등. 되돌아보면 많은 부분이 부모님의 의견에 따라, 세상의 가치관에 따라 또는 사람들의 눈치를 보면서 살았던 것 같다.

나는 일찍부터 여행 작가가 되고 싶었다. 마흔 살 이후 나머지 인생은 여행 작가로 살고 싶었다. 두 발로 뚜벅뚜벅 온 세상을 밟으며 내가 태어난 조국의 땅을 감상하고, 기회만 된다면 다른 나라의 땅도 돌아보면서 사진을 찍고, 글을 쓰고, 세상 사람들에게 나의 경험을 알리는 일을 꼭 하고 싶었다. 그래서 대동여지도를 만든 김정호, 『택리지』를 쓴 이중환, 자전거 여행을 하며 우리 땅 이야기를 전한 소설가 김훈과 같은 이들을 동경했다.

우리 땅을 돌아보는 일은 나에게 큰 기쁨을 주었다. 누가 시키지도 않았고 돈이 되는 일도 아니었지만, 나는 정말 자발적으로 지난 3년 동안 한 달에 한 번 이상 열심히 우리 땅을 찾아다녔다. 어느 날은 새벽에 훌쩍 혼자 KTX를 타고 떠나 땅끝 마을 해남을 가기도 했다. 고창에 갔을 때는 한여름에 온가족을 데리고 선운산을 오르다가 아이들로부터 원망을 듣기도 했다. 오대산을 내려오다 발을 헛디뎌 미끄러지면서도 카메라를 보호하려다 무릎을 심하게 깨어 먹었고, 연천의 멋진 주상절리를 찍기 위해 같은 장소를 네 번이나 방문했다. 철원의 비무장지대에서는 군인들의 눈길을 피해 조마조마한 심정으로 몰래 사진을 찍었으며, 단양의 천동동굴을 취재하다가 갑자기 한동안 정전이 되어 갇혀 버린 적도 있었다.

여행을 갈 때마다 늘 크고 작은 사건들이 일어났지만 모두 소중한 추억으로 남아 있다. 이 책은 이러한 나의 소망과 추억이 열매가 되어 나온 것이다. 사진을 찍고 글을 쓰면서 나는 여행과 글쓰기의 즐거움을 만끽했다. 이 책은 '우리 땅 답사기' 시리즈의 첫 번째 책이다. 이번에는 행정구역 단위로 21군데의 땅을 소개했지만 앞으로 79군데를 더 답사할 것이고, 차례로 책으로 낼 것이다. 그래서 우리나라 사람이라면 꼭 한 번은 가야 할 우리 땅 100곳을 소개할 생각이다. 또한 이 일이 마무리되면 나라 밖으로 영역을 넓히겠다는 소망도 가지고 있다. 대한민국 사람으로 태어나 우리 땅을 돌아다녔다면, 지구인으로 태어났으니 다른 나라의 땅도 가 봐야 한다는 생각이다.

무엇보다 이 책은 과학을 테마로 한 답사기다. 지구과학을 전공한 과학자의 눈으로 본 우리 땅 이야기가 큰 주제라고 할 수 있다. 그래서 우리 땅을 이루고 있는 다양한 지형의 형성 과정을 체계적으로 알려 주기 위해 노력했다. 설악산은 거친 봉우리로 되어 있는데 태백산은 부드러운 능선으로 되어 있는 까닭, 제주도의 폭포가 남쪽 해안에 몰려 있는 이유, 삼척과 단양에 석회 동굴이 많이 분포하는 원인 등을 쉽게 설명했다. 사실 내가 여행을 하면서 느꼈듯이 독자 여러분도 이 책을 읽으면서 '이 좁은 땅 덩어리에 참으로 많은 이야기가 숨어 있구나.' 하고 생각하게 되기를 기대하고 있다. 내가 태어난 땅에 대해 그동안 많은 것을 모른 채 살았음을 반성하게 되는 계기도 되지 않을까 하고.

이 책을 쓰면서 나는 이 땅에 태어난 것이 참 고마웠다. 한 시간 거리만 벗어나면 전혀 성질이 다른 땅으로 된 산과 들을 가진 나라는 대한민국밖에 없을 것이다. 만약에 내가 미국이나 중국에서 태어났다면 이런 책을 쓰기 위해서는 비행기를 타고 다녀야 했을 것이고, 시간과 경비 때문에 감히 엄두가 나지 않았을지도 모른다. 또 원고를 다양한 정보를 빠른 속도로 검색할 수 있는 인터넷, 글과 사진을 마음껏 표현할 수 있는 한글 프로그램이 있어 고마웠다. 이 또한 내가 우리 땅에 태어났기 때문에 누릴 수 있는 특권일 것이다. 원고를 매달 연재해 준 월간 「뉴턴」과 이를 단행본으로 만들어 준 살림출판사에도 고마움을 전한다. 이런 고마움에 보답하기 위해서라도 더욱 열심히 공부하고, 돌아다니며 사진을 찍고, 좋은 글을 붙여 우리 땅 답사기를 쓸 생각이다.

다시 보니 정말 부족함이 많은 글이고 사진이다. 앞으로 더 좋은 글과 사진으로 채운 원고를 쓰겠다는 마음으로 부족함을 대신하고자 한다. 마지막으로 이 책을 읽는 모든 분들에게 우리 땅에 대한 나의 사랑을 전하고 싶다.

2009년 4월 손영운

■ 이 책의 과학 답사 여행지 21

19 속초

01 연천   20 춘천
02 포천   강원도

04 강화도

18 평창   16 삼척
17 영월
15 태백

03 시화호

경기도

05 태안   충청북도   14 단양

13 안동
12 천소

충청남도   경상북도

11 포항

07 진안
06 부안   전라북도

08 고창   경상남도

10 태종대

전라남도

09 해남

제주도
21 남제주군

"불의 땅 위에 세워진 도시
경기도 연천„

01

한탄강은 북한 평강군의 장암산에서 발원하여 강원도와
경기도 일부 지역을 흐르다가 임진강으로 유입되는 총 길이 144km의 강이다.
오늘날 사람들에게는 함부로 넘나들 수 없는 분단의 상징인 휴전선을
자유롭게 흐르고 있어 남다른 감회를 주는 강이기도 하다.
또한 한탄강은 화산 폭발로 분출된 용암대지 위를 흐르고 있어
다른 강 주변에서는 볼 수 없는 다양한 화산활동의 흔적을 찾아볼 수 있다.
사진은 한탄강과 임진강과 만나는 연천군 군남면 남계리 도감포 주상절리 절벽이다.

...

땅은 온몸으로 운다. 땅이 울면 세상이 흔들리고,
그것을 딛고 살아가는 생명체도 흔들린다.
이 단순한 땅의 울음은 그간 말하고 싶었던 속내를 거침없이 보여 준다.
쉽게 드러내지 않았던 땅의 고뇌는 매캐한 냄새와 함께 붉은 빛의 눈물을 만들어 낸다.
그래서 땅의 눈물은 뜨겁지만 강인하다. 땅이 울음을 통해 자신의 속내를 드러낼 때,
함께 흘러나온 눈물이 세상을 녹인다. 그 뜨거운 눈물은 단단한 것들을 녹이고,
녹아 버린 것들은 재빨리 차가운 공기와 만나 다시 단단한 것이 된다.
뜨거워졌다 다시 차가워지는 자연의 순환. 땅의 눈물은 그 순환을 재빠르게 바꾸어
온갖 역경을 이겨 낼 수 있는 강인한 땅을 만들어 낸다.

...

아슐리안 주먹도끼가 발견된
연천 전곡리 선사 유적지 | 경기도 최북단에 위치하고 있는 경기

도 연천. 이곳은 약 3,000만 년~30만 년 전 사이 오리산(해발 452m, 북한 평강
군)을 중심으로 발생한 화산 폭발 때 분출된 용암으로 만들어진 땅이다. 가장
마지막으로 분출했던 용암이 약 30만 년 전의 것으로 보인다. 그래서 보통 수억
년의 나이를 가진 우리나라 다른 지방에 비해 연천은 갓 태어난 어린 땅이라 할
수 있다. 제주도 못지않게 넓은 용암대지 위에 세워진 연천은 수량이 풍부한 한
탄강이 흐르고 있어 사람들이 주거하기 좋은 조건을 가지고 있다. 전곡리 선사
시대 유적지와 학곡리 고인돌 등을 살펴보면 오래전부터 사람들이 살았다는 것
을 알 수 있다.

　1978년 1월. 당시 주한 미군이었던 그랙 보웬G. Bowen은 한국인 애인과 함께
전곡리 한탄강 강변으로 데이트를 하러 왔다가 우연히 구석기 유물을 발견하
게 되었다. 일반인들이라면 무심히 넘길 돌멩이에 불과한 것이었지만 고고학
을 전공했던 보웬에게는 평범한 것이 아니었다. 그는 자신이 발견한 돌멩이를
당시 서울대학교 박물관장이었던 고故 김원룡 교수에게 보냈다. 그 후 보웬이
발견한 돌멩이는 동아시아 구석기 문화사에 큰 획을 긋는 의미심장한 유물로
판명되었다.

　보웬이 발견한 것은 아슐리안Acheulean 주먹도끼로 불리는 것으로 프랑스의 생
아슐St. Acheul 유적지에서 처음 발견된 석기시대 돌도끼의 일종이었다. 석재의 양
쪽 면을 가공해 날을 세우는 방법으로 제작된 아슐리안 주먹도끼는 약 150만 년
전 아프리카 직립원인에 의해 처음 사용된 이후 전기 구석기 동안 지속적으로
사용되어 전기 구석기 문화의 상징으로 통하는 유물이었다. 그러므로 보웬의 발
견은 우리나라 고고학사에서는 아주 혁명적인 일이었다. 그때까지 우리나라를

비롯한 동아시아에서는 아슐리안 주먹도끼가 발견되지 않아 전기 구석기 문화가 존재하지 않은 것으로 알고 있었기 때문이었다. 하지만 연천군 전곡리에서 아슐리안 주먹도끼가 발견됨으로써 동아시아에도 유럽이나 아프리카처럼 전기 구석기 문화가 존재함이 새로 밝혀졌다. 또한 우리나라가 동아시아 구석기 문화의 중심지라는 것이 판명된 것이다.

전곡리 선사 유적지는 김원룡 교수를 중심으로 대대적인 발굴이 있은 후, 1979년 10월 국가사적 제268호로 지정되었다. 유적의 보존 상태가 양호하여 학술적으로 높은 가치를 인정받아 현재는 제4차 발굴 당시의 모습을 그대로 보존한 토층 전시관과 당시에 발견된 유물들을 전시한 구석기 유적관이 있어 지역 관광 산업에 일조를 하고 있다.

연천에 일찍이 구석기 문화가 발달할 수 있었던 것은 지형적인 특징이 큰 원인이 되었다. 한탄강이 공급하는 풍부한 물과 넓은 용암대지는 농사를 짓기에 적당했으며, 또한 현무암으로된 수직 절벽으로 둘러싸인 지리적인 위치는 외부의 침입을 막기에 아주 좋은 조건이었던 것이다.

◨ 전곡리 토층 전시관 내부 전시실. 토층 전시관 안에는 1981년 실시된 제4차 발굴 당시의 모습을 그대로 재현·복원한 발굴 현장이 두 곳 있다. 발굴 당시 출토된 각종 유물이 전시되고 있으며 입체 영상으로 재미있게 구성한 영상물이 방영되고 있다.
◩ 전곡리에서 발견된 아슐리안 주먹도끼.

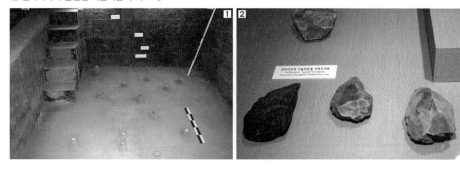

한탄강이 '큰 여울의 강'으로 불리는 까닭

| 연천의 젖줄인 한탄강은 그 이름에서 얼핏 '한탄스러운 강'이라는 느낌을 받는다. 그래서 이곳 사람들은 후삼국 시대에 철원에 도읍을 정했던 궁예가 태조 왕건의 군대에게 쫓기면서 자신의 신세를 한탄한 데서 강의 이름이 비롯되었다고 말하기도 한다.

그러나 한탄강漢灘江은 본래 '큰 여울의 강'이라는 뜻이다. '여울'의 뜻을 살펴보면 '하천 바닥이 폭포의 경사보다는 작지만 급한 경사를 이루어 물의 흐름이 빠른 부분'이라고 되어 있다. 또한 "여울의 하천 바닥은 주로 굵은 조약돌로 이루어져 있으며, 물이 소리 내어 흐른다."라고 설명되어 있다. 한탄강이 딱 이에

◐ 도감포 주상절리 절벽. 한탄강은 경기도 연천군 남계리 남단에서 임진강을 만나 아우라지(하천이 만나 아우러지는 곳)를 이룬다. 화진초등학교에서 남쪽 방향으로 계속 가면 제법 폭이 넓은 강을 만나고 그 건너편으로 규모가 큰 주상절리 절벽이 버티고 서 있다.

해당한다. 여울도 큰 여울이라고 했다. 직접 가서 보면 한탄강이 여느 다른 강보다 훨씬 깊은 골을 가지고 있음을 알 수 있다. 그래서 조선시대의 대표적인 실학자인 이중환은 『택리지』에서 한탄강을 "들 가운데에는 물이 깊다."라고 표현했다.

한탄강이 '큰 여울의 강'이라는 이름을 얻고 "들 가운데 물이 깊다."라고 표현된 까닭은 한탄강이 용암대지 위를 흐르면서 깊은 협곡을 만들었기 때문이다. 한탄강이 이렇듯 골이 깊은 협곡을 이루며 흐르는 것은 용암이 굳어서 형성되는 암석인 현무암이 가지는 특징 때문이다.

뜨거운 용암은 식을 때 공기와 접한 표면부터 냉각되는데 이때 암석은 식으면서 수축된다. 그 과정에서 용암은 다각형의 주상절리를 형성하게 된다. 그러면 용암대지 위를 흐르던 한탄강의 물이 주상절리의 절리 면을 따라 흐르면서 침식작용이 집중적으로 이루어져 강 양쪽에 경사가 급한 수직 절벽을 만들게 되는 것이다.

육당 최남선은 자신의 글 '금강 예찬'에서 주상절리를 두고, '하늘의 신령이 깎아 만든, 모서리가 쪽쪽 진 큰 기둥을 묶어 세운 듯한 불가사의한 커다란 장벽'이라고 묘사한 적이 있는데, 연천군 남계리 아우라지 주변에 펼쳐진 웅장한 주상절리 절벽을 보면 그의 말을 실감할 것이다.

주상절리의 백미, 재인폭포

도감포의 주상절리도 멋있지만 연천에서 주상절리 하면 재인폭포가 압권이다. 재인폭포의 주상절리는 바로 눈앞에서 볼 수 있고 손으로 직접 만질 수도 있어 다른 지역의 주상절리보다 더 친근감이 든다.

1 재인폭포. 보개산을 지나는 한탄강의 줄기에서 흐른 물이 약 18m의 높은 절벽에서 떨어지는 곳으로 겨울에는 얼음 폭포를 자랑한다.

2 재인폭포 초입으로 들어가는 길 옆에 있는 절벽. 아랫부분이 세 층으로 이루어져 있고, 현무암이 밑에 흩어져 있다.

재인폭포를 처음 보는 순간에는 그 빼어난 경관에 숨이 멎을 것 같았다. U자 형태의 계곡을 빙 둘러 다각형의 주상절리가 촘촘히 붙어 있고, 어떤 것은 중간에 끊어져 있기도 한데 모양이 같은 것이 하나도 없을 정도로 다양하다. 재인폭포의 크기는 전체 길이는 100m도 넘고, 전면에서 볼 때 너비는 약 30m, 높이는 약 18m 정도로 폭포 아래에는 큰 웅덩이가 패여 있다.

폭포는 아래로 떨어지는 물살이 거침없을 때 그 기운이 실함을 느낀다. 수직으로 떨어지는 폭포수는 한 치의 오차도 없이 만유인력의 법칙을 고스란히 몸으로 실천하고 있다. 특히 물이 위에서 아래로 떨어지며 물 바닥을 만나면, 그

반동으로 주변에 물보라를 만들어 낸다. 거센 물살이 만들어 낸 마찰은 폭포를 찾는 사람들에게 시원함을 안겨 준다. 그러나 재인폭포의 주인공은 거침없는 물살이 아니라 그 뒤에서 감싸 주고 있는 주상절리들이다.

학자들의 연구에 따르면 재인폭포는 하천의 물이 깎아서 만드는 여느 폭포와는 달리 평평한 용암대지 중 일부 시역이 움푹 내려앉아 큰 협곡이 생기면서 형성된 것이라고 한다. 그 두께를 볼 때 이 지역에 얼마나 많은 용암이 흘렀는지 가히 짐작할 수가 있다. 실제로 재인폭포로 들어가는 입구 근처에는 주상절리 절벽에 층이 져 있는 것을 알 수 있다. 눈으로 보아도 세 개의 층이 보이는데, 이것으로 보아 이 지역에는 용암이 시간의 차이를 두고 최소한 세 번 이상 흘렀음을 짐작할 수 있다.

그런데 연천을 탐사하는 동안 연천에서는 주상절리가 전혀 특별한 것이 아니라는 사실을 알게 되었다. 도로 곳곳에 주상절리가 널려

1 전곡읍으로 가는 도로 변에 드러난 주상절리 절벽. 전곡읍으로 들어가는 도로 왼쪽으로 주상절리가 노출되어 있다. 저 절벽 뒤쪽으로 전곡읍이 자리 잡고 있다.

2 가까이에서 본 주상절리의 모습.

있었기 때문이다. 전곡읍으로 들어가는 도로변이나 한탄강의 지천들을 건너는 다리가 놓여 있는 곳 주위에는 대부분 주상절리가 발달해 있다. 그 주상절리 절벽 위로 용암대지가 펼쳐져 있고, 그 위에 전곡읍이 있었다. 수십만 년 전에는 수백 도가 넘는 뜨거운 불길이 가득한 곳이었건만 오랜 세월이 지난 오늘날은 전곡읍 어디에서도 그 열기를 찾아볼 수 없다.

현무암으로 만든 군사 요충지 호로고루

이중환은 『택리지』에서 연천의 돌의 형상을 "검은 돌이 마치 벌레를 먹은 것과 같으니 이는 대단히 이상스러운 일이다." 라고 기술하였다. 이때 검은 돌이란 현무암을 말한다. 현무암은 화산이 폭발할 때 분출하는 용암이 식어서 된 암석으로 그 이름대로 검고[玄] 군센[武] 암석[巖] 이다. 현무암이 검게 보이는 까닭은 마그네슘(Mg)과 철(Fe) 성분이 많이 포함되어 있기 때문이고, 벌레를 먹은 것과 같이 보이는 것은 현무암이 생성될 때 공기가 빠져나간 구멍(기공, 氣孔) 때문이다. 현무암의 특징인 수많은 기공은 마그마 상태일 때 그 속에 용해되어 있던 휘발성 기체 성분이 압력이 낮은 지표면으로 나왔을 때 대기 중으로 탈출하면서 만든 구멍이다. 그러므로 용암대지 위에 세워진 연천에서는 구멍이 숭숭 뚫려 있는 현무암이 가장 흔한 암석이다.

연천에 살았던 사람들은 현무암을 여러 용도로 사용하였는데 그 대표적인 예가 고구려 때 축조된 작은 성들이다. 한탄강 수직 단애 위에 축조된 군사 방어용으로 지어진 은대리 성과 당포 성, 호로고루 성이 바로 그것이다. 이들 성터로 올라가 보면 임진강이 한눈에 들어오고 성 아래로 강물이 유유히 흐르고 있어 외침을 감시하기에는 아주 적격이라는 생각이 든다. 그런데 이들 성을 이루고 있는 바위들을 자세히 살펴보면 모두 현무암이라는 것을 알 수 있다. 옛 고구려인들이 나라를 지키기 위해 그 지역에서 가장 흔하게 구할 수 있는 현무암으로 성을 쌓은 것이다.

호로고루가 천연의 요새가 될 수 있었던 것은 임진강 주변에서 말을 타고 도강할 수 있는 유일한 곳이기 때문이다. 전투시 식량 보급은 전쟁의 승패를 좌우할 수도 있기 때문에, 호로고루는 전략적으로 매우 중요한 지역이었다. 또한 호로고루에 올라 주변을 살펴보면 임진강의 먼 곳이 보이고 건너편의 이잔미 성지역도 쉽게 조망할 수 있다. 또한 이곳은 668년에 고구려가 멸망하기 전 끝까지 저항했던 곳으로서 그 역사적 의의가 크다. 『미수기언』동사^{東事}「신라세가

○ 사적 제467호로 지정된 연천 호로고루는 고구려 시대에 건축된 성으로 임진강 북쪽의 현무암 수직 단애 위에 세워진 성이다. 규모는 작지만 행정적·군사적으로 매우 중요한 기능을 수행했던 성으로 추정되는데, 특히 고구려 와편이 대량 출토되어 학계의 많은 관심을 모았던 곳이다. 호로고루 앞에 보이는 벽돌 모양의 돌멩이들이 현무암으로 된 것들이다.

하」에 보면 "고구려가 망하고 당나라 장수 이근행^{李謹行}이 고구려의 남은 무리를 호로하^{瓠濾河}에서 격파시키니 여러 패잔병들이 모두 신라에 항복해 왔다."라고 적혀 있다. 남한에 얼마 안 되는 고구려 성 중의 하나인 호로고루 성. 이곳이 하루 빨리 복원되어 예전의 그 모습을 찾았으면 좋겠다는 바람이다.

중생대 백악기 때 화산활동의 흔적

| 연천을 덮은 용암대지는 대부분 신생대 제4기에 있었던 화산활동 때 분출한 용암으로 된 것이다. 하지만 그보다 훨씬 오래전인 중생대 백악기* 시대에도 연천에서는 화산활동이 활발했다. 우리나라 영남 지방을 중심으로 한반도 전체에 격렬한 화산활동이 있었고 용암이 분출하던 백악기 때 연천에서도 화산활동과 용암 분출이 있었던 것이다.

이러한 흔적은 연천군 신탄리 한탄강변의 자살바위 주변에 가면 찾아볼 수 있다. 자살바위 근처에 가면 화산이 터질 때 분출한 화산재와 자갈이 서로 뒤섞여 마치 콘크리트처럼 굳은 응회각력암이 널려 있고, 또한 넓은 면적에 화산재가 쌓여 퇴적암이 된 녹색 응회암을 발견할 수 있다. 그 녹색 응회암 위로 유속이 빠른 한탄강이 S자 모양으로 휘돌아 흐르고 있는데, 강물의 속도가 빠른 곳은 침식작용이, 느린 곳은 퇴적작용이 활발하게 일어나 자살바위 건너편에는 마치 사막에 온 듯한 느낌을 줄 정도로 많은 모래가 쌓여 사구를 이루고 있다.

---

* **백악기** 지질시대는 선캄브리아대-고생대-중생대-신생대 등 네 개의 대(代)로 구분한다. 중생대는 약 2억 2,500만 년 전부터 약 6,500만 년 전에 해당하는 지질시대로 오래된 순서부터 트라이아스기-쥐라기-백악기의 세 개의 기(期)로 구분한다. 트라이아스기는 2억 3,000만~1억 8,000만 년 전, 쥐라기는 1억 8,000만~1억 3,500만 년 전, 백악기는 1억 3,500만~6,500만 년 전에 해당한다.

◯ 연천군 신탄리 자살바위 앞으로 흐르는 한탄강 주변 지역. 자살바위는 우측에 솟아 있는 작은 산을 가리키는데, 옆에서 보면 깎아 지르는 절벽으로 되어 있다. (**1**, **2**, **3**)

거꾸로 자라는 고드름의 정체

고대산은 경기도 연천군과 강원도 철원군의 경계에 있는 산으로 현재 휴전선에서 가장 가까운 산행지로 유명하다. 그곳에는 과거에 경원선 기차가 지나갔던 터널이 있다. 사람이 쉽게 드나들지 못하는 터널 안에는 역고드름이 자라고 있다.

실제로 가서 보면 폐터널이 마치 얼음 동굴 같아 보인다. 길이 50~150cm, 직경 5~20cm의 고드름이 마치 얼음 기둥처럼 거꾸로 서 있다. 매년 12월부터 터널 땅에서 솟아오르기 시작해 2월 중순께는 역고드름이 천장의 고드름과 만나 얼음 기둥을 형성하면서 절정을 이룬다. 고드름이 땅에서 솟아오른다고 생

1 강 주위에는 색깔이 검고 구멍이 많이 뚫려 있는 현무암과 녹색을 띤 응회암이 많이 분포한다. 현무암은 화산활동으로 형성되는 화산암의 일종이고, 응회암은 화산재가 쌓여 굳어진 퇴적암이다. 현재 사진의 현무암은 응회암이 콘크리트처럼 서로 섞여 있다.

2 사나운 물살이 흐르고 있고, 그 옆으로 응회암이 있다. 오랜 세월 동안 물이 흐르면서 침식작용을 일으켜 기이한 모양을 만들었다.

3 강물이 흐를 때 유속이 느린 곳에는 침식작용을 받은 모래나 자갈이 운반되어 퇴적작용이 일어나는데, 한탄강 주변에는 이런 과정으로 형성된 모래언덕이 잘 발달되어 있다.

각해서인지 사람들은 이를 보고 역고드름이라고 부르고 있었다.

하지만 고드름은 땅에서 솟아오르는 것이 아니라 천정에서 물이 새서 떨어지면서 얼음 종유석을 만들고, 얼음 종유석 끝을 타고 떨어진 물이 바닥에 떨어져 얼음 석순을 만드는 것이다. 또한 마치 석회동굴에서 종유석과 석순이 자라 만들어진 석주처럼 얼음으로 된 석주가 서 있다.

경기도 최북단에 위치한 연천. 땅의 울음과 눈물이 만들어 낸 이곳은 빼어난 자연경관 뒤에 한반도의 아픈 과거와 현재를 담고 있다. 6·25전쟁 전까지 연천은 개성과 서울로 오가는 물자들이 모이던 곳이었지만 지금은 분단의 상징이 되어 버린 것이다. 연천의 관광자원 중에 안보5경을 살펴보면 전쟁의 흔적들을 쉽게 찾을 수 있다. '태풍전망대', '1·21무장공비침투로', '철도중단점', '열쇠

전망대,' '상승OP 제1땅굴' 등은 연천이 단순히 아름다운 고장이 아니라 전쟁의 아픔을 간직하고 있는 곳임을 알려 준다. 이들의 이름만 봐도 한반도의 분단 현실을 피부로 느끼기에는 부족함이 없다.

아직까지 연천의 비무장지대 주변에는 전쟁의 기운이 흐른다. 언

○ 연천군과 철원군의 경계 지역인 연천군 신서면 대광2리에 위치한 고대산에는 과거 경원선 열차가 지나다니던 터널이 있다. 경원선은 1914년에 개통되어 서울의 용산과 원산을 잇는 총 길이 222.7km의 철도였으나, 6·25전쟁 이후 남북 분단으로 끊어졌다. 지금은 폐터널이 되었는데, 안에 '역고드름'으로 불리는 얼음 기둥이 발달해 있다.

제 다시 연천에 평화가 찾아오는지. 아름다운 자연경관 뒤에 숨어 있는 분단의
아픔이 마음속 깊은 곳의 울림으로 다가왔다. 용암에 의해 녹아내리고 다시 단
단하게 굳어진 연천의 땅은 전쟁의 상처를 딛고 굳건하게 일어선 우리의 역사
와 많이 닮았다. 둘로 나뉜 우리 땅의 아픔이 평화로운 기운으로 변화될 날들을
손꼽아 기다리며 발걸음을 옮길 수밖에 없었다.

찾 · 아 · 가 · 보 · 기

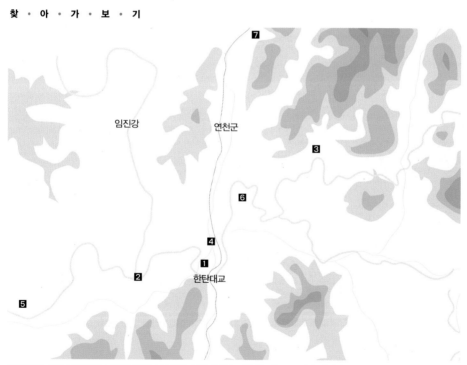

1 전곡리 선사 유적지 **2** 남계리 도감포 주상절리 **3** 재인폭포 **4** 전곡읍 도로변 주상절리 **5** 연천 호로고루 **6** 산탄리 자
살바위 **7** 고대산 경원선 폐터널(역고드름)

02

> " 자연과 사람이 만나는
> 아름다운 땅
> 경기도 포천 "

대교천 현무암 협곡. 건너편이 포천시 관인면 냉정리이고 반대쪽은 철원군 동송을 장흥리다.
대교천 현무암 협곡을 가장 잘 볼 수 있는 곳은 장흥리에 있는
궁예도성이라는 음식점 주차장으로 이 사진도 그곳에서 찍은 것이다.
2004년 학술적 중요성을 인정받아 천연 기념물 제436호로 지정받았다.

...

땅은 그곳을 찾는 사람과 많이 닮았다.
어쩌면 이것은 자연과 함께 살아가는 우리들에겐 당연한 일이다.
경기도 포천은 그 지형적 특징과 이곳을 찾는 사람들의 특징이 많이 닮아 있는 고장이다.
포천의 땅은 강하고 단단하다. 화산활동을 통해 만들어진 이곳의 현무암들은
땅의 힘을 강하게 만들어 주었다. 강직하고 곧은 선비들이 은퇴한 뒤에
포천에 자리를 마련했던 것은 학문에 대한 곧은 의지를 지키기 위해서였을 것이다.
양사언, 박순, 이항복, 이덕형, 유응부, 최익현 등 대쪽 같은 지조를 지녔던
양반들도 관직에서 물러난 이후 포천에서 자리를 잡았다.
그래서 생거포천(生居抱川 : 살아서는 포천에 가야 양반이다)이라는
말이 생겼을 것이다.

...

영평천(永平川) 암반에 새긴
한석봉의 글들 | 포천은 예부터 지금까지 자연에 대한 사람들의 애정

을 듬뿍 받고 자란 땅이다. 그래서 포천에는 자연과 인간이 함께 만들어 낸 아
름다운 곳이 많다. 국립 광릉수목원과 산정호수가 대표적이다. 그 외에도 곳곳
에 식물원들이 잘 조성되어 있다. 사람들에게 자연과 어울리고자 하는 기특한
생각을 준 것은 한탄강이다. 용암대지를 깎아 만든 협곡을 흐르는 한탄강은 북
쪽으로 남대천, 대교천, 영평천, 차탄천 등 네 개의 지류를 거느린다. 이 가운데
영평천은 포천의 이동면에 있는 백운산에서 시작하여 포천 시내를 관통하여 흐
르는데, 나중에 포천천을 만나 한탄강으로 들어간다.

◎ 포천에 가면 우리 땅이 예뻐지고 있다는 것을 느끼게 하는 곳이 여럿 있다. 그래서 사람의 마음을 더하면 우리 땅이 좀
더 멋있어질 수 있다고 믿게 된다. 뷰 식물원도 그런 곳 중 하나이다. 예전에는 '바보꽃밭'으로 알려진 곳인데, 흔히 식물원
에서 볼 수 있는 '들어가지 마시오.'라는 팻말이 없다. 아이들이 마음껏 꽃 속에 파묻힐 수 있도록 배려하기 때문이다. 최
근에는 규모를 조금 더 확장하는 공사를 하고 있으며, 내가 갔을 때는 개양귀비꽃이 식물원을 울긋불긋 수놓고 있었다.

조선시대에 영평천 가까이에 영평현의 현청이 있었다고 한다. 영평현을 찾았던 조선의 문인들은 자연스럽게 영평천을 자주 찾았고 그곳에서 풍류를 즐겼을 것이다. 대표적인 곳이 포천시 창수면에 있는 창옥병이다. 창옥병은 푸른빛 구슬 병풍을 펼쳐 놓은 모양의 절벽으로 기암괴석으로 이루어져 있는데, 영평천이 보장산을 휘감아 돌면서 만든 것이다. 영평8경의 하나로 절벽을 자세히 살펴보면 갖가지 동물 모양의 바위가 보이고, 소나무가 가지를 늘어뜨리고 있는 것이 마치 병풍의 그림처럼 보인다.

창옥병 건너편에는 옥병이라는 이름을 가진 마을이 있고, 입구에 옥병서원이 있다. 옥병서원의 주인은 조선시대 영의정을 지낸 사암 박순思庵 朴淳, 1523~1589이다.

○ 영평천 오른쪽으로 우뚝 솟아 있는 수직단애가 창옥병으로 보장산의 일부이다. 산 전체가 바위로 되어 있는데, 절벽 뒤쪽으로 암벽을 깎아 터널을 뚫어 포천시의 영중면과 연천군의 전곡리 사이를 통하게 했다. 아직 도로공사가 완전히 끝나지 않아 비포장도로이다.

박순은 조선 중기 문신으로 명종 5년[1553년]에 문과에 급제한 후 홍문관 교리, 대사헌, 이조판서, 우의정, 좌의정 등의 요직을 거친 후, 선조 5년[1572년] 영의정에 올라 15년간 재직한 조선의 대표적인 문인으로 뛰어난 문장력을 가진 사람이었다. 하지만 그는 1586년 율곡 이이가 탄핵되었을 때 그를 옹호하다가 함께 탄핵을 받은 후 스스로 벼슬을 물리고 창옥병에 눌러살았다. 옥병서원에는 박순의 위패가 모셔져 있고 그 앞을 흐르는 영평천 강변에는 암반이 강바닥까지 뻗어 있다. 주위 석벽이나 바위에는 박순이 지은 글을 바위에 새긴 암각문[巖刻文]이 있다.

옥병서원 건너편 새로 만든 주차장 옆 계단을 따라 내려가면 조선시대를 대표하는 명필가 한석봉[1543~1605]의 글이 새겨진 바위를 볼 수 있는데, 이를 창옥병

◉ 향토유적 제26호인 옥병서원. 인조 27년(1649년) 창건되었다. 고종 때 대원군의 서원철폐령에 의해 폐원했다가 1981년 포천시에서 복원했다. 하지만 근처 땅이 개인 땅에 묶여 바로 옆에 조립식 창고가 있고, 관리가 잘 되지 않아 계단과 마당에 잡초가 무성하여 찾는 이로 하여금 마음 아프게 한다.

1 영평천 바닥 암반 중에 약간 돌출된 부분에 와준(窪尊)이란 글씨가 새겨져 있다. 그 옆에는 항아리처럼 움푹 파인 구멍이 있는데, 박순은 이 자연적인 돌 항아리에 술을 가득 담아 놓고 가끔 찾아오는 양사언과 취흥을 즐겼다고 한다.

2 영평천으로 내려가는 계단 왼쪽으로 청령담(淸泠潭)이라는 글이 새겨져 있는데, 이는 주변에 물이 매우 맑고 투명한 담이 있다는 내용이다.

3 영평천으로 내려가는 계단을 오른쪽으로 돌면 만날 수 있는 암각문으로 수경대(水鏡臺) 암각문이라고 하는데, 새겨져 있는 글과 뜻은 다음과 같다.

谷鳥時時聞一箇(곡조시시문일개) 골짜기의 새소리 간간이 들리는데　　　匡床寂寂散群書(광상적적산군서) 쓸쓸한 침상에는 책들만 나뒹구네

每憐白鶴臺前水(매린백학대전수) 안타깝도다 백학대 앞 흐르는 물이　　　出山門便帶(재출산문변대어) 겨우 산문을 지나오니 문득 흙탕물일세

○ 포천 시내에서 43번 국도를 타고 북쪽으로 가다 영중면 거사리 포천천의 가운데 솟아 있는 커다란 바위가 백로주이다. 바위의 형상이 백로가 물 위에 서서 사방을 바라보는 모양이라고 하는데 아무리 보아도 그런 모습을 찾기 어려웠다.

암각문이라고 한다. 창옥병의 암각문은 주로 박순이 글을 짓고, 한석봉이 쓰고, 신이라는 사람이 바위에 새긴 것이라고 한다. 이들이 이처럼 바위에 글을 남긴 까닭은 나라와 임금에 대한 자신들의 굳은 의지와 속절없이 흘러가는 세월을 한탄하는 마음을 바위가 언제까지나 담아 주기를 바라서였을 것이다. 한석봉의 글씨체를 연구하기 위해 창옥병을 찾은 서예 전문가는 한석봉의 암각문 글씨체 중 이곳의 작품이 가장 크고 웅혼하며 보존 가치가 뛰어난 작품이라고 했다. 하지만 현재 창옥병 암각문이 있는 주변 상황은 매우 나쁘다. 영평천의 수량은 줄어들고, 암각문이 있는 곳은 물이 제대로 순환되지 않아 썩어 가고 있었다. 한때 술 항아리로 사용했다고 하던 와준(窪樽)의 돌개구멍은 녹색조류가 점령하여 악취를 풍기고 있었다.

암각문은 창옥병에만 있는 것이 아니다. 영평천을 거슬러 올라가다 좀 괜찮다 싶은 절경이 나오면 영락없이 암각문이 발견된다. 금수정 앞 영평천의 바위에는 봉래 양사언의 글이 새겨져 있다.

좀 더 상류로 거슬러 올라가면 영평교를 지나 포천천으로 이어지는 곳에 백로주白鷺洲 유원지가 나온다. 강 가운데 큰 바위가 우뚝 솟아 있는데, 백로주라는 명칭에 걸맞게 강 한가운데 모래톱과 함께 하얀색의 바위가 서 있고, 가끔 백로가 날아와 머물곤 한다. 전체가 한 개의 바위로 형성되어 그 형상이 마치 백로가 물속에 서서 사방을 바라보는 모양이라고 하여 붙여진 이름일 것이다. 이 백로주 바위에도 우암 송시열 등의 글이 새겨져 있어 포천은 과연 암각문의 본거지임을 알 수 있다. 한편 백로주 바위 뒤로는 모래톱이 잘 발달되어 있는데, 그 이유는 명덕리 삼석동 계곡에서 발원하는 명덕천이 만세교 부근에서 포천천과 합류해 유속이 느려지면서 모래가 쌓이기 때문이다.

신생대 제4기 지질을 대표하는 대교천 현무암 협곡

포천의 지질은 크게 세 종류로 나눌 수 있다. 먼저 포천의 기본을 이루는 땅은 경기 편마암 복합체다. 이 위로 대보 화강암이 분포하며, 그 위 일부 지역을 추가령 현무암이 덮고 있는 형태다.

경기 편마암 복합체는 25억 년 전~35억 년 전 선캄브리아대에 형성된 것이고, 대보 화강암은 중생대 쥐라기부터 백악기 사이에 형성된 것이며, 추가령 현무암은 약 27만 년 전 신생대 제4기에 형성된 것이다. 따라서 포천은 우리나라에서 가장 나이가 많은 35억 년 전의 땅과 우리나라에서 가장 나이가 적은 27만 년 전의 땅이 공존하는 곳이라 할 수 있다.

한편 경기도 포천시 관인면 냉정리와 강원도 철원군 동송읍 장흥리 사이를 가르는 대교천은 지질학적으로 매우 중요한 곳이다. 추가령 현무암으로 이루어진 협곡을 볼 수 있어 한반도 신생대 제4기의 지질과 지형을 이해하는 데 핵심이 되는 곳이기 때문이다. 최근에 대교천의 양

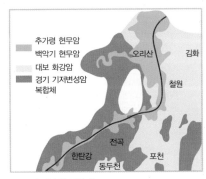

추가령 현무암
백악기 현무암
대보 화강암
경기 기저변성암 복합체

오리산 김화
철원
전곡
한탄강 포천
동두천

○ 경기 편마암 복합체

● 손영운의 **과학지식**   **경기 편마암 복합체와 대보 화강암**

- **경기 편마암 복합체** : 우리나라는 그림처럼 몇 개의 큰 지체 구조를 가진다. 지체 구조란 한마디로 한반도의 땅을 구성하는 몸이라는 뜻으로, 우리 땅의 바탕을 이루는 땅에 해당한다. 경기 편마암 복합체는 이들 지체 구조 중 경기 육괴의 한 부분을 이루는 것으로 경기 지역에 나타나는 편마암 덩어리를 가리킨다.

  그런데 이들 암석은 편마암뿐만 아니라 편암, 규암, 결정질 석회암 등 다양한 암석과 함께하며 오랜 세월 동안 여러 차례에 걸친 조산작용 과정에서 심한 습곡작용과 단층작용을 받았고, 또한 화강암화되는 과정을 거치면서 편마암 복합체가 되었다. 이 복합체는 지층의 구분이 어려울 정도로 암상의 변화가 심한 것이 특징이다.

- **대보 화강암** : 중생대 대보조산운동과 관련하여 형성된 쥐라기 화강암으로 대체로 흑운모 화강 섬록암이 많이 분포한다. 영평천 강바닥을 이루는 암반과 절벽에 암각문을 새긴 바위들도 대부분 이들 대보 화강암이다.

두만지괴
평북-개마 지괴
길주-명천 지괴
평남지향사
추가령 구조곡
동해
경기 지괴
황해
옥천 지향사
경상 분지
영남 지괴
제주 화산도
남해

○ 한국의 지체 구조

1 겨울철 대교천 현무암 협곡. 여름철에는 무성한 소나무에 가려 현무암 지층을 살피기 어렵다. 이 사진은 겨울에 찍은 것으로 용암이 적어도 세 번 이상 흘러 층이 겹겹이 쌓인 것을 볼 수 있다.

2 겸재 정선의 〈화적연〉

쪽 절벽을 이루고 있는 현무암을 방사성 동위원소를 이용한 연대 측정법으로 조사한 결과 절대 연령이 약 27만 년 전의 것으로 밝혀져 이 지역이 한반도에서 제주도와 함께 가장 최근에 형성된 땅이라는 것을 알게 되었다. 협곡을 자세히 살펴보면 당시 용암이 최소한 세 번 이상 분출한 흔적을 살필 수 있다. 그리고 협곡 곳곳에는 현무암의 주상절리가 아름답게 분포하고 있는데 아쉽게도 절벽이 워낙 깊어 가까이 가서 확인하기는 어렵다. 대신 여름철 래프팅을 할 때 보트를 타고 내려가면서 협곡을 살피면 곳곳에 주상절리가 발달해 있음을 알 수 있다.

대교천 현무암 협곡에서 남쪽 방향으로 대교천을 따라 내려가다 송정검문소로 가기 전 다리를 건너자마자 왼쪽으로 가면 군 휴양소가 나온다. 군 휴양소 맞은편으로 나지막한 산이 하나 있는데 산 이름은 고남산이고, 그 아래 대교천이 흐르는 물줄기 가운데로 거대한 백색 바위가 우뚝 솟아 있는데 바위의 이름은 화적연禾積淵이다.

1 화적연은 실제로 가서 보면 볏단을 쌓아 놓은 모양이라기보다는 산짐승이 얌전하게 엎드려 물을 마시는 모양처럼 보인다. 화적연 근처에서는 선캄브리아대, 중생대, 신생대를 대표하는 암석들을 모두 만날 수 있다. (**2**, **3**)
2 신생대 때 형성된 추가령 현무암. 화적연 자체는 중생대 때 형성된 대보 화강암이다.
3 백사장 바닥에는 경기 변성암 복합체의 한 성분인 규암을 볼 수 있다.

    화적연은 마치 볏단을 쌓아 놓은 볏더미, 즉 볏가리처럼 생겼다고 해서 붙여진 이름으로 영평8경 중 하나다. 화적연은 예로부터 빼어난 경관으로 유명했는데, 중국풍 그림을 답습하던 종래 화가들의 관념산수화에서 벗어나 우리나라의 산천을 직접 사생하며 자연을 사실적으로 표현하는 새로운 산수 화법을 창안한

진경산수화의 대가 겸재 정선^{1676~1759}이 금강산으로 여행을 하던 중에 한탄강의
비경에 감동을 받아 그린 그림 중 하나도 바로 〈화적연〉이었다.

광릉 국립수목원에서 만난
식물과 곤충들 | 포천은 한북정맥^{漢北正脈} 산줄기에 놓여 있다. 한북정맥
은 백두대간이 추가령에서 서남쪽으로 뻗어 내려 한강과 임진강이 만나는 하구
에 이르는 산줄기를 말한다. 이 줄기 중 하나가 해발 고도 622m의 죽엽산인데,
죽엽산 남쪽으로 뻗은 산줄기에 우리나라 최대의 국립수목원이 있다.

행정구역으로는 포천군 소흘읍 직동리에 위치한 이곳은 일반인에게는 광릉
수목원으로 널리 알려진 곳인데, 유네스코 세계 생물권 보존 지역으로 지정될
정도로 희귀한 식물과 동물 및 곤충이 서식하는 곳이다. 1987년 4월 문을 연 수
목원은 4.25km²의 면적에 광릉 특산인 광릉요강꽃, 광릉물푸레, 광릉갈퀴 등
희귀식물과 천연기념물인 크낙새, 장수하늘소 등 동물들이 서식한다고 한다.

국립수목원의 가치는 사람과 자연이 만나면 얼마나 아름다운 모습을 만들 수
있는지를 실천적으로 보여 준다는 데 있다. 원래 자연은 아름다운 것이지만, 인
간의 마음이 합해지면 더욱 아름답고 가치가 더해질 수 있다는 말이다. 이렇게
말하는 까닭은 국립수목원은 사람들이 연구와 관상 및 학습용으로 활용하기 위
하여 각종 식물을 수집하여 세운 학술 보존림에서 시작된 것이기 때문이다.

국립수목원에는 침엽 · 활엽 · 관목 · 약용 · 식용 · 고산 · 습지 · 수생^{水生} · 관
상 · 난대식물원 등 15개의 전문 식물원이 있는데, 약 2,800종의 식물이 종류별
로 분류되어 있어 식물 분류 공부에는 최고의 학습장이다. 특히 시각장애인들
이 촉감과 맛과 냄새로 나무를 식별하여 알 수 있도록 마련된 '손으로 보는 식

1 공작단풍. 가만히 보면 공작새가 날개를 펼친 모양을 하고 있어 공작단풍이라는 이름을 얻은 나무다. 우리 조상들은 단풍나무의 어린잎을 삶아서 나물로 먹었다고 한다.

2 각시수련. 한낮에는 꽃을 활짝 피우고, 저녁이 되면 꽃을 오므려 잠을 잔다고 해서 수련(睡蓮)이라는 이름을 얻었다. 식물 전체를 약으로 사용하는데, 특히 뿌리는 녹색 빛을 내는 염료로 이용한다.

3 노란 꽃을 피우는 노랑어리연꽃은 우리나라 남부지방과 일본에서 주로 서식하고 있다. 흔히들 수련과 연꽃을 혼동하는데, 각시수련과 같은 수련은 꽃과 잎이 물 표면에 있고 둥근 잎 한쪽이 갈라져 있지만, 노랑어리연꽃과 같은 연꽃은 꽃대와 잎자루가 아주 길게 물 위로 올라와 있고 큰 잎이 동그란 원 모양으로 되어 있다.

4 네가래는 무리 지어 자라는데, 작은 잎은 거꾸로 선 삼각형이고 자루가 없으며 길이와 폭이 각각 1~2cm다. 잎이 밭 전(田)자 모양으로 네 갈래로 나뉘어져 있어 네가래라는 이름을 얻었다.

물원'에는 맛이 쓰고 독한 소태나무와 생강나무, 냄새가 고약한 노린재나무, 향기가 뛰어난 서양측백나무, 만지면 따끔한 노간주나무 등이 심어져 있어 사람에 대한 배려가 잘 되어 있는 식물원이라는 믿음을 준다.

한편 국립수목원 내에서는 다른 어떤 지역보다 다양한 곤충을 만날 수 있다.

1 홍점알락나비. 계절에 따라 색깔이 다른데, 봄형은 황록색을 띠고, 여름형은 흰색을 띤다. 숙주가 되는 식물의 줄기나 잎에 알을 한 개씩 낳고, 애벌레로 낙엽 밑에서 겨울나기를 한다.

2 광대노린재. 노린재들은 곤충 중에서도 페로몬(동물이나 인간의 성 충동을 유발하는 냄새를 가진 호르몬)의 냄새가 강해서 사람들이 사용하는 향수의 재료가 되기도 한다. 원래 이 곤충을 손으로 잡으면 구린 냄새를 풍기기 때문에 '방귀벌레'라고도 한다.

3 진딧물을 잡아먹고 있는 칠성무당벌레. 칠성무당벌레는 아주 유익한 곤충이다. 식물로부터 영양분을 빼앗아 가는 진딧물을 하루에도 수백 마리씩 잡아먹기 때문이다. 그래서 유럽에서는 '성모마리아의 곤충', '성스러운 곤충', '태양의 곤충' 등과 같이 친근하게 불리운다.

4 길앞잡이. 몸의 빛깔이 비단처럼 아름다워서 비단길앞잡이라고도 한다. 들이나 산길을 지나는 사람들에 앞서서 계속 날아가므로 마치 길을 안내하는 것처럼 보여 붙여진 이름이다.

그것은 국립수목원이 우리나라에서 자생식물*이 가장 많이 자라는 숲이기 때문이다. 꽃과 식물의 종류가 다양하다는 것은 곤충의 종류도 다양함을 의미한다. 곤충은 주로 식물에 의지해서 살아가기 때문이다. 광릉수목원에는 약 250

＊ **자생식물** 사람의 도움 없이 스스로 싹이 터서 자라는 식물

종의 기미류와 2,500종의 곤충이 살고 있다고 한다.

또한 부속시설인 산림박물관에는 각종 식물 표본을 비롯하여 종이 · 옷감 · 악기 · 합판 · 가구 등 나무의 용도를 보여 주는 제품들이 1,500여 종 전시되어 있어 주위의 임업시험림과 함께 학술연구의 장場으로 사용되고 있다. 수목원을 관람하기 위해서는 반드시 5일 전에 전화나 인터넷으로 예약해야 한다. 단체로 관람할 때는 숲 해설사들로부터 친절한 설명을 무료로 들을 수 있다.

자연과 사람이 만나는 아름다운 도시

| 사람도 자연의 일부다. 그러나 우리는 마치 자연을 소유물처럼 생각하고 제멋대로 이용해 왔다. 인간의 편의를 위한 도시개발과 유흥시설들은 자연이 가지고 있는 소중한 가치를 변질시켜 버렸다. 이는 인간과 자연이 결코 하나가 될 수 없을 것만 같은 불길한 미래를 보여 주는 듯도 싶다. 그러나 포천의 자연은 예부터 지금까지 인간과 함께해 왔다. 포천시 곳곳에는 '자연과 사람이 만나는 아름다운 도시'라는 글귀가 걸려 있다. 실제로 포천은 사람이 만든 아름다운 곳이 많이 존재한다.

대표적으로 영북면 산정리에 있는 산정호수山井湖水를 자연과 사람이 만나 아름다운 곳으로 손꼽을 수 있다. '산에 있는 우물'이란 뜻의 이 호수는 후삼국시대 궁예왕에 관한 전설이 서린 명성산鳴聲山으로 둘러싸여 있다. 산정호수는 자연 호수가 아니라 1925년 인근 마을에 농업용수를 대기 위해 인공으로 만든 저수지다. 호수의 풍치가 빼어나 6·25전쟁 전에 김일성의 별장도 있었는데, 현재는 전망대로 사용되고 있다.

자연과 사람이 함께 어울려 만들어 낸 아름다움. 이 아름다움은 단순히 한순

◐ 경기도 포천시 영북면 산정리에 있는 산정호수의 원래 용도는 저수지다. 오른쪽으로 보이는 산은 명성산인데, 고려 건국 때 왕건에게 쫓긴 궁예의 슬픈 최후를 보고 산새들이 울었다 하여 붙은 이름으로 일명 '울음산'이라고도 한다.

간 눈의 즐거움을 위한 것이 아니다. 포천의 자연이 지금까지 많은 사람들의 시선을 빼앗았던 것은 그 속에 자연을 예쁘게 만들고 지키고자 하는 사람의 마음이 담겨 있기 때문일 것이다.

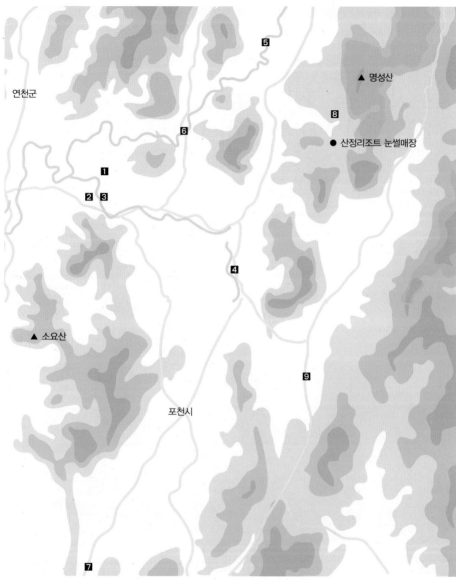

연천군

▲ 명성산

● 산정리조트 눈썰매장

▲ 소요산

포천시

1 창옥병 2 옥병서원 3 창옥병암각문 4 백로주 5 대교천 현무암 협곡 6 화적연 7 광릉 국립수목원 8 산정호수 9 뷰식물원

"사라진 것들을 잉태하는
한국의 그랜드캐니언 시화호"

경기도 화성시 송산면 고정리 산 5번지의 닭섬에서 발견된 퇴적 지층.
이곳은 바닷물이 있었을 때는 사람이 살지 않던 무인도였다.
이 일대에서 공룡 알과 둥지 화석 등이 발견되어 천연기념물 제414호로 지정되었다.

...

든 자리는 몰라도 난 자리는 안다고 했다.
소중한 것은 떠나간 후에야 비로소 그 존재감을 드러내곤 한다.
우리는 떠나간 것들을 그리워하면서도 가까이 있는 것들의 가치를 쉬 깨닫지 못한다.
늘 새로움과 변화를 추구하지만, 정작 그러한 이상이 실현되었을 때
사람들은 익숙함의 결핍 속에서 공허감을 느낀다.
자연도 마찬가지다. 자연은 '자연'스러울 수밖에 없어서 자연인 것이다.
그렇지만 이러한 자연스러움은 늘 개발 논리의 빌미가 되어 왔다.
자연의 미덕은 자연스러움이 아니라 인공스러움이라는 철학이 지난 수십 년간
우리 사회를 지배해 온 가진 자들의 패러다임이었다. 이에 따라 산은 깎이고 하천은 다듬어졌으며,
갯벌은 메워지고 평지는 빌딩으로 뒤덮였다. 인간과 자연의 만남은
지금껏 그런 식으로 이루어져 왔는데, 그러한 비정상적인 관계 속에서
탄생한 사생아가 바로 시화호였다.

...

6,000억 원짜리 교훈,
시화호 간척 사업 | 시화호는 바다를 막아 육지와 거대한 민물 호수

로 만든 후, 주변에 농경지와 공업단지를 조성한다는 환상적인 꿈을 갖고 탄생했다. 그러나 애초의 계획과는 달리 생명력을 잃어 애물단지로 전락했다. 그런데 최근 바다와 물길을 통하게 한 후 다시 태어나고 있다. 방조제 일부 구간에서 세계 최대의 조력 발전소가 건설 중이고, 바닷물이 빠진 곳에서는 잘 발달된 중생대 퇴적 지층과 그 속에서 공룡 알 화석이 발견되어 이 일대에 공룡 화석 전시관 건설을 추진 중이다. 그리고 인공 습지 갈대 공원은 철새들의 낙원이 되어 가고 있다.

시화호는 20여 년 전만 해도 육지로 쑥 들어온 평범한 바다였다. 그런데 1987년부터 개발 논리를 앞세운 정부가 방조제를 쌓고 물막이 공사와 매립 공사를 해서 인공 호수로 만들기 시작했다. 당시 개발 관계자들은 간척 사업이 성공적으로 이루어지면 국토 면적이 169km²나 늘어나고, 아름다운 황해안 경관을 이용해 새로운 관광명소로 만들 수 있으며, 공업단지에는 2,100여 개의 공장을 유치해 수도권 인구 분산과 고용 증대 효과를 올릴 수 있다고 주장했다. 한동안은 엄청나게 넓은 땅과 거대한 민물 호수를 만들었다는 자신감으로 들뜨기도 했다. 그들은 기쁜 마음으로 근처에 있는 시흥시와 화성시의 첫 글자를 하나씩 따서 '시화호'라는 이름을 지어 주었다. 하지만 '시화'라는 이름이 십 수 년간 죽음의 대명사로 불리게 될 줄을 그 누가 알았으랴.

경기도 시흥시와 대부도를 잇는 11.2km의 방조제 안에 조성된 시화호는 원래 계획으로는 민물 호수가 되어야 했다. 하지만 자연의 순리를 거슬러 시행되던 시화호 간척 사업은 시간이 갈수록 많은 문제를 낳았다. 방조제로 바다를 막는 데는 성공했지만 갯벌이 마르면서 소금이 바람에 날려 주민들의 농토를 황폐하게 만들었다. 또한 시화호 주변 도시의 생활 폐수와 공단에서 오염 물질이 마구 흘러들어 와 썩은 물로 넘실대었다. 시화호에 살고 있던 조개나 게가 썩은 갯벌에 묻혀 무참하게 생명을 잃어 갔고, 물고기도 떼죽음을 당했다. 매년 수만 마리가 찾아오던 철새도 길을 잃었다.

　정부는 엄청난 자연 재앙에 두 손을 들었고, 1998년 7월부터 시화 방조제의 일부를 뚫어 바닷물을 섞어 주면서 민물 호수의 꿈을 포기했다. 다행히 그 후로 시화호는 스스로 생명력을 얻어 가고 있다. 자연은 함부로 인간이 손을 댈 수 있는 것이 아니라 그대로 두어야 제 생명력을 발휘할 수 있다는 교훈을 읽은 것이다. 시화호 간척 공사는 약 6,000억 원을 들인 대공사였으니 6,000억 원짜리 교훈이었던 셈이다.

◎ 시화호 전경. 왼쪽이 시화 방조제이고 오른쪽이 시화호이며 멀리 보이는 곳이 반월 공단이다. 시화호는 그 크기가 아주 커 마치 바다처럼 보인다.

1억 년 전에는 호수였던 시화호

시화호는 원래 바다가 아니라 호수였다. 잘 발달된 역암과 사암으로 된 두터운 퇴적층, 그 속에 남겨진 공룡들의 알과 둥지 그리고 발자국 화석 등은 이곳이 한때 육지였다는 좋은 증거가 된다. 시화호 간척 사업으로 인해 얻은 성과가 있다면 바로 이러한 퇴적 지층과 화석의 발견이라 할 수 있다. 자칫 죽음의 바다로 불리며 화석으로 남을 뻔했던 시화호가 실재했던 고대 화석을 품고 있었다는 사실은 아이러니라 할 수 있다.

간척 사업으로 인해 시화호 주변 넓은 지역이 바다에서 육지로 변모했고 그 덕에 오랜 세월 숨어 있던 퇴적 지층이 드러났다. 황해안의 지질학적 특징을 탐

◐ 고정리 퇴적 지층. 잡초가 우거진 곳은 시화 방조제가 조성되기 전에는 바다였고, 나무로 덮여 있는 지역은 무인도였다. 그런데 방조제에 막혀 바닷물이 들어오지 않자 무인도는 더 이상 섬이 될 수 없었고, 그동안 바닷물에 가려 있던 중생대 퇴적층이 드러난 것이다.

구할 기회를 얻은 것이다. 그 결과 1998년 시화호 주변 간석지에서 중생대 백악기 때 형성된 퇴적 지층을 대량으로 발견할 수 있었다.

중생대 지층이 발견된 곳은 화성시 송산면 고정리 일대다. 이들 지역은 과거에는 닭섬이나 개미섬 등과 같이 작은 크기의 무인도가 분포하고 있던 황해의 일부였다. 그런데 시화 방조제가 건설되면서 더 이상 바닷물이 들어오지 않자 바닷물이 말라 바닥을 드러내었고, 그곳에서 마치 미국의 그랜드캐니언의 일부를 옮겨 놓은 것처럼 큰 규모의 퇴적층이 발견된 것이다.

고정리 퇴적 시층을 사세히 살펴보면 역암과 사암층이 잘 발달되어 있는 것

모래로 이루어진 사암층

자갈로 이루어진 역암층

❂ 고정리 사암층과 역암층. 고정리 퇴적 지층은 역암과 사암이 잘 발달되어 있어 하천이 들어오는 호수 주변에서 형성된 지층임을 잘 보여 준다.

을 알 수 있다. 이것으로 이 퇴적 지층이 형성되었던 약 1억 년 전에는 이 지역에 발달된 하천이 흘렀고, 그 하천이 흘러들어 간 호수가 있었던 지역으로 짐작할 수 있다. 이 지역은 원래는 바다가 아니라 육지였던 것이다.

약 1억 년 전에는 황해나 남해가 바다가 아니라 육지였을 가능성이 매우 높다. 시화호가 있던 지역은 육지였으며 민물로 된 호수 지역으로 짐작된다. 호수로 하천이 흘러들면서 모래나 자갈 등을 운반하여 퇴적층을 만들었던 것이다.

그 후 많은 시간이 흘러 지구의 기온이 오르자 남극과 북극의 얼음층이 녹아바닷물의 높이가 높아졌고, 그 옛날 호수였던 시화호 주변 지역은 다시 바닷물로 덮여 황해 밑에서 잠자게 되었다. 그러다가 시화 방조제로 바닷물이 더 이상들어오지 않자 다시 정체를 드러낸 것이다.

공룡 알 화석과 둥지가 대량으로 발견된 중생대 지층

고정리 일대의 퇴적 지층에는 당시 이 지역을 지배했던 공룡들의 삶의 흔적이 잘 보존되어 있다. 200개 이상의 공룡 알 화석과 30여 곳 이상의 알 둥지가 발견되어 이곳이 약 1억 년 전 중생대 백악기에 번성했던 공룡들의 집단 서식지였음을 짐작하게 해 준다.

공룡 알 화석은 공룡의 산란 습성과 먹이, 새끼 기르기 등을 연구할 수 있는 좋은 자료가 된다. 고정리에서 발견된 공룡 알 화석은 지름이 약 12~14cm, 두께는 1mm 정도이며 모양은 둥글고 검붉은색을 띠고 있다. 공룡 알의 대부분은 윗부분이 깨져 있다. 이는 새끼가 알을 깨고 나간 것이 아니라 외부의 충격에 의해 파손된 상태로 화석이 된 것으로 추정되는데, 외부의 충격이 어떤 종류의 것인지는 정확하게 알 수 없다.

○ 공룡 알 화석을 품고 있는 고정리 중생대 퇴적층. 아래 왼쪽 사진은 지층에 드러난 공룡 알 화석이고, 가운데 사진에서 검은색으로 보이는 부분은 알이 탄화된 것이며, 오른쪽 사진에서는 알껍데기가 원을 그리며 선명하게 드러나 있다.

그동안 우리나라에서 공룡 화석은 주로 남해안 일대와 경상도 지역에서만 발견되어 왔다. 하지만 시화호 주변에서도 공룡 화석이 발견됨으로써 우리나라의 훨씬 넓은 지역에서 공룡들이 서식했음을 알게 되었다. 최근 화성시는 고정리에서 발견된 공룡 알 화석에, 몽골 고비사막에서 발굴해 국내로 들여온 공룡 화석 100여 점을 보태 학문 및 전시 등을 위해 이 일대에 공룡 화석 전시관을 개관할 계획이라고 한다.

흔적화석의 보고,
탄도 | 시화 방조제를 지나 대부도로 가는 길에 탄도라는 작은 섬이 있다.
돌이 검다고 해서 이름 붙여진 탄도는 다리로 연결되어 있어 지금은 섬인지 육
지인지 구분이 가지 않는다. 이곳에는 안산 어촌민속전시관이 있는데, 전시관
1층에 시화호에서 발견된 공룡 발자국 화석이 전시되어 있다. 시화호에서 자
주 찾을 수 있는 화석들은 흔적화석이라 불린다. 흔적화석이란 예전에 동물이
생활하던 흔적을 나타내는 화석으로 주로 사암이나 셰일, 그리고 석회암 따위
의 퇴적 지층에서 발견된다. 대표적인 흔적화석으로는 공룡 발자국 화석, 저서
생물이 바닥에 구멍을 뚫고 살았던 흔적 등을 들 수 있다.

전시관을 나와 탄도의 해안선을 따라 걷다 보면 오래전 지각 변동을 받아 노
두가 위로 들려진 채로 나란히 서 있는 중생대 퇴적층을 만날 수 있다. 그곳에
서 썰물 때를 기다려 지층면을 살펴보면 곳곳에서 공룡이 지나간 흔적과 저서
생물이 살았던 흔적이 보인다. 수많은 시간 속에서 물의 흐름에 몸을 맡겼던 화
석들은 썰물과 동시에 우리들을 반갑게 맞이한다.

1 탄도 해안선을 따라 발달된 중생대 백악기의 퇴적 지층. 이 지층 곳곳에 공룡 발자국과 저서생물의 흔적화석이 발견된다.
2 3 지층면이 무거운 물체에 의해 아래로 눌린 자국으로 공룡 발자국 화석으로 추정된다.
4 하단 부분에 굵은 구멍이 난 곳이 저서생물의 흔적화석으로 판단되는 곳이다.

시화호의 미래,
조력 발전소 | 우리나라의 황해는 밀물과 썰물 때 생기는 바닷물의 높

이 차이, 즉 조차가 상당히 큰 바다다. 한번 바닷물이 먼 곳으로 밀려나면 닿을 수 없을 것만 같은 먼 섬으로 가는 길이 눈앞에 나타나게 되고, 바닷물이 제 길을 만들어 다시 뭍으로 밀려들어 오면 언제라도 찾아갈 수 있을 것만 같은 섬은 또다시 먼 곳으로 밀려간다. 바다를 사이에 둔 황해의 섬들은 그렇게 아득하면서도 또한 가깝다. 쉽게 만날 수 없는 섬들에는 저마다의 가슴 아픈 사연이 있다.

탄도 해변에 금실 좋은 부부가 삼형제와 살고 있었다. 부부는 어린 삼형제를 남겨 두고 썰물에 맞춰 먼 갯벌로 일을 하러 갔다. 한참 동안 조개와 낙지를 잡는 데 몰두하던 부부는 짙은 안개를 만나 서둘러 길을 찾았다. 몰아치는 파도와 바람 속에서 길을 잃은 그들은 남겨 두고 온 자식들의 이름을 외치다 물에 잠기고 만다. 그러나 늘 그렇듯이 비극은 어느 한쪽에게만 다가오지는 않는다. 새벽이 밝아도 돌아오지 않은 어버이를 걱정하던 삼형제는 무작정 바닷가로 나가 어버이를 기다렸다. 어버이를 부르는 형제들의 애절한 목소리는 파도와 바람 소리에 묻혀 버렸고 추위와 배고픔에 지친 형제들은 그렇게 바위가 되어 버렸다. 죽은 형제들과 부부는 물이 빠지고 안개가 걷히는 밤이면 산기슭의 형제바위와 탄도 갯벌 속의 부부바위 사이를 오가는 영혼이 되어 다시 만나고 헤어진다.

탄도의 형제바위와 부부바위의 사연에서도 알 수 있듯이 시화호의 밀물과 썰물의 조차는 매우 크다. 시화 방조제 앞바다의 최대 조차는 약 9.67m에 이른다. 태양과 달이 만들어 내는 이 신비한 현상으로 시화호 주변 지역은 조력 발전에 아주 유리한 자연 조건을 갖추고 있다.

❍ 시화호 근처에 있는 탄도와 누에섬 사이의 길이 열리고 있다. 바닷물이 나가는 썰물 때 약 1시간 간격으로 찍은 사진으로 나중에는 트럭이 다닐 정도로 길이 열렸다.

　　현재 한국수자원공사가 시화 방조제에 조력 발전소를 건설 중이다. 시화호 조력 발전소는 우리나라에서는 최초로 운영되며 또한 세계에서도 가장 큰 규모가 될 예정이라고 한다. 지금은 시화 방조제에 황해의 바닷물이 시화호로 들어오고 나갈 수 있게 하는 물길을 만들고 있는 중이며 2010년 완공 예정이다.

　　시화호 조력 발전소가 전기를 발전하는 원리는 단순하다. 밀물 때 황해의 바닷물의 높이가 높을 때 시화 방조제 물길을 통해 황해의 바닷물이 시화호로 들어오게 되는데, 이때 황해와 시화호의 해수면의 차이, 즉 조차를 이용해서 수차水車를 돌려 전기를 생산하는 것이다. 10기의 거대한 수차가 돌아가면 연간 약 5억 5,270만kWh(킬로와트시)의 전기를 생산하게 되는데, 이는 약 50만 인구의 도시가 사용할 수 있을 정도로 많은 양이라고 한다.

　　시화호 조력 발전소가 가동되면 같은 양의 전기를 생산하는 화력 발전소에 비해 온실 가스를 연간 약 31만 5,000t 줄일 수 있어 대기 오염을 막고, 시화호

1 2 시화 방조제에 건설될 시화 조력 발전소의 조감도. 황해에서 시화호로 밀려들어 오는 바닷물의 수압으로 수차를 돌려 전기를 생산할 예정이다.
3 한창 물막이 공사 중인 시화호 조력 발전소 공사 현장.

의 수질 개선에도 아주 큰 역할을 할 수 있을 것이다. 공사 관계자들의 말에 따르면 공사하기에 앞서 기본 설계 단계에서 컴퓨터 시뮬레이션을 해 보니 조력 발전소를 약 15일 동안 가동했을 경우, 시화호 물의 약 75%가 황해의 바닷물과 교환되는 것으로 나타났다고 한다. 이로 인해 시화호의 COD가 4.7ppm에서 2.7ppm으로 낮아져 시화호의 수질이 상당히 좋아질 것으로 예상하고 있다. 그러면 시화호의 생태계도 완전히 복원될 것이고, 조개나 물고기들이 예전 수준으로 늘어나면서 소중한 철새들도 돌아올 것이다. 이러한 생태 환경의 복원과 공룡 화석 전시관을 잘 연계하면 관광 사업도 기대할 수 있어 지역 경제에도 큰 도움이 될 것이다.

● 손영운의 **과학지식**　　　　　　　　　　　　　　　　　　　**COD**

- **COD(Chemical Oxygen Demand)** : 물의 오염도를 나타내는 기준. 화학적 산소 요구량으로, 오염 물질을 산화시킬 때 필요한 산소의 양을 뜻한다. 이 수치가 클수록 그 물은 오염이 심하다는 의미다. COD와 함께 생화학적 산소 요구량인 BOD(Biochemical Oxygen Demand)도 물의 오염도를 나타내는 기준으로 사용된다. BOD는 물속에 들어 있는 오염 물질을 미생물이 분해하는 데 필요한 산소의 양을 말한다. 따라서 BOD가 높을수록 오염이 심한 물이다.

생태계 복원의 신호탄,
철새 | 그래도 사람이 희망이라고 한다. 자연을 망가뜨린 주범이면서도 또

한편으로는 자연을 되살리기 위한 책임과 의무를 가진, 결국 똑같은 자연의 일부분이기 때문이다. 우리는 시화호 간척 사업에 오류가 있었음을 인정하고 생태계를 복원시키기 위한 노력을 기울여 왔고, 오랜 노력 끝에 비로소 시화호에 변화가 일어나기 시작했다.

바닷물과 강물이 만나 섞이는 곳에 잘 자라는 식물이 갈대다. 도시를 통과한 강물은 쓰레기로 더러워져 있는데, 갈대숲은 이런 것들을 걸러 주는 역할을 한

1 비봉 인공 습지 갈대 공원 위를 날고 있는 겨울 철새들.
2 형도 옆 습지에 나타난 겨울 철새들. 고니 가족들이 날갯짓을 하며 하늘로 날아오르고 있다.

다. 특히 뿌리는 오염된 물을 정화시켜 준다. 그래서 갈대숲을 자연의 정화조라고 부르는 것이다.

시화호에서 안산시 쪽으로 쑥 들어간 곳에는 시화 방조제가 건설되면서 인공적으로 형성된 비봉 인공 습지 갈대 공원이 있는데, 최근 이곳은 많은 철새들로 붐비고 있다. 철새들이 여기저기서 꾸루룩거리는 소리를 내며 몸을 숨기고, 갈대숲에 숨어 있는 먹이를 먹으며 겨울을 지내고 있는 것이다.

또한 시화호에 인접한 섬에서 규모가 가장 큰 형도로 가는 길에서 왼쪽으로 넓게 펼쳐진 습지에도 겨울 철새가 많이 찾아오고 있다. 내가 갔을 때는 귀한 겨울 손님인 고니(천연기념물 제201호) 가족 다섯 마리가 고고한 자태를 자랑하듯 다른 철새들과 여유로운 시간을 보내고 있었다.

2006년 겨울에 시화호는 우리나라에서 두 번째로 겨울 철새가 많이 찾은 곳으로 관찰되었다. 이처럼 많은 수의 겨울 철새가 찾아오는 것은 시화호가 썩은 악취를 품기는 죽음의 호수에서 이제 생명의 호수로 다시 태어나고 있는 신호라고 할 수 있다. 시화호 생태계가 다시 생명력을 얻어 갯벌과 물에 철새들의 먹이가 될 생물들이 늘어났기 때문일 것이다. 시화호가 모든 생명체들의 따뜻한 보금자리로 천년만년 이어졌으면 한다.

오이도

시화공단

2

시화호

형도

5 **1**

4

3

대부도

터미섬

어섬

진두

선감도

1 화성시 고정리 공룡 알 화석 지역 **2** 시화호 조력 발전소 건설지 **3** 탄도와 누에섬 **4** 비봉 인공 습지 생태 공원 **5** 형도

04

"세계적인 갯벌과
겨울 철새의 고장 강화도"

강화도 선두리 선착장. 바닷물이 빠지자 배들이 넓은 갯벌 위에 그대로 놓여 있다.
갯벌은 어머니와 같다. 모든 것을 보듬어 키워 내고 모든 것을 내어 주는 어머니의 마음을 가지고 있다.
또한 갯벌은 생명의 자궁으로 불린다. 갯벌의 작은 생명들은 느릿느릿한 걸음으로
이곳저곳을 파헤치며 수억만 년 동안 갯벌을 지켜 왔다. 바로 그곳에서 인간들의 갯살림은 시작되었다.

...

강화도는 늙은 섬이다.
해가 지고 강이 끝나는 곳에 있다는 지리적 배경이 그 첫 번째 이유다.
강화도로 가려면 물이 흐르는 방향으로 달려야 한다.
흐르는 강물처럼, 거스르지 않는 순리와도 같이 강화행 48번 국도는 해가 지는
김포평야의 지평선 너머로 우리를 인도한다. 그 길의 끝에 강화도가 있다.
그래서 강화 가는 길은 마치 황혼기를 맞는 인생여정을 떠올리게 한다.

...

한민족 역사의 축소판,
강화도 | 강화도는 남북 방향으로 28km, 동서 방향으로 16km인 타원형의 섬이다. 해안을 따라 30~40m 고도의 경사면이 구릉 모양을 이루고 있어 취락과 경작지로 이용되는데, 홍수나 해일 등의 자연재해에 비교적 안전한 지역이기 때문이다. 해양성 기후라 온도차가 상대적으로 적으며, 연평균 강우량도 1,143mm로 농업에 알맞다.

강화도를 늙은 섬이라 부르는 두 번째 이유는 역사적 배경 때문이다. 민족사의 시작을 상징하는 참성단, 고대인의 삶과 죽음을 보여 주는 고인돌, 그리고 외세로부터 민족을 지키기 위해 처절하게 싸워 왔던 항쟁의 흔적들을 고스란히 간직하고 있다. 자랑스러운 것과 부끄러운 것을 가리지 않고 우리의 역사를 고스란히 남겨서 우리에게 보여 준다.

마니산에는 단군이 나라를 연 지 51년이 되던 해에 백두산과 한라산의 중간 지점인 이곳에 제단을 쌓고 하늘에 제사를 지냈다고 전해지는 참성단이 있다. 참성단의 아랫부분은 둥근 원이고, 위는 네모난 방형으로 되어 있는데, 이는 "하늘은 둥글고 땅은 네모나다."는 사상에서 유래되었으며, 이곳이 하늘과 땅에 제를 올리는 성지임을 뜻하기도 한다. 지금도 해마다 개천절이 되면 제단을 쌓고 제사를 올리며, 전국대회가 열릴 때면 7선녀에 의해 성화가 채화되어 대회장으로 향한다.

강화도가 우리 민족의 역사에서 중심에 선 때는 고려시대였다. 1232년 고려 제23대 고종 임금 때 몽고가 대병을 거느리고 압록강을 건너오자, 당시 무신 정권의 실력자 최우는 장기간의 항전을 치르기 위해 강화도로 도읍을 옮기기로 하였다. 초원 지대에 사는 몽고인들이 바다를 두려워한다는 점을 이용하여 물길이 험난한 강화 해협을 이용해 대항하고자 했던 것이다.

실제로 여섯 번이나 몽고군이 침입했지만, 지금의 강화교 밑으로 흐르는 좁은 염하를 건너지 못하고 말머리를 돌렸다고 하니 강화도는 천연의 요새로서 기막힌 역할을 했다. 이 전략은 일단 성공하여 몽고의 기병들이 끝내 강화도에는 발을 붙이지 못했고 강화도가 39년 동안 왕도로시의 역힐을 하도록 민들었다. 당시 강화도에는 개성의 왕궁을 본따 만든 궁궐을 지었으며(강화읍에 가면 고려 궁궐의 터가 아직도 남아 있다), 호국 불교의 꽃인 팔만대장경을 주조했고, 고려청자를 완성했으며, 금속활자를 발명하는 등 찬란한 민족 문화의 꽃을 피우기도 했다. 하지만 끈질긴 항쟁의 보람도 없이 고려 조정은 내분을 일으키고, 당시 권력자였던 최우가 피살되었다. 그리고 1260년 고려의 원종이 몽고에 항복을 한 후 개경으로 환도하여 강화 시대는 막을 내렸다.

그 후 조선시대 병자호란 때 인조는 강화도로 피신하려 했으나 청나라 군에 의해 길이 막혀 남한산성으로 피하였다가 결국에는 삼전도에서 청나라와의 굴욕적인 강화 조약을 맺기도 했다. 고종 때 강화도는 프랑스(1866년, 병인양요)와 미국의 군함을 격퇴(1871년, 신미양요)시킨 곳이기도 했다. 초지진과 덕진진은 두 번의 서구 세력의 침략을 막아 낸 최대 격전지로서 우리 근대사의 아픔을 보여 준다. 특히 강화8경 중 하나인 초지진은 아름다운 모습에도 불구하고 전쟁의 흔적들이 고스란히 남아 있어 당시의 처참했던 상황을 상기시킨다.

세계 5대 갯벌
장화리 | 인천국제공항에 도착하기 전 비행기에서 아래를 내려다본 사람들은 한 번쯤 우리나라 갯벌의 광대함을 느낀 적이 있을 것이다. 육지도 바다도 아닌 강화의 끝없는 넓은 갯벌을 보면서 달과 태양 그리고 바다가 만들어 낸 자

연의 힘에 성외감을 가시게 된다. 갯벌은 바다와 육지 사이를 연결해 주는 제3의 공간이다. 바다로 흘러드는 강물과 육지로 몰아치는 파도가 만나는 그곳을 바라보면, 흑과 백의 이분법으로 나눌 수 없는 우리 삶의 모습을 그대로 담고 있는 것 같아 숙연해진다.

우리나라의 갯벌은 북해 연안, 미국 동부 해안, 캐나다 동부 해안, 아마존 강 유역의 갯벌과 함께 세계 5대 갯벌에 포함될 정도로 큰 규모를 자랑하는데, 강화군 화도면의 장화리 일대 갯벌이 이에 해당한다. 장화리 갯벌을 포함한 강화도 남부의 갯벌은 아시아 습지 보호 협약^{Asian Wetland Bureau, AWB}에 등록된 세계 주요 습지 중 하나이며 경기도 갯벌 면적의 약 20%를 차지한다. 또한 여차리 지역과 석모도, 불음도, 주문도 등 섬 일대에 걸친 갯벌 약 4억 4,960만㎡가 국가 지정

◯ 장화리 갯벌. 모래 19%, 진흙 76%, 점토 5%로 구성되어 있어 흔히 사니질(沙泥質) 갯벌로 불린다. 간조 때는 해안에서 갯벌의 최장 거리가 약 2~2.5km에 이르러 끝이 보이지 않을 정도로 넓다.

문화재인 천연기념물 제419호로 등재되었는데, 갯벌이 천연기념물로 지정된 것은 최초의 일이다.

갯벌은 육지도 아니고 바다도 아니다. 그 둘의 교집합쯤 된다고 할까. 육지와 바다라는 두 세계가 섭하는 곳이므로 생태계에서 아주 중요한 역할을 한다. 민물과 짠물이 교차되는 지점으로 어류의 중요한 산란장이 되기 때문이다. 따라서 이 갯벌이 없어지면 해양 생태계의 먹이 사슬이 끊어지게 되고 어족 자원은 줄어들어 그 영향이 황해 전체에 미칠 수 있다. 수산물도 곡식과 같이 우리의 소중한 식량 자원인데, 이 자원이 사라지는 것이다.

● 황산도 갯벌에 발달한 갯골. 황산도 갯벌은 강화도로 가는 초지대교 남단 일대에 펼쳐진 갯벌로 갯골이 잘 발달되어 있다. 갯골은 '갯고랑'의 준말로 썰물이 될 때 바닷물이 빠져나가는 고랑의 역할을 한다. 생각보다 깊어 갯벌 익사 사고의 원인이 되기도 한다.

뿐만 아니라 갯벌에는 오염 물질을 분해하는 다양한 미생물이 살고 있어 지구 최대의 오염 물질 처리장이라고 할 수 있다. 아마존 밀림이 지구의 허파라면, 갯벌은 지구의 '간'과 같은 곳이다. 하수 처리장의 하수 처리 비용을 감안했을 때, 갯벌 1ha는 384만 원의 가치가 있고, 우리나라의 갯벌은 총 23만 9,300ha이므로 이를 계산하면 약 1조 원의 가치를 지니고 있다고 한다. 이를 지구 전체로 계산하면 그 가치는 어마어마하다.

특히 우리나라 갯벌은 오염 물질을 정화하는 기능이 탁월하다. 환경부 연구결과에 따르면 우리나라 남황해안의 갯벌이 영국의 갯벌에 비해 15~200배에 달하는 오염 물질 정화 능력이 있다고 한다. 외국의 갯벌이 대부분 미사^{曖沙} 토양인 데 반해 우리 갯벌은 점토질 토양이라는 특징을 갖고 있기 때문이다. 이러한 까닭으로 남해나 동해에는 적조 현상이 나타나지만 황해에서는 적조 현상을 보기 어렵다. 점토질 갯벌은 바닷속의 영양 물질이 증가하여 조류가 늘어나는 부영양화 현상과 적조 유발 원인인 질소와 인을 정화하는 데 상대적으로 강점을 지니기 때문이다.

하지만 우리는 그동안 이와 같은 갯벌의 역할을 제대로 인식하지 못했다. 유럽과 북미 지역에서는 많은 돈을 들여 상실된 갯벌을 복원하려는 사업을 벌이고 있는 데 반해, 우리는 있는 갯벌도 없애고 대규모 간척 사업만을 추진하는 데 혈안이니 말이다. 참으로 안타까운 일이다.

장화리 갯벌은 누가 만들었을까

넓게 펼쳐진 장화리 갯벌을 만들어 낸 것은 달과 태양 그리고 바다다. 달, 태양, 바다 사이에는 만유인력이 작용하고 있는데, 지구 표면을 덮고 있는 바닷물은 단단한 지각보다 훨씬 부드럽게 움직이기 때문에 달과 태양의 인력에 쉽게 끌린다. 따라서 바닷물은 달과 태양 인력에 따라 왔다 갔다 하면서 바위를 갈고, 부서진 조각들과 모래를 날라 넓은 갯벌을 만드는 것이다.

썰물과 밀물로 인한 바닷물의 높이 차이를 '조차' 라고 한다. 조차는 달의 모양이 반달일 때는 작게 나타나 '조금' 이라 부르고, 보름이거나 그믐일 때는 크게 나타나 '사리' 라고 한다. 달의 모양이 반달일 때 조차가 적게 나타나는 것은

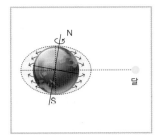

◐ 지구의 바닷물을 잡아당기고 있는 달. 바닷물의 높이는 실제보다 과장되어 그려진 것이다.

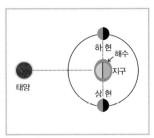

◐ 조금이 일어날 때의 달의 모양과 태양, 지구의 위치.

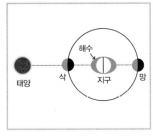

◐ 사리가 일어날 때의 달의 모양과 태양, 지구의 위치.

위 그림에서 볼 수 있듯이 태양과 달의 위치가 90° 방향에 놓여 달의 인력이 태양의 인력으로 상쇄되는 효과를 가지기 때문이다.

반면에 달의 모양이 보름(망) 또는 삭일 때 조차가 크게 나타나는 것은 태양과 달의 위치가 나란해지므로 달의 인력에 태양의 인력이 보태져 달의 인력이 강화되는 효과를 가지기 때문이다. 따라서 보름달이 떠 밀물이 많이 밀려오는 시기에 장마가 지면 황해안이나 남해안 지방은 큰 피해를 입기도 한다.

우리나라 황해에 드넓은 갯벌이 형성되는 것은 황해가 중국대륙과 한반도에 갇혀 있는 바다여서 조차가 크고, 한강과 임진강 등에서 많은 양의 퇴적물을 내보내기 때문이다. 달과 태양 그리고 바다가 함께 만들어 낸 이 천연의 아름다움은 신비로움을 자아내는 것이기도 하지만 자연의 보고로서 우리에게 없어서는 안 될 소중한 자원이라는 점을 잊어서는 안 된다.

강화도
지질의 특징 | 강화도는 원래 김포 반도에 이어진 내륙이었는데, 한반

도의 서쪽 지역이 조륙운동을 하여 바다 밑으로 가라앉으면서 분리되었다. 한
강과 임진강의 퇴적작용으로 다시 김포 반도와 연결된 때도 있었지만, 오랜 세
월 강화와 김포 반도 사이의 좁은 물길을 따라 흐른 바닷물의 침식작용을 받아
완전한 섬이 되었다. 만약 강화가 지금껏 섬이 아니었다면 지금의 강화도와는
완전히 다른 역사와 풍경을 가졌을 것이다. 고려왕이 강화로 천도를 하는 일도
없었을 것이고, 초지진이나 덕진진 같은 유적들도 그 역사적 의미가 달라졌을
것이다. 아마 고인돌의 위치도 달라졌을 것이다. 내륙에서 섬으로 그 모습을 바
꾸었다는 것은 강화도를 지금의 강화도로 인식할 수 있게 하는 데 중요한 역할
을 했다.

강화도의 지질은 선캄브리아대에 형성된 변성암인 편암을 바탕으로 그 위에
중생대에 형성된 화강암이 덮고 있는 형태로 되어 있다. 강화도에서 발견되는
화강암은 특별히 마니산 화강암Manisan granite으로 부르며 이들 화강암은 강화도 곳
곳에서 찾아볼 수 있다. 특히 마니산은 전체가 화강암으로 되어 있는데, 참성단
에서 마니산 정상까지 가는 능선을 따라 징검다리처럼 놓여 있는 기암괴석의
정체가 바로 마니산 화강암이다. 일제 강점기 때 일본인들은 이곳의 화강암을
이용하여 인천항을 건설하기도 했다.

또한 강화도에서 배를 타고 10분 남짓 걸리는 곳에 있는 석모도를 찾아가면
보문사 마애석불좌상이 있다. 이 불좌상의 위쪽에 있는 눈썹바위는 한때 거대
한 화강암 바윗덩어리였던 것이 판상절리, 즉 바위에 균열이 생기는 절리 현상
에 의해 아래쪽이 떨어져 나가 형성된 것이다.

화강암은 지하 깊은 곳에 있던 마그마가 냉각되면서 형성된다. 오랜 세월이

1 마니산의 화강암 바위. 강화도의 산들은 정상 부분이 대부분 화강암으로 되어 있다.

2 화강암 절리. 전체적인 모양을 보아 원래는 하나로 된 거대한 화강암 바위였으나 외부의 압력 변화로 마치 단층처럼 절리를 따라 나뉜 보기 드문 형태다.

3 석모도 보문사 마애석불좌상 위를 덮고 있는 눈썹바위. 멀리서 보면 마치 눈썹처럼 보여 붙여진 이름이다. 거대한 화강암 바위에 생긴 절리를 따라 중력에 의해 일부가 떨어져 나가 형성된 것이다.

4 장화리 갯벌의 해양탐구학교 근처 해안에서 발견한 각섬암. 각섬암은 각섬석과 사장석을 주성분으로 하는 변성암으로 보통 암녹색을 띤다. 바닷물과 바람에 의한 침식과 풍화작용에 마치 양파 껍질이 벗겨진 듯한 모양을 가지고 있다.

지나면서 그 화강암을 덮고 있던 표토 물질들이 침식작용으로 제거되면 지하 깊은 곳에 있던 화강암 덩어리가 지표로 상승한다. 이때 주변의 압력이 원래 있던 곳보다 낮아지면서 화강암 덩어리는 부피가 팽창하여 암체에 절리가 생긴다. 화강암 덩어리 표면에 형성된 수직 절리와 수평 절리에 의해 암석은 블록 형태로 갈라지고, 그 절리를 따라 물이 침투하여 얼거나 녹으면서 풍화를 일으켜 암석을 부스러뜨린다. 화강암이 만든 다양한 형태는 모두 이러한 풍화 과정을 거쳐 형성된 것이다.

한편 장화리 해안 부근에는 선캄브리아대에 형성된 각섬암이 분포한다. 이들 암석은 오랜 세월 파도와 바닷바람에 의해 독특한 풍화작용을 받아 마치 양파 껍질처럼 바위가 벗겨져 있다.

대표적인 겨울 철새 도래지 | 강화도는 세계적인 규모의 갯벌이 발달하여 계절에 상관없이 수많은 철새가 날아드는 생태의 보고다. 특히 강화도 남단 갯벌 지역은 철새들의 주요 중간 기착지다. 봄과 가을에 이 지역을 통과하는 철새들은 러시아의 툰드라 지역(번식지)에서 출발하여 동남아시아와 오스트레일리아(월동지)를 오가는 새들로 주로 도요새나 물떼새 류가 대부분이다. 이들은 이 지역에 잠시 머물며 이동에 필요한 에너지원을 보충한다.

화도면의 여차리와 황산도 앞 논밭은 겨울 철새가 자주 찾는 곳으로 유명하다. 이들 지역을 찾는 대표적인 겨울 철새로는 청둥오리, 황오리, 혹부리오리, 쇠기러기 등이 있다. 내가 강화도를 찾았을 때는 쇠기러기를 주로 보았으며, 돌아오는 길에 들른 김포의 너른 들에서 재두루미와 황오리 무리를 관찰할 수 있

1 쇠기러기는 대표적인 겨울 철새로 수생식물이 우거진 수로나 습지 그리고 논밭에서 주로 관찰된다. 자신에게 해를 끼칠 수 있는 요인이 있는지 항상 살피며 경계를 한다. 사진의 쇠기러기들이 고개를 세우고 있는 것은 누군가 가까이 오고 있음을 눈치채고 경계를 하고 있는 것이다. 조금만 이상한 낌새가 보이면 단체로 하늘을 날아올라 다른 곳으로 가버린다.

2 겨울 철새인 황오리. 암수의 깃털은 거의 흡사하나, 수컷의 목에는 가는 검은색 띠가 있다.

3 천연기념물 제203호, 몸길이 약 120cm의 대형 겨울 철새인 재두루미. 머리와 목은 흰색이고 가슴은 어두운 청회색이며 이마와 눈 가장자리는 피부가 드러나 붉다.

었다. 한때 재두루미가 김포평야 주변의 아파트 개발로 사라지기도 하였으나, 최근 그 개체 수가 다시 늘고 있다는 것은 반가운 일이다.

고인돌의
고장 | 고인돌을 보면 죽음은 두려운 것이지만 막상 죽음 이후의 모습은

생각만큼 무섭지 않다고 생각하게 된다. 고인돌은 그 자체로 죽은 자를 매장했던 무덤이었겠지만 수천 년의 세월이 지난 후의 모습은 하나의 삶의 흔적이었음을 깨닫게 된다. 강화는 고인돌의 고장이다. 2000년 11월 제24차 유네스코 세계문화유산위원회에서 세계문화유산으로 등록된 강화 고인돌이 바로 이곳에 있다. 우리가 흔히 고인돌 하면 떠올리는 그 형상의 고인돌이 바로 강화도의 그것이다.

우리나라는 전국적으로 약 3만 기의 고인돌이 발견되어 가히 고인돌 문화의 세계적인 중심지라고 할 수 있다. 강화도에는 약 150기의 고인돌 유적지가 분포하고 있다. 한자어로는 지석묘支石墓라고 하는 고인돌은 큰 바위를 3~4개의 돌로 괴어 받치고 있다고 해서 붙여진 순수한 우리말 이름이다.

고인돌은 우리나라의 청동기 시대에 강화에 살던 사람들이 만든 지배 계층의 무덤으로 추정되어 당시의 사회적 구성이 상당히 복잡했음을 짐작게 해 준다. 하지만 큰 돌(거석)을 사용했다는 점에서 거석 신앙의 대상으로 추정하는 견해도 있다. 거석 신앙이란 큰 돌에는 신령한 정령이 있어 인간의 길흉화복을 좌우한다는 신앙을 의미한다.

강화도 고인돌은 북방식과 남방식이 함께 섞여 있다. 북방식은 땅 위에 네 개의 판석으로 된 고인돌을 세우고 그 위에 납작하고 큰 덮개돌을 덮는 형식이고, 남방식은 대체로 땅 속에 무덤방을 만들고 땅 표면에 다른 돌덩이나 자갈돌을 깐 다음 그 위에 덮개돌을 얹는 형식이다.

사적 제137호로 지정된 하점면 부근리 고인돌은 우리나라에서 가장 유명한 북방식 고인돌로 최대의 규모를 자랑한다. 덮개돌만 해도 그 무게가 50t이 넘는다고 하니 웅대한 규모를 능히 짐작할 수 있다.

부근리 고인돌을 자세히 보면 굄돌이 약간 비스듬하게 세워져 있고 그 위로 덮개돌이 얹혀 있는데, 원래 기울여서 설치한 것인지 똑발랐던 것이 기울어진 것인지는 밝혀지지 않았다. 그러나 다른 지방의 고인돌의 굄돌이 똑바르게 세워져 있는 것을 감안하면, 원래 바르게 세워졌지만 도굴로 인해 두 개의 막음돌이 인위적으로 파괴되었고, 힘의 균형이 무너져 덮개돌의 무게 때문에 비스듬히 기운 것이라 추정할 수 있다. 그런데 어떻게 거대한 덮개돌을 굄돌 위에 올릴 수 있었을까? 고인돌을 연구하는 학자들은 다음과 같이 세작 과정을 추정하고 있다.

1. 자연에서 채취한 돌을 고인돌을 만들 곳으로 운반하여 땅에 구멍을 파고 2개의 굄돌을 세운다.
2. 굄돌 주변에 같은 높이로 흙을 쌓는다.
3. 밑에 둥근 나무를 깔고 비탈과 지렛대를 이용하여 덮개돌을 운반하여 올린다.
4. 덮개돌을 올린 후 굄돌 주변에 쌓았던 흙을 모두 치운다. 그리고 굄돌 사이에 막음돌을 세우고 완성한다.

이처럼 규모가 크고 무거운 돌을 운반하기 위해서는 많은 인력이 필요하며, 이러한 점을 감안하면 고인돌의 주인이 상당히 높은 사람이라는 것을 짐작할 수 있다. 즉, 고인돌은 단순히 시신을 묻는 매장 방식을 넘어서, 고인의 권력과 경제적인 능력을 보여 주는 것이라고 할 수 있다. 이는 이집트의 파라오가 자신의 힘을 과시하고 사후 세계의 평안을 위해서 피라미드를 쌓았던 것과 비슷하다. 죽은 이들의 무덤인 고인돌은 사후세계에 대한 신앙과 더불어 계급사회의

○ 부근리 고인돌은 높이 2.6m, 길이 7.1m, 너비 5.5m의 대형 고인돌이다. 북방식 고인돌로는 남한에서는 가장 큰 고인돌로 알려져 있다.

질서를 나타냈던 것이다.

죽은 자의 시신을 어떻게 처리하느냐는 것은 시대를 막론하고 그 사회의 종교 및 문화와 밀접한 관련이 있다. 우리나라에서는 신석기시대에서 청동기시대로 넘어오면서 좀 더 두드러진 매장 풍습이 나타나기 시작했다. 그래서 강화도에 분포되어 있는 고인돌은 커다란 돌을 이용하여 만든 구조물로서 우리나라 선사시대의 유적들 가운데 특징적인 무덤이라 할 수 있다. 그래서 고인돌은 한반도 청동기시대의 사상과 문화를 이해할 수 있는 좋은 자료가 된다.

강화도는
보존되어야 한다 | 강화도에 가 보면 의외로 소박한 농촌 풍경을 만

나게 된다. 서울의 근교, 인천광역시라는 행정명, 강화도 자체의 인지도가 무색
히게도 마치 강원도나 경상도의 변방에 온 것처럼 개발의 때가 덜 묻어 있는 모
습에 의아해지기도 한다. 강화도는 경기도의 여느 지역들처럼 중장비들이 함부
로 들락거리는 일은 없었으면 한다.

마니산 정상에 올라서면, 남쪽으로는 황해의 여러 섬들이 아름답게 펼쳐져
있고 북쪽으로는 개성의 송악산을 볼 수 있다. 한반도의 중심부인 이곳에서 단
군은 나라를 세웠고 하늘에 제를 올렸다. 그리고 그 이후 국가의 안녕을 기원했
던 수많은 왕들을 상상하면 마음이 숙연해진다. 우리 민족의 수난사를 함께해
온 강화도는 단순한 섬이 아니라 성스러운 공간이다. 강화도 곳곳에는 선사시
대부터 근대까지의 소중한 문화유산들과 드넓은 갯벌을 비롯한 풍부한 천연자
원들이 존재하고 있다. 무엇 하나도 하찮게 여길 수 없는 이 소중한 보물들을
국가적 차원에서 지키고 보호하는 것이, 강화도를 바탕으로 나라를 지키려 했
던 우리 민족의 노력을 헛되게 하지 않는 후손의 도리일 것이다.

우리나라 역사의 결정적 순간을 함께해 온 곳은 한반도 어디에나 있다. 그러
나 강화도만큼 우리 민족의 시작과 힘든 시기를 함께 겪어 온 곳도 드물다. 단
군 조선의 시작을 함께했으며, 매 순간 외부 세력의 침략에 저항하기 위해 온
힘을 다해 맞섰던 강화도는 아름다운 자연환경과 많은 문화유산을 가지고 있는
유적지 이전에, 우리 역사의 성지로서 보다 소중히 지켜야 할 곳이기도 하다.

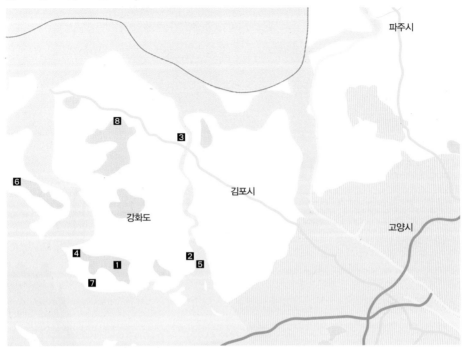

파주시

김포시

강화도

고양시

1 마니산 참성단 **2** 초지진 **3** 덕진진 **4** 화도면 장화리 **5** 황산도 갯벌 **6** 석모도 눈썹바위 **7** 화도면 여차리 **8** 부근리 고인돌

05

"
바람과 파도가 만든 땅,
황해의 실크로드 충청남도 태안
"

독립문바위와 돛대바위. 태안군 근흥면 안흥에서 서쪽으로
약 5km 떨어진 곳에 가의도(賈誼島)라는 작은 섬이 있다.
근처에는 오랜 세월 해식(海蝕) 작용으로 형성된 다양한 모양의 해안 지형이 여기저기 흩어져 있다.
독립문을 닮았다고 독립문바위라 부르는 바위도 그중 하나다.
오른쪽으로 배의 돛대처럼 생긴 바위도 보인다.

...

충청남도 태안군은 우리나라에 하나밖에 없는
해안국립공원(1978년, 13번째 국립공원으로 지정)이 있는 곳이다.
태안은 동쪽을 제외하고는 3면이 모두 바다로 둘러싸인 반도로서,
약 530km에 이르는
리아스식 해안과 120여 개의 크고 작은 섬이 분포하고 있다.
120여 개의 섬들은 제 각각의 사연들과 신비로운 모습을 간직하고 있어 많은 이들의
사랑을 받고 있다. 태안의 섬들은 그 겉모습뿐만 아니라,
그 속내까지도 다양한 형상을 지니고 있다.
태안의 지질은 북쪽 지역으로 경기 편마암층이 우세하고,
남쪽으로는 편암과 규암이 주를 이루는 서산층군이 발달해 있으며,
몽산포 근처에는 중생대 대보 화강암이 나타나는 복잡한 양상을 보인다.
특히 원북면 신두리 해안에는 북서 계절풍이 만든 해안사구(海岸砂丘)가 발달하고,
소원면의 파도리 해안에는 오랜 파도의 침식작용으로 형성된
아름다운 자갈밭이 펼쳐져 있다.

...

백제 불교 문화의
시작이 되었던 태안 | 태안의 리아스식 해안을 따라 그 시선을 맞추

다 보면 복잡하고 구불구불한 해안선을 한눈에 담을 수 없다. 따라서 이곳을 찾
는 이들은 마음을 넉넉하게 하고 천천히 그 아름다움을 즐겨야만 한다. 그렇지
않으면 태안의 해안선이 지니고 있는 아름다움을 깊이 느낄 수 없다. 태안의 리
아스식 해안은 복잡한 해안선의 영향으로 물이 잔잔하다. 그 잔잔함에 여행객
들은 바쁜 발걸음을 멈추고 바다와 육지를 번갈아 이동하게 된다. 태안의 아름
다운 해안선 때문이었을까. 이곳에는 아주 오래전부터 사람들이 살았다. 그 증
거는 안면도 고남에 있는 패총박물관에서 찾을 수 있다.

안면도 끝에 위치한 고남면에서는 패총군貝塚群이 발견되었는데, 대부분 신석
기시대의 것이다. 패총은 해안이나 강변 등에 살던 선사시대 사람들이 버린 조
개, 굴 등의 껍데기가 쌓여 무덤처럼 이뤄진 유적들을 의미한다. 이러한 패총들
로 보아, 태안 지역에는 지금으로부터 약 4,500~5,000년 전부터 사람이 살기 시
작한 것으로 보인다. 청동기 유물은 아직 본격적으로 발굴되지 않았으나, 그 시
대의 대표적인 흔적인 고인돌이 몇 곳에서 발견되었다. 이는 청동기시대에도
꽤 많은 수의 사람이 살았음을 알 수 있게 한다.

태안이 역사의 무대로 들어선 것은 삼한시대부터다. 삼한은 마한馬韓, 진한辰韓,
변한弁韓을 말하는데, 태안은 그중에서도 54개의 작은 지방 국가로 이루어진 마
한에 속했다. 서기 369년 백제 근초고왕 때 마한이 백제에 병합될 때 태안 역시
백제에 복속되었다. 이 무렵 백제는 중국과의 교류가 활발했는데, 태안은 그 중
심지였다. 따라서 태안은 중국의 문물을 받아들이는 전략적 요충지 역할을 했
고, 덕분에 중국의 불교 양식을 가장 먼저 받아들이기도 했다. 태안군 태안읍
백화산 아래에 있는 태안마애삼존불泰安磨崖三尊佛이 그 증거다.

마애불상이란 바위 표면에 부처의 상을 새긴 것을 말하고, 삼존불이란 세 분의 부처님이라는 의미다. 태안마애삼존불은 우리나라 마애불상의 초기 작품에 해당하는 것으로, 국보 제84호인 '서산마애삼존불^{瑞山磨崖三尊佛}' 보다 시기가 앞서는 조형 양식을 지녔다. 따라서 백제 최고^{最古}의 마애불상으로 그 가치를 인정받아, 보물 제432호에서 국보 제307호로 승격되었다.

660년 백제의 멸망으로 태안은 통일신라의 영토가 되었고, 10세기에 이르러 고려가 이 땅의 주인이 되면서부터 '태안'이라는 이름을 얻어 군으로 승격되었다. 태안은 국태민안^{國泰民安}의 준말이라고 한다. 국태민안은 '국가가 태평하고

❂ 태안마애삼존불은 가운데에는 아담한 크기의 관음보살(觀音菩薩), 양쪽으로는 우람한 크기의 약사여래(藥師如來)와 아미타여래(阿彌陀如來)가 서 있는 모습이다. 일반적으로 보살은 부처가 되기 전의 존재로, 이미 진리를 깨달아 절대적인 존재가 된 부처보다는 위계가 낮다. 그러므로 삼존불에서는 보통 가운데 여래가 크고, 양옆의 보살을 작게 조각하는 것이 보통이다. 하지만 태안의 백제 사람들은 그 반대로 가운데에 작은 크기의 보살을 둠으로써, 세계적으로 유례가 없는 삼존불을 만들어 관음도량의 상징성을 최대한 살리는 높은 수준의 신앙을 보였다. 또한 태안마애불상은 태안 지역을 관입한 중생대 대보 화강암을 조각한 것으로 태안 지역의 지질학적 특징을 보여 주는 작품이기도 하다.

국민이 평안하다' 는 뜻을 지닌 말로, 실제로 태안을 다녀 보면 그 이름대로 태평하고 안락한 느낌을 준다는 점을 금방 깨닫게 된다. 태안의 사람들은 태안의 지형과 매우 닮아 있다. 선사시대부터 태안을 지켜 왔던 이곳의 사람들은 태안의 자원들을 이용하여 오랫동안 삶을 이어 왔다. 한없이 베풀기만 하는 태안의 자연 속에서 태안의 사람들은 오랜 생산의 삶을 되풀이하고 있다. 태안의 안락함과 여유로움은 자연, 그리고 이곳 사람들이 함께 만들어 낸 것이 아닐까.

해안사구 형성에 최적의 조건을 갖춘 신두리 해안

신두리는 태안반도 서북부에 위치하며, 행정구역상으로는 태안군 원북면에 속한다. 해빈*을 따라 길이 약 3.4km, 폭은 약 500m에서 1.3km에 이르는 모래 갯벌이 넓게 잘 발달되어 있다. 북쪽에는 천연기념물 제431호로 지정된 '태안 신두리 해안사구' 가 있다.

해안사구는 바닷가에 형성된 모래언덕이라는 뜻이다. 해안사구는 해류나 바다로 흘러들어 오는 하천에 의해 운반된 모래가 파도나 바람에 의해 해안으로 밀려와 쌓여서 형성된다.

신두리 해안에 해안사구가 잘 발달한 이유는 지리적인 위치 때문이다. 해안사구가 형성되려면 모래의 양이 풍부한 상태에서 잘 말라 있어야 하고, 바람이 일정한 방향으로 세차게 불어야 하며, 모래를 퇴적시키는 데 적당한 장애물이 있어야 한다. 신두리는 이러한 조건에 잘 맞는 곳 중 하나다.

신두리 해안은 북서 방향을 마주하여 발달해 있어, 겨울 계절풍인 북서풍이

---

* **해빈(海濱, beach)** : 해안이나 호수의 연안을 따라 형성된 퇴적 지형으로, 해변이라고도 한다.

○ 신두리 해안사구를 자세히 관찰하면 이중 구조로 되어 있다는 점을 알 수 있다. 앞쪽에 있는 해안사구를 전사구 또는 1차 사구라고 하며, 뒤쪽에 있는 사구를 2차 사구라고 한다.

강하게 부딪히는 곳이다. 또 밀물과 썰물의 차이가 심해 넓은 모래 갯벌이 발달하여 바람과 파도에 노출되는 면적이 넓다. 뿐만 아니라 신생대 때 빙하가 녹으면서 많은 양의 붉은색 모래를 남겨 주었고, 한강을 비롯한 많은 하천이 황해로 유입되면서 공급된 모래가 해류를 타고 신두리 쪽으로 흘러와 모래의 양도 매우 풍부한 편이다. 바람과 파도에 의해 많은 양의 모래가 해안에 계속 공급되어, 해안사구가 형성되기에 최적의 지역이 된 것이다.

해안사구는 해양 생태계에서 아주 중요한 역할을 한다. 태풍과 같은 강한 바람이나 큰 파도가 밀려올 때 해안의 모래를 지키는 모래의 저장고 역할을 하기도 하고, 해당화나 갯메꽃 같은 해안 식물, 또는 개미귀신이나 꼬마물떼새 등의 곤충이나 조류의 보금자리가 되기도 한다.

또 사구를 통해 흘러들어 간 빗물이 지하수위를 높여 바닷물이 육지로 밀려와 육지의 지하수가 염분에 오염되는 것을 막아 주기 때문에 지하수의 저장고와 같은 역할도 한다. 뿐만 아니라 해안사구는 육지와 바다의 완충 지대로, 해안 쪽에서 불어오는 바람으로부터 농토를 보호하고 바닷물의 유입을 자연스럽게 막는 역할을 하기도 한다.

말이 달리고 비행기가 뜨고 내리는 단단한 모래펄 | 갯벌이란 달과 태양의 인력에 의해 발생하는 썰물과 밀물 때문에 생기는 '갯가의 넓고 평평하게 생긴 땅'을 말

○ 신두리 모래펄을 비롯한 태안 해변의 모래펄은 단단하기로 유명하다. 그래서 신두리 해안에 가면 말을 타고 달리는 사람을 자주 볼 수 있고, 몽산포에 가면 경비행기의 이착륙 모습도 심심찮게 볼 수 있다.

한다. 조석 간만의 차이가 심한 황해안은 곳곳에 갯벌이 발달되어 있다. 그런데 태안의 해변은 다른 지역의 갯벌과는 사뭇 다르다. 예를 들어 강화나 보령의 갯벌은 질퍽한 진흙 갯벌인 반면에, 태안의 갯벌은 대부분 모래로 되어 있는 모래펄이기 때문이다. 더욱이 모래펄의 치밀도가 매우 높아, 말이 달리고 비행기가 뜨고 내릴 정도로 단단하다.

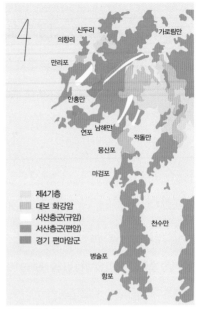

● 태안군 주변 지질도

태안의 해변이 이렇듯 단단한 모래펄 구조를 이루는 까닭은 이 지역의 지질학적 특성 때문이다. 신두리 해안이 있는 곳은 경기 편마암군이 기저를 이루는 지층이고, 만리포, 몽산포 등의 해안이 있는 곳은 서산층군이 바탕을 이룬다. 경기 편마암군은 편암, 규암 그리고 편마암 등의 암석이, 서산층군도 편암이나 규암이 주를 이루고 있다. 편암이나 규암 등은 변성암을 대표하는 암석으로, 결정 구조가 비교적 단단한 편에 속하는 암석이다.

따라서 단단한 굳기를 가진 암석들이 오랜 세월 침식 및 풍화작용을 받아 형성되는 모래는 크기가 작아졌을 뿐, 이들이 모여 이루는 모래펄은 다른 암석이 만든 모래펄보다 그 구조가 단단한 것이다.

- **편마암** : 모래나 진흙 등의 퇴적암이 지하 깊은 곳에서 변성작용을 받아 생기는 변성암이다. 편마암을 이루는 주요 광물은 석영, 장석, 흑운모 등이며 흰색과 검은색 띠가 반복되는 편마상 띠 구조가 발달한다. 이 암석은 줄무늬가 아름다워 공원이나 아파트의 정원석으로 많이 이용된다.
- **편암** : 암석이 변성작용을 받아 형성된 변성암으로, 결정 입자가 육안으로도 구분될 정도로 성장하며 판상으로 쪼개지는 특징이 있다. 단단한 암석에 속하므로 건축재로 흔히 사용된다.
- **규암** : 사암 등이 열과 압력에 의한 변성작용을 받아 형성된 것으로, 주로 석영으로 구성되어 있으며 매우 단단하다.

파도리 해수욕장의 아름다운 모오리돌

태안군 소원면 남쪽 끄트머리 해안으로 가면 파도리 해수욕장이 있는데, 이곳은 태안의 여느 해변과는 다른 모습을 하고 있다. 크고 작은 조약돌 위로 하얀 거품을 일으키며 파도가 치고 있어, 유난히 파도가 아름답게 느껴진다. '파도리'라는 마을 이름도 파도가 아름다운 곳이라 하여 얻은 이름이라고 한다.

이처럼 아름다운 파도는 다름 아닌 '몽돌'이라 불리는 작은 조약돌 때문이다. 몽돌은 귀퉁이가 다 닳아서 동글동글해진 돌을 가리키는 경상도 사투리고, 표준어로는 '모오리돌'이라고 한다. 이 지역 사람들은 이 돌을 바다의 옥이라 하여 해옥海玉이라 부른다.

파도리에 이런 조약돌이 발달할 수 있는 것은 이 지역의 지층이 서산층군이기 때문이다. 서산층군은 선캄브리아대에 형성된 지층으로, 우리나라에서 오래된 지층군에 속하며 주로 퇴적암이 변성작용을 받아 이루어진 서산편암과 서산규암이 발달해 있다. 최근 서산규암층에 포함된 저어콘 광물의 절대 연령을 측

○ 오랜 세월 파도에 의해 가장자리가 마모된 조약돌로 이루어진 파도리 해수욕장 해변. 모래가 없고 주로 자갈로 이루어져 있어, 바닷물이 유난히 푸르게 느껴진다. 바닷물이 움직일 때마다 특징적인 스르륵거리는 소리가 들려 여느 해변과는 다른 느낌을 주는 곳이다.

정한 결과 서산규암의 원암인 퇴적암이 형성된 시기는 약 18억 년 전후로 알려졌다. 서산층군의 규암층에는 자철석이 포함되어 있어 한때 철광산으로 개발된 적도 있었다.

이 중에서 규암은 굳기가 다른 암석에 비해 단단하여 쉽게 풍화작용을 받지 않는 특징을 가진다. 그래서 오랜 세월 파도에 의해 가장자리가 마모된 조약돌의 형태를 띠게 되는데, 이것이 오늘날 파도리에서 해옥이라고도 불리는 모오리돌을 다량으로 만든 것이다.

암석의 굳기가 연한 암석은 비교적 짧은 시간에 쉽게 모래가 된다. 그러나 사진의 규암과 같은 단단한 굳기를 가진 변성암 계통의 암석들은 조약돌처럼 가장자리가 잘 다듬어진 자갈이 되었다가, 한참 뒤에 모래로 변한다.

파도가 만든
해상 조각 공원

흐르는 것에는 경계가 없다. 물결의 높고 낮음, 빠름과 느림을 넘어서서 흐른다는 것은 그 자체로 그저 의미가 있다. 다만 섬들과 육지만이 제 길을 따라 흘러가는 물결을 지켜보면서, 물결이 실어 주는 세월의 힘을 느끼고 있을 뿐이다. 태안의 물결은 섬과 섬들 사이를 들고 나면서 지금의 아름다운 생김새를 만들어 내었다. 파도가 만들어 낸 황해의 섬들은 저마다의 독특한 모습과 지질학적인 특질을 지님으로써 우리의 소중한 유산이 되었던 것이다. 이처럼 아름다운 태안의 섬들을 여행하기 위해서는 안흥성을 시작으로 여러 섬들을 연결해서 보는 것이 좋다.

안흥성安興城(충남기념물 제11호)은 태안군 근흥면 정죽리 해안 가까이에 위치한다. 이곳은 조선시대인 1655년(효종 6년)에 황해안을 방어하기 위해 축조된 석성石城이다. 안흥성은 군사적 요충지였지만 중국의 사신을 영접하던 곳이기도 했다. 그 이유는 가까이에 백제시대부터 중국의 무역선이 드나드는 큰 규모의 무역항이던 안흥항이 있었기 때문이다.

하지만 오늘날의 안흥항은 유람선이 드나드는 작은 선착장일 뿐이다. 안흥항에서는 날씨가 허락되고 열 명 이상의 사람이 모이면 언제든 출발하는 유람선이 있다. 서해안고속도로가 개통된 뒤 주말이면 적지 않은 사람이 모여든다. 이곳에서 유람선을 타고 약 1시간 30분 정도 바닷길 여행을 하면 태안해안국립공원의 진수를 맛볼 수 있다. 바닷물의 해식작용으로 형성된 갖가지 모양의 절경을 감상할 수 있기 때문이다.

안흥항을 출발한 유람선이 가장 먼저 만나는 것은 신진도^{新津島}다. 이곳은 고려 성종 때 해안 방비를 위해 관청을 설치한 후 주민이 이주하여 살고 있는 유인도인데, 전체적으로 낮은 구릉성 산지로 되어 있다. 섬을 이루는 지층은 역시 서산층군으로, 특히 규암이 많이 분포하는 지역은 모서리가 거칠고 각이 져 있는 해식절벽의 모습을 갖추고 있다.

신진도를 벗어나 가의도로 향하면서부터는 여기저기 파도와 바람이 만든 멋진 조각상을 찾을 수 있다. 대표적인 것이 독립문바위다. 독립문바위는 차별침식의 결과로 형성된 특이한 모양의 바위로, 그 형상이 독립문과 같다고 하여 붙여진 이름이다. 이와 같은 기묘한 형태의 바위가 형성될 수 있는 이유는, 이 지역의 섬을 이루는 서산층군이 가지는 특징 때문이다.

충청남도와 경기도 일대 등 우리나라 중부 지역을 이루는 지층은 선캄브리아대에 형성된 경기 변성암 복합체라는 점은 앞에서 말한 바 있다. 이 중에서 태안 지역의 기반을 이루는 서산층군은 주로 규암과 석회암을 포함한 편암이 주를 이루고 있으며 간혹 화강편마암이 분포한다.

그런데 규암은 침식에 매우 강한 편이지만 석회암은 침식에 매우 약하며, 화

○ 신진도의 해식절벽. 오랜 세월 바닷물과 거센 바람에 의해 풍화작용을 받았으나, 규암으로 된 지역은 여전히 단단한 풍모를 잃지 않고 절벽의 모양을 갖추고 있다.

강편마암 역시 규암처럼 강한 편은 아니다. 따라서 오랜 세월 파도와 바람의 침식작용을 받게 되면 약한 부분부터 침식작용을 받아 모습을 감추게 된다. 이런 과정을 통해 만들어진 것이 바로 가의도 해안 일대 여기저기에 분포하고 있는 독립문바위, 사자바위, 여자바위, 코바위 등이다.

　120여 개의 많은 섬들을 다 둘러볼 수는 없었지만, 태안의 섬들은 저마다의 목소리로 자신의 사연들을 이야기하고 있었다. 그들의 이야기에 귀를 기울이다 보면, 어느새 해가 저물고 시간이 흘러 머나먼 다른 곳으로 흘러가는 듯했다. 이 글을 쓰고 난 후 얼마 지나지 않아 기름 유출 사건이 일어났다. 기름으로 범벅이 된 태안의 해안과 바다를 보면서 눈물을 흘렸다. 아기 속살처럼 예뻤던 곳

1 사자바위. 차별침식으로 형성된 바위. 섬사람들은 이 바위가 멀리 중국 땅을 바라보며 태안반도를 지켜 준다고 믿고 있다. 배를 타고 지나가면서 보면 정말 의젓한 자세로 길게 꼬리를 늘어뜨린 채 중국을 바라보는 사자의 모습이 보인다.

2 여자바위. 뭍으로 나가려는 여자들을 머무르게 하기 위해 제사를 지냈다는 전설을 간직하고 있다. 해식동굴이 있는 전형적인 해식절벽의 모습이다.

3 코바위. 마치 뾰족한 코처럼 생긴 바위. 하지만 가운데 두 바위가 다정하게 서 있어 부부바위라고도 한다. 물살이 매우 센 지역으로 역시 차별침식으로 형성되었다. 현재 모양을 이루고 있는 것은 규암이나 편암이고, 나머지 침식된 부분은 석회질 변성암으로 추정된다.

들이 욕심 많은 놀부의 얼굴처럼 더럽혀졌다. 자연의 아름다움이란 인간이 그 것을 존중하고 소중히 여길 때 더욱 지속되는 것이다. 뜻하지 않았던 이 사건으로 인해 태안의 자연은 자신들의 삶을 잃고 괴로워하고 있다. 지금도 태안을 살리기 위한 많은 이들의 발걸음이 지속되고 있지만, 한번 엉클어진 자연의 섭리를 원상태로 되돌려 놓는다는 것은 그리 쉬운 일이 아니다. 태안의 아름다운 자연들을 바라보면서 느꼈던 감정들이 씁쓸한 마음으로 바뀌어 버렸다. 우리들의 지속적인 관심만이 제 살 곳을 잃은 태안의 자연들과 주민들을 다시 살릴 수 있을 것이다.

찾 · 아 · 가 · 보 · 기

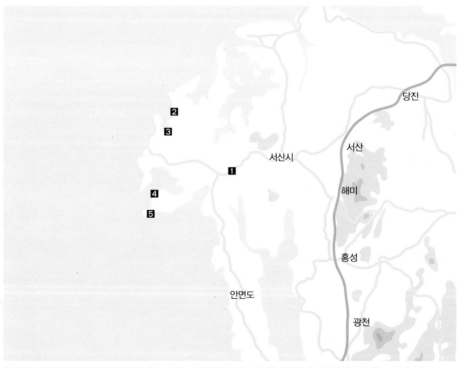

1 태안마애삼존불 **2** 신두리 해안서구 **3** 신두리 모래펄 **4** 파도리 해수욕장 해옥 **5** 태안해안국립공원 – 가의도 일대

06

"
퇴적 지형의 종합 전시장
전라북도 부안
"

짙은 황토색을 띤 적벽강 해안. 전라북도 부안의 변산반도에 위치한 적벽강은
1976년 4월 2일 전라북도기념물 제29호로 지정된 곳으로, 부근에는
후박나무 군락지(천연기념물 제123호)가 있다. 약 2km의 해안을 따라 해식절벽이 발달해 있으며,
바닷물에 예쁘게 깎인 '몽돌'이 해안에 지천으로 널려 있다.
특히 해가 질 무렵 붉은 태양빛을 받으면, 해안이 모두 붉은색을 띠는 장관을 이룬다.

...

"지자요수(知者樂水)요 인자요산(仁者樂山)이라."
이는 지혜로운 이는 물을 좋아하고, 어진 사람은 산을 좋아한다는 뜻으로,
『논어(論語)』의 「옹야(雍也)」에 수록되어 있는 글이다.
지혜로운 사람은 사리에 밝아 물 흐르듯 막힘이 없기에 물을 좋아하고,
어진 이는 의리를 중히 여겨 그 중후함이 산과 같으므로 산을 좋아한다고 하였다.
그래서 그런 것일까. 예부터 지금까지 명산과 아름다운 바다는
많은 이들의 발걸음을 재촉해 왔다.
전라북도 부안이 그런 곳이다.
특히 국내의 국립공원 중 유일하게
산과 바다가 함께 어우러진 변산반도 국립공원(1988년 지정)이 있는 곳으로,
행정구역 범위가 대체로 변산반도와 일치하여
지역 전체를 국립공원이라고 할 수 있다.

...

백제의 불교 정신을 담은 절,
내소사(來蘇寺) | 부안은 서쪽으로 바다와 맞닿은 외변산과 남서부의

산악으로 연결되는 내변산으로 구분된다. 외변산은 채석강과 적벽강이 있는 곳으로, 우리나라 퇴적 지형의 종합 전시장이라고 할 만큼 다양한 퇴적 지형을 볼수 있는 곳이다. 내소사, 직소폭포가 있는 내변산에서는 중생대 말기에 있었던 격렬한 화산활동의 흔적을 찾아볼 수 있다. 더불어 부안의 지질은 선캄브리아대에 형성된 화강암과 편마암이 기반암을 이루고, 그 위로 백악기 말에 형성된 퇴적암이 덮고 있다. 오랜 세월 동안 지각 변동을 많이 받아 단층과 습곡이 발달했기 때문에 단순히 아름다운 경관뿐 아니라 지질학적으로도 큰 의미를 가지고 있다.

전라북도 부안군 진서면에 있는 내소사는 633년(백제 무왕 34년) 백제의 승려 혜구두타惠丘頭陀가 창건하여 처음에는 소래사蘇來寺라고 하였다. 일설에는 중국 당나라 장수 소정방蘇定方이 와서 세웠기 때문에 '내소來蘇'라 하였다고도 하나 이는 와전된 것이며, 원래는 '소래사蘇來寺'였음이 『동국여지승람東國與地勝覽』을 비롯한 여러 책에 기록되어 있다. 그러나 정확히 언제 '소래사'가 '내소사'로 되었는지는 분명치 않다. 그 이름의 연유보다는 '내생에 반드시 소생蘇生하라'는 내소사의 의미가 더욱 중요한 것이 아닌가 싶다.

특히 내소사의 대웅전은 역사적·문화적으로 많은 이들의 사랑을 받고 있는 곳이다. 1633년에 만들어져 지금까지 원형을 보존하고 있는 대웅전에는 비밀스러운 설화들이 전해진다.

"단청을 하는 동안 대웅전 공사를 맡은 화공이 절대 안을 들여다보지 말 것을 당부했다. 여러 날이 지나도 기척이 없어 궁금해진 절의 사미승이 문틈으로 엿보니 푸른 새 한 마리가 붓을 문 채 날아다니고 있었다. 사미승의 인기척

1 내소사 대웅전. 보물 제291호로 지정된 대웅전은 조선 인조 11년(1633년)에 중건된 것으로, 전체적으로 단청을 칠하지 않아 더욱 자연스러운 고찰의 분위기를 자아낸다.

2 대웅전의 꽃잎 문살. 대웅전의 전면에는 꽃잎 문살을 조각한 문짝을 달았다. 이는 모두 정교한 공예품들로, 우리 민족의 뛰어난 예술성을 확인할 수 있다.

을 눈치챈 새가 마무리를 안 하고 날아가 버리는 바람에 대웅전은 완성될 수
없었다."

　설화의 내용대로 대웅보전의 동쪽 도리 중 하나는 바닥 색칠만 한 채 단청을
넣지 못했다. 천장의 공포 한 군데에도 목침 크기만 한 빈 공간이 있는데 법당
을 지을 때 동자승이 재목을 감추었기 때문이라는 이야기가 전해진다.

　또한 대웅보전의 꽃잎 문살은 생생한 나뭇결 무늬에 도톰하게 살이 오른 꽃
잎이 한 잎 한 잎 살아 움직이는 것처럼 보여, 우리나라 장식 무늬의 정수라고
할 만큼 높은 수준을 보인다. 연꽃, 국화, 모란 등 여러 꽃들은 나무 문살 안에
서 제 모습을 자랑하고 있었다.

◎ 지장암과 지장바위. 사진 뒤쪽의 지장바위를 자세히 보면 층을 이루고 있는데, 이는 지장바위가 퇴적암이기 때문이다.
지장바위는 응회질 퇴적물, 즉 화산활동이 활발할 당시 분출된 화산 쇄설물로 이루어져 있다. 이로 보아 내소사가 있는 내
변산 지역에서는 한때 화산활동이 활발했음을 짐작할 수 있다.

내소사 대웅전에서 내려와 일주문에서 왼쪽으로 전나무 숲길을 가다 보면, 오른쪽으로 조그마한 샛길을 만난다. 그 길로 200m 정도 더 올라가면 내소사 산내 암자인 지장암이 있다. 지장암은 통일신라 초기부터 있던 절로, 신라의 고승 진표율사眞表律師가 창건했다. 그리고 진표율사가 이곳에서 3년을 기도하여 지장보살의 현신수기*를 얻었다는 이야기가 전해져 내려온다.

지장암 뒤로, 마치 암자를 두 팔로 품어 안은 것 같은 큰 바위가 병풍처럼 서 있는데 이를 지장바위라고 부른다. 지장바위는 화산 쇄설물이 퇴적되어 형성된 퇴적암이다. 중생대 백악기 말, 우리나라 남부 지방에 거대한 호수가 형성될 당시에 활발했던 화산활동의 흔적이라고 할 수 있다.

화석을 찾아보기 어려운 송포항 해안

변산반도 국립공원 관리공단 사무소를 지나, 변산 해수욕장 해안을 따라 가면 송포항이 나온다. 송포항에서 남서쪽으로 조금 더 가다가 해안 쪽으로 들어서면 인적이 드문 해안을 만난다. 황해의 여느 해안과 달리 물빛이 파란 것이, 마치 동해안에 온 듯한 신기한 느낌을 주는 바다다. 해안을 따라 나란히 서 있는 낮은 높이의 절벽 아래 지층에는, 화산암의 일종인 현무암이 퇴적층 사이에 포획되어 있다.

이들 역시 중생대 백악기 말에 있었던 화산활동의 흔적으로, 화산활동이 매우 활발했음을 알 수 있다. 이 지역의 퇴적층은 공룡 발자국 화석이 여러 곳에서 발견된 경상남도 고성 덕명리와 전라남도 해남 우항리의 퇴적 지층과 비슷

---

* **현신수기(現身受記)** : 부처로부터 내생에 부처가 되리라는 예언을 받음.

● 송포 해안 지형. 다양한 화산 쇄설물로 퇴적 지층을 이루고 있는 송포 해안의 절벽 곳곳에는 기포가 빠져나간 흔적이 있는 현무암이 포획되어 있다. 이 현무암은 화산탄(火山彈)의 형태로 퇴적 지층 사이에 포획되어 있어, 주변에 꽤 활발한 화산활동이 있었음을 짐작하게 한다.

한 시기에 형성된 것이다. 그러나 이 지역에서는 공룡 발자국 화석이나 나뭇잎, 조개 화석은 거의 발견되지 않았다.

석양에 붉게 물드는 해안절벽, 적벽강

송포항에서 남서쪽으로 고사포 송림 해수욕장을 지나, 변산 해변 도로를 따라 이동하면 천연기념물 제123호로 지정된 후박나무 군락지를 만나게 된다. 후박나무 군락지 오른쪽 해안으로 내려가면 짙은 황토색 암반과 해식절벽을 볼 수 있는데, 이를 적벽강^{赤壁江}이라고 한다.

적벽강의 진면목은 해가 어슴푸레하게 서쪽으로 질 무렵에 드러나는데, 석양에 해안의 절벽과 암반이 함께 붉게 물들어 장관을 이룬다. '赤壁'이라는 이름도 그래서 얻은 것이리라. 하지만 어떤 이들은 이곳이 중국의 문장가 소동파^{蘇東坡}가 유배를 당한 후 벗들과 함께 지냈던 중국의 적벽강과 견줄 만큼 경치가 빼어나다 하여 붙여진 이름이라고도 한다.

적벽강 해식절벽의 색이 황토색에서 붉은색까지 다양하게 보이는 까닭은, 절벽을 이루는 지층이 화산암인 유문암과 퇴적암인 셰일이나 사암 그리고 역암 등이 뒤섞여 있고, 그중 일부는 산화작용을 받았기 때문이다.

한편 적벽강에는 다른 곳에서는 보기 어려운 지질학적 특징이 있는데, 대표적인 것이 페퍼라이트^{Peperite}다. 페퍼라이트는 후추^{pepper} 가루를 바닥에 흩뿌려 놓은 것처럼 보인다고 해서 붙은 이름이다.

페퍼라이트는 뜨거운 용암이 바다나 호수로 흘러들어 오면서 물을 갑자기 들끓게 만들어 많은 양의 수증기를 발생시키고, 기존의 퇴적물과 뒤섞여 급격하게 식을 때 형성된다. 또 마그마가 지하 얕은 곳으로 이동하면서 아직 단단하게

○ 적벽강의 해식절벽과 페퍼라이트. 적벽강 해식절벽의 하단부를 이루는 것은 역암이나 사암, 이암 등의 퇴적암이지만, 그 사이에 화산활동의 흔적으로 보이는 유문암 등이 섞여 있거나 관입(貫入)되어 있는 특이한 구조를 보인다. 이는 퇴적암이 완전히 굳지 않은 상태에서 뜨거운 용암이 들끓는 수증기와 함께 침투하여 뒤섞이기 때문에 생성되는 것이다. 사진에서 검게 보이는 부분은 검은 진흙으로 된 퇴적암이다.

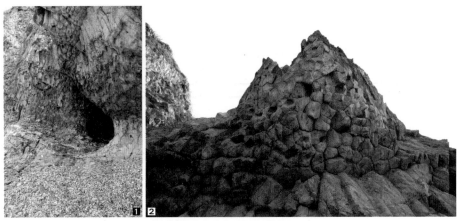

1 유문암 주상절리와 해식동굴. 유문암으로 된 해안절벽 곳곳에는 바닷물의 차별침식작용을 받아 형성된 해식동굴이 발달해 있다. 그 아래로 몽돌이 흐트러져 있다.

2 유문암 주상절리를 아래에서 위로 바라본 모양이다. 유문암이 수축할 때 수축 속도의 차이에 따라 형성된 절리의 단면을 관찰할 수 있다.

굳지 않은 퇴적물을 뚫고 지나갈 때 형성되기도 하는데, 이때는 각진 자갈로 이루어진 역암의 형태를 띠기도 한다. 적벽강에서 발견되는 페퍼라이트는 상부의 유문암*과 하부의 퇴적암 사이에 형성되어 있다.

　페퍼라이트의 생성 과정은 다음과 같다. 유문암이 아직 굳지 않은 퇴적물 위로 분출하면서 하부의 퇴적물에 열을 공급하고 물이 기화하면서 퇴적물이 유동성을 갖게 된다. 이렇게 높은 압력의 유동성 퇴적물이 상부의 유문암을 관입하면서 유문암이 조각나고, 유문암질 조각이 퇴적물과 함께 굳어진 암석이 바로 페퍼라이트다. 하부 페퍼라이트는 검은색의 퇴적물이 많고 상부 페퍼라이

＊ **유문암(rhyolite)** : 화산활동의 결과로 형성되는 화산암의 한 종류. 석영, 정장석 등의 광물이 육안으로 관찰되기도 하고, 바탕은 결정으로 성장하지 못한 미정질이다. 화산암인 현무암에 비해 규소의 함량이 높아 훨씬 밝은색을 띠며, 화학성분은 화강암과 비슷하다.

트는 적은네, 상부 페퍼라이트는 유문암질 암식 조각들이 마치 퍼즐처럼 흩어져 있다.

적벽강 곳곳에 페퍼라이트가 분포하는 것은 화산활동과 퇴적활동이 비슷한 시기에 함께 있었음을 증명한다. 적벽강과 인근 채석강 일대의 지층이 형성되던 중생대 백악기 말, 이곳에 분포하던 호수 속으로 뜨거운 용암이 밀려들어 왔다는 것을 짐작케 하는 좋은 자료가 된다.

한편 적벽강 해안절벽 곳곳에는 주상절리가 잘 발달되어 있다. 주상절리는 용암이 식을 때 수축되어 형성되는 것이므로, 화산활동이 활발하여 용암이 흐른 곳에서 잘 생긴다. 제주도의 지삿개 해안, 정방폭포, 천제연폭포 그리고 경기도 연천의 한탄강이 흐르는 용암대지 지역이 그렇다.

이런 곳에서 볼 수 있는 주상절리는 대부분 검은색의 현무암으로 되어 있다. 그래서 사람들은 주상절리 하면 으레 검은색을 띠는 현무암만 떠올리는데, 사실은 그렇지 않다. 제주도의 산방산과 한라산 영실 그리고 울릉도의 도동항 주변의 주상절리는 조면암으로 되어 있고, 이곳 적벽강 일대의 황토색을 띤 주상절리는 유문암으로 되어 있다.

또 주상절리는 현무암, 조면암, 유문암과 같은 화산암에서만 볼 수 있는 것이 아니다. 가끔 화강암 지역에서도 볼 수 있고, 화산재가 쌓여 굳은 응회암에서도 볼 수 있다. 그래도 지표면에 유문암이 절리를 이루면서 노두를 드러내는 일은 흔한 일이 아니므로, 적벽강의 유문암 주상절리는 지질학적으로 가치가 크다.

또한 적벽강 해식절벽에는 오랜 세월 파도의 침식작용을 받아 형성된 해식동굴이 여러 개 있다. 해식절벽 아래의 해식대지에는 밀물과 썰물을 따라 움직이며 제 몸을 둥글게 갈고 닦은 아름다운 몽돌이 지천으로 깔려 있다.

바다가 만든 화려한 조각장, 채석강

바다는 부지런하다. 한순간도 쉼 없이 해안선을 들고 나면서 세월의 힘과 노력이 헛되지 않다는 것을 보여 준다. 바다와 만나는 것들은 그 찰나의 시간 동안 조금씩 변화해 간다. 부안은 바다의 부지런함을 한껏 느낄 수 있는 곳이다.

적벽강에서 남쪽으로 격포 해넘이 해수욕장을 지나면 황해안에서 가장 아름다운 해안이라고 일컬어지는 채석강이 있다. 채석강은 이름처럼 강이 아니다. 층층이 쌓인 퇴적층으로 된 해식절벽 그리고 썰물 때 그 아래 넓게 펼쳐지는 파식대지와 그리고 주변의 바다를 통틀어 부르는 이름이다. 채석강이라는 이름은

○ 썰물 때의 채석강. 왼쪽에 수십 미터 높이의 퇴적암으로 된 해식절벽이 있고, 아래에는 넓게 파식대지가 형성되어 있다. 황해안의 대표적인 관광지로 언제나 많은 사람들로 붐빈다. 채석강의 해식절벽과 파식대지를 살피기 위해서는 반드시 물때를 알아보고 가는 것이 좋다. 밀물 때 가면 격포항으로 가는 길이 바닷물로 막혀 해식동굴을 보기 어렵다.

1 진흙, 모래, 자갈 등 다양한 퇴적물로 두껍게 층을 이루고 있는 채석강의 퇴적층.
2 셰일이 습곡 작용을 받아 구부러져 있다.
3 크고 작은 자갈과 거친 모래 입자가 뒤섞여 있는 역암.

중국의 시인 이태백李太白이 배를 타고 술을 마시다 물에 뜬 달을 잡으려다 빠져 숨졌다는 중국의 채석강과 비슷하게 생겼다고 붙여진 이름이다.

채석강은 외변산의 대표적인 명소로 여름철에는 해수욕을 즐기기 좋고, 빼어난 경관 때문에 사람들이 자주 찾는 곳이다. 1.5km가량의 해안절벽으로 이뤄진 채석강에서는 가지런한 지층과 구불구불한 습곡들을 쉽게 확인할 수 있다. 채석강의 지질은 선캄브리아대에 형성된 화강암과 편마암이 기저층을 이루고, 그 위는 중생대 백악기 무렵에 형성된 퇴적암이 덮여 있다.

채석강에서 볼 수 있는 퇴적층은 원래 육지의 호수 밑에서 형성된 것으로 육성층陸成層이다. 지금은 바닷가에 있어서 바다 밑에서 형성된 해성층海成層이라고 생각하기 쉬운데, 중생대의 마지막 시대인 백악기 때는 채석강이 있는 지역이 바다가 아니라 호수였다.

백악기의 단층운동에 의해 만들어진 격포분지에 화산 쇄설 기원의 퇴적층이 만들어지고, 그 후 고지대로부터 하천수와 함께 퇴적물이 운반, 퇴적되어 채석강에서 볼 수 있는 두꺼운 퇴적암인 격포리층이 형성되었다. 그리고 적벽강에서 보듯 격포리층의 상부에 유문암이 분출하였고 격포리층과 유문암 사이에 페퍼라이트가 형성된 것이다.

그런데 채석강의 퇴적층을 자세히 살펴보면, 입자가 크고 불규칙한 모양의 퇴적물로 이루어진 역암층과 입자가 고운 사암이나 셰일층이 함께 있는 것을 발견할 수 있다. 이것으로 이들 지층이 퇴적될 당시의 자연환경을 미루어 짐작할 수 있다. 입자가 고운 사암이나 셰일층은 하천의 물이 호수로 조용히 흘러 입자의 크기가 작은 퇴적물을 천천히 운반해서 쌓인 것이다.

반면에 역암은 많은 양의 물이 빠르게 흐르면서 크기가 큰 자갈이나 바위 등을 한꺼번에 끌고 와 모래와 뒤섞여 쌓이면서 형성된 것이다. 따라서 채석강을

1 격포항 방파제 근처에 나란히 형성된 해식동굴. 해식동굴은 파도에 의한 차별침식으로 형성된다. 해식동굴의 크기가 점점 커지면 어느 시점에 이르러 위쪽 지층의 무게를 이기지 못하게 되고, 위의 지층이 무너져 내리면 해식절벽이 해안에서 뒤로 후퇴하게 되는 것이다.

2 격포항 방파제 근처 해식동굴 내부에서 바깥을 본 모습. 보는 각도에 따라 다양한 모습으로 보이는데, 각도를 잘 맞추면 마치 우리나라 지도처럼 보이기도 한다. 플래시를 터뜨려 사진을 찍으면 다양한 종류의 퇴적암 지층이 드러난다.

3 플래시를 터뜨려 찍은 해식동굴의 내부. 하단부에 짙은 색 셰일층이 발달해 있으나 전체적으로 역암층이다.

이루는 지층에서 사암이나 셰일층이 차지하는 두께와 역암층의 두께를 비교해 보면, 중생대 백악기 무렵 이 지역의 기후 변화를 미루어 짐작할 수 있다.

또 해식절벽에 분포하고 있는 지층은 대부분 수평으로 층리層理가 잘 발달되어 있지만 어떤 셰일층은 단층이 져 있고, 어떤 사암층은 심하게 구부러진 습곡이 발달해 있어 한때 이곳에 지각변동도 활발하게 일어났음을 알 수 있다.

한편 채석강에서 격포항 방파제로 가는 모퉁이에 제법 규모가 큰 해식동굴이 나란히 서 있다. 동굴 안으로 들어서면 '우─웅' 거리는 소리가 들린다. 현실의 것이 아닌 듯한 그 소리는 귓가가 아닌 발끝에서 맴돌아 다시 동굴의 머리 부분으로 메아리쳐 올라갔다. 바닷물과 동굴이 만들어 낸 울림을 느껴 보니, 부안의 해식동굴들이 이유 없이 만들어진 것은 아니라는 생각이 들었다.

여러 동굴 중 하나는 안에서 바깥으로 보면 우리나라 지도 모양이 나타난다고 하는데, 보는 각도에 따라 모양이 달라져 우리나라 모양을 쉽게 찾아내기 어려웠다. 이것을 밖에서 살펴보면 사암층 사이에 두꺼운 역암층이 약간 경사진 상태로 끼어 있는데, 이런 모습은 다른 퇴적암 절벽에서는 찾아보기 어려운 것이다. 학자들은 이들 지층의 배열 상태를 보고, 호수 속 급경사면에 불안정하게 쌓여 있던 자갈이나 바위들이 물속에서 사태를 일으켜 모래가 쌓여 있던 더 깊은 호수 속으로 이동해 왔거나, 경사가 급한 호수 속의 작은 물길을 따라 실려 내려왔을 것으로 추정하고 있다.

바다에서 하얀 꽃이 피는 곳,
곰소 염전

바다에서 피는 하얀 꽃. 흰 꽃의 짜디짠 맛은 꽃봉오리가 만들어질 때 만났던 햇빛과 바람의 성질을 고스란히 담고 있다. 바람이 어느 쪽에서 불어왔는지, 혹은 어떤 햇빛을 마주했는지에 따라 비슷비슷한 느낌의 소금에게도 일종의 계통이 성립된다. 염전은 인간의 필요에 의해서 만들어진 곳이지만, 소금을 만드는 것은 거의 바다와 바람 그리고 햇빛의 몫이다. 우리는 그저 소금이 만들어지는 긴긴 시간을 침착하게 기다릴 뿐이다. 그래서 염전은 오랜 기다림을 이겨 낸 자들에게 바다가 주는 소중한 선물이다.

채석강에서 격포항을 지나 변산반도의 남쪽 해안을 따라가면 호랑가시나무 군락지가 나온다. 이를 지나 계속 해안을 따라가면 곰소만이 나오는데, 그곳에는 1942년 태평양 전쟁 당시 일본인들이 우리나라에서 수탈한 농산물과 군수물자 등을 수송하기 위해 만든 곰소 항구가 있다. 곰소 항구 내륙 쪽에는 천일제염으로 널리 알려진 곰소 염전이 있다. 곰소 염전으로 가는 길목에 곰소 염전에서 나온 질 좋은 소금으로 담근 젓갈을 생산하고 파는 곰소 젓갈 단지가 조성되어 있는데, 부안을 찾는 관광객들이 한 번쯤은 들러 가는 곳이다. 곰소 염전

● 손 영 운 의 **과 학 지 식**　　　　　**천일제염의 생산 단계**

염전은 크게 저수지, 증발지, 결정지로 구분된다. 밀물 때 바닷물을 저장해 두는 곳이 저수지인데 저수지의 바닷물을 긴 수로를 따라 증발지로 보낸다. 이때 바닷물은 50‰(퍼밀, 1,000분의 1을 뜻함)의 염분을 가진다. 증발지에서 7~8일 동안 물을 증발시키고 난 뒤에는 일명 '소금밭'으로 불리는 결정지로 보낸다. 결정지에서는 약 250‰의 염분을 띤 짠물로 소금 결정이 형성되면서 바닥에 가라앉는데, 이것을 긁어모은 것이 소금이다. 고무래로 긁어모은 소금은 소금 창고에 보관해 두었다가 일정량이 모이면 출하한다.

 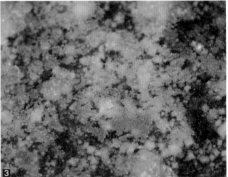

1 곰소 염전. 염전(鹽田)은 말 그대로 '소금을 만들어 내는 밭' 이다.
2 생산된 소금을 보관하는 창고.
3 염전에 핀 소금꽃. 소금꽃 아래에 육면체의 소금 결정이 보인다.

은 바람과 햇빛이 풍부하여 바닷물이 잘 마르는 곳으로 유명하다. 특히 오뉴월 염전의 햇볕을 보약 중의 보약이라고 하니 그 햇볕을 받고 만들어진 소금은 귀하디귀한 것이라 할 수 있다. 그러나 도시 사람들이 공장에서 만드는 화학 소금을 주로 사용하기 때문에 곰소 염전에서 생산하는 천일제염의 명성은 예전 같지 않다고 한다. 이곳을 스치는 바람은 옛 바람이고, 햇볕 또한 옛것인데, 왜 사람들만이 옛것의 소중함을 기억하지 못하고 새로운 것만을 찾으려 하는지 안타깝다.

부안의 뜨거운 감자, 새만금

변산반도에서 가장 '뜨거운 곳'은 아마 새만금 간척 사업 지구일 것이다. 얼마 전에 법원의 판결로 간척 사업이 다시 시작되었지만 환경 단체의 반대가 여전히 만만치 않다.

'새만금'은 군산, 김제, 부안에 총 길이 33km의 방조제를 쌓아 토지 약 2만 8,000ha, 담수호 약 1만 2,000ha를 건설하는, 단군 이래 최대의 토목 사업이라고 할 만한 대규모 국책 사업이다.

사업이 완료되면 여의도 면적의 약 140배에 이르는 국토와 연간 10억t에 이르는 담수를 확보할 수 있다고 하는데, 실제로 그만한 이득을 얻을 수 있을지는 예측하기 어렵다. 왜냐하면 새만금 간척 사업으로 엄청난 면적의 갯벌이 사라져 해양 생태계에 많은 피해를 줄 것이고, 그로 인한 손실은 지금 산정하기 어렵기 때문이다. 우리는 국토 개발이라는 전제 하에 자연의 질서를 인간의 질서로 바꾸어 놓으려 했다. 그로 인해 자연은 제 삶을 잃고, 자연과 더불어 사는 인간들도 삶의 터전을 잃어버렸다. 2011년 완공을 목표로 진행 중인 이 사업이

◐ 끝이 보이지 않는 새만금 방조제. 왼쪽이 황해이고, 오른쪽이 나중에 담수호와 간척지가 조성될 곳이다.

아무쪼록 인간과 자연이 모두 건강하게 살아갈 수 있도록 하는 데 보탬이 되었으면 하는 바람이다.

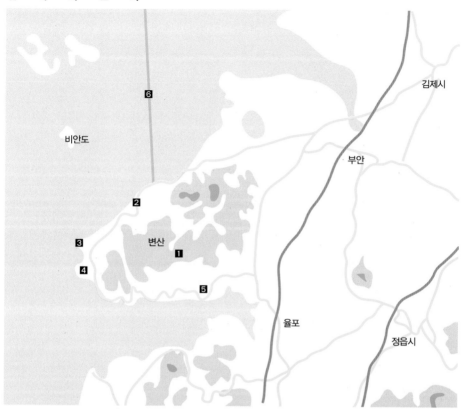

김제시

비안도

부안

변산

율포

정읍시

1 내소사 **2** 송포항 해안 **3** 적벽강 **4** 채석강, 채석강 해식동굴 **5** 곰소 염전 **6** 새만금 간척지

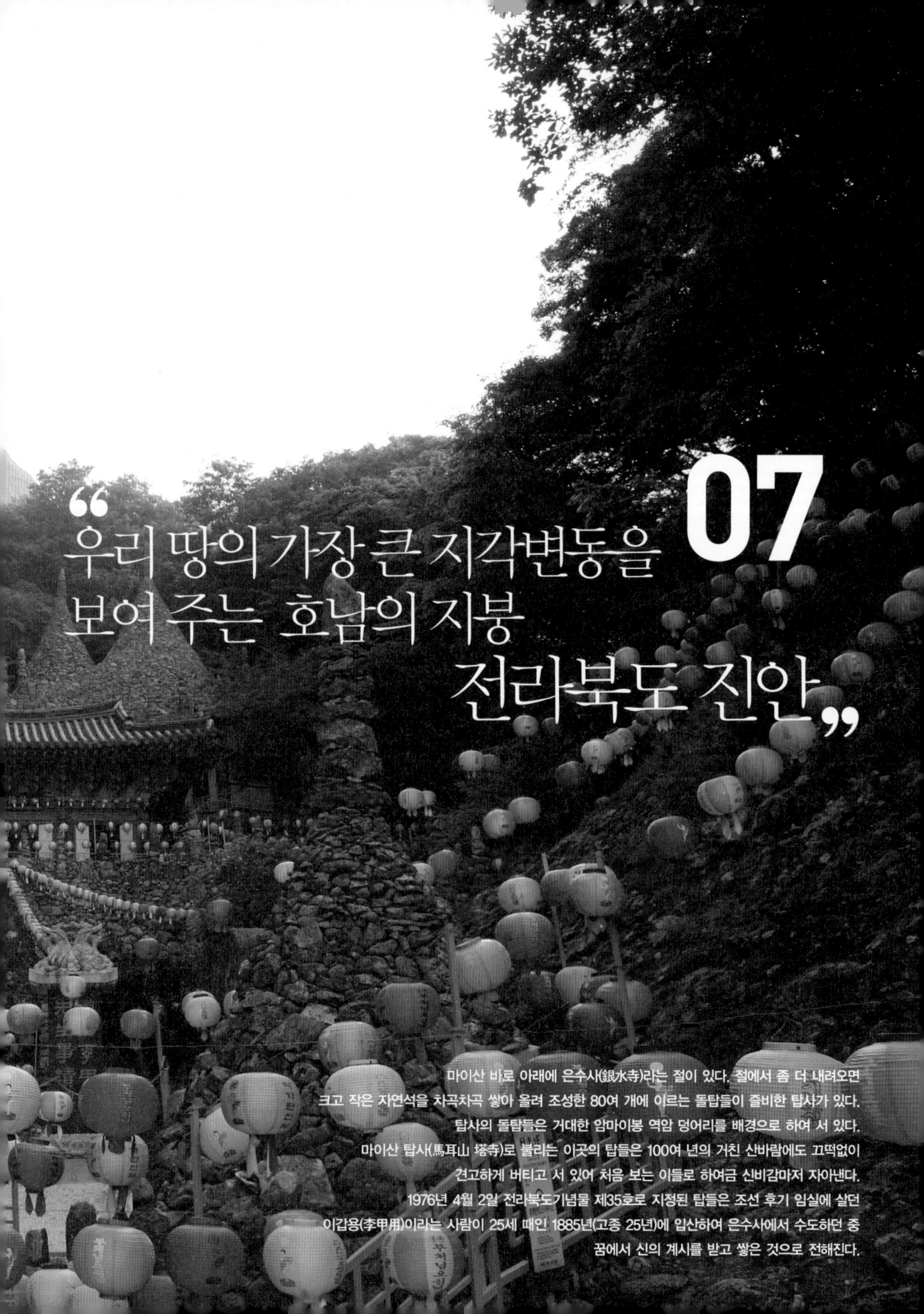

07

"우리 땅의 가장 큰 지각변동을
보여 주는 호남의 지붕
전라북도 진안"

마이산 바로 아래에 은수사(銀水寺)라는 절이 있다. 절에서 좀 더 내려오면
크고 작은 자연석을 차곡차곡 쌓아 올려 조성한 80여 개에 이르는 돌탑들이 즐비한 탑사가 있다.
탑사의 돌탑들은 거대한 암마이봉 역암 덩어리를 배경으로 하여 서 있다.
마이산 탑사(馬耳山 塔寺)로 불리는 이곳의 탑들은 100여 년의 거친 산바람에도 끄떡없이
견고하게 버티고 서 있어 처음 보는 이들로 하여금 신비감마저 자아낸다.
1976년 4월 2일 전라북도기념물 제35호로 지정된 탑들은 조선 후기 임실에 살던
이갑용(李甲用)이라는 사람이 25세 때인 1885년(고종 25년)에 입산하여 은수사에서 수도하던 중
꿈에서 신의 계시를 받고 쌓은 것으로 전해진다.

...

우리나라의 여러 지형들을 여행하다 보면
각 지형에 담긴 역사적 사건들을 접하게 된다.
특히 역사의 중요한 순간들을 함께해 온 지역들은
저마다 독특한 지형을 지니고 있음을 알 수 있다.
전라북도 진안은 우리 땅의 큰 지각변동을 통해서 만들어진 곳이다.
그 형성 과정이 범상치 않아서일까.
진안과 함께해 온 역사 또한 특별한 모습을 보여 준다.

...

조선 개국의
태몽(胎夢)을 품었던 땅, 진안 | 중생대 쥐라기부터 백악기에

이르는 동안 우리 땅에는 대보조산운동과 불국사운동이라 불리는 큰 지각변동이 있었다. 이때 우리나라를 대표하는 대부분의 산과 산맥들이 형성되었으며 지름이 수십에서 수백 킬로미터에 이르는 분지 지형이 여러 곳에 생겨났다. 주변보다 높이가 낮은 분지에는 오랜 세월 물이 흘러들면서 호수를 형성하였고, 호수 밑으로는 두터운 퇴적 지층이 생겼다. 공룡의 발자국 화석이 많이 발견되는 경상남도 고성과 전라남도 해남이 있는 경상분지, 수만 권의 책을 쌓은 모양의 퇴적 지층으로 유명한 부안의 채석강이 있는 격포분지 등이 이에 해당한다. 하지만 비슷한 시기에 발달한 분지 중에서 퇴적 지층의 특징을 가장 실감나게 볼 수 있는 곳은 거대한 역암으로 된 마이산이 있는 전라북도 진안을 첫손가락으로 꼽을 수 있다.

진안의 지형과 함께해 온 역사를 이야기하라면 조선의 건국을 말할 수 있을 것이다. 태조 이성계가 조선 개국의 꿈을 품었던 상서로운 땅. 과거 두 번의 큰 지각변동을 이겨 내고 굳건히 지금의 모습을 유지하고 있는 진안의 땅은 강인한 땅의 기운 때문인지 이성계의 꿈속에서부터 나라의 건국을 의미하는 중요한 곳으로 인식되었다.

안개가 낀 고원 위에 거대한 봉우리 두 개가 시선을 사로잡는다. 발걸음을 옮길수록 서서히 다가오는 거대한 봉우리, 그 봉우리는 하늘을 향해 곧고 강하게 솟아나 있다. 마이산은 풍수지리학적으로 영험한 기운이 움트는 곳이다. 세계 유일의 부부봉인 이곳은 산山태극과 수水태극의 중심에 존재하기 때문에 상서로운 기운이 많이 모여드는 곳이다. 마이산은 소백산맥과 노령산맥이 진안 지역에서 가까이 접근하여 형성된 고원 위에 위치하고 있어 지리학적으로도 의미가 있다.

허효석 시인이 쓴 시 '마이산'을 보면 "용담호 天池를 치솟는 龍馬의 기상은 / 山中에 靈山이라 / 조선 개국의 胎夢을 품었으니 신비롭다."라는 구절이 나온다. 시에서 산중의 영산은 마이산을, 조선 개국의 태몽을 품은 이는 이성계를 말한다.

고려 말 무장이었던 이성계는 어느 날 신인(神人)으로부터 금척*을 받는 꿈을 꾸었다고 한다. 그런데 고려 우왕 6년(1380년), 이성계는 남원에서 왜구를 무찌르고 개선하는 길에 마이산 근처를 지나게 되었는데 깜짝 놀라게 된다. 꿈에 신인으로부터 금척을 받은 장소와 너무나 흡사했기 때문이다. 이 일로 마이산

◐ 은수사 청실배나무. 높이가 약 18m, 둘레가 약 3m 정도이며, 산돌배나무의 변종으로 장미과에 속한다. 춘향전에서 이도령과 춘향이 첫날밤을 치를 때 월매가 내온 과일 안주 중에 '청술레'가 있는데 바로 청실배. 청실배는 돌배나무가 맺는 돌배 중에서 가장 맛이 좋다고 한다.

과 진안은 이성계와 조선 왕조에게는 특별한 의미를 주는 곳이 되었다. 이러한 연유로 조선 500년 동안 용상의 뒤에 걸려 있어 왕실의 상징으로 사용되었던 오봉일월도**의 산은 마이산을 형상화한 것으로 알려지고 있다.

* **금척(金尺)** : 신인이 이성계에게 왕이 될 것이라고 준 계시의 증표이지만, 나중에 정도전이 관습도감이 되어 만든 춤을 일컫는 말이기도 하다. 다른 말로 몽금척이라고도 한다. 하지만 일부에서는 이성계와 그를 따르던 무리들이 조선 개국을 정당화시키기 위해 지어낸 이야기라고도 한다.
** **오봉일월도(五峯日月圖)** : 우리나라의 다섯 명산(名山)과 해, 달, 소나무를 그린 그림. 용상(龍床) 뒤에 장식으로 사용되었다. 해와 달은 왕과 왕비, 5개의 봉우리는 5악(五嶽), 동심반원형 물결무늬는 바다의 파도를 의미하기 때문에 전반적으로 만백성을 다스리는 통치권을 상징하고 있다.

또한 마이산 아래에 자리 잡은 은수사라는 절도 이성계와 인연이 매우 깊다. 은수사라는 이름부터가 그렇다. 한글학회의 『한국지명총람』을 보면 은수사^{銀水寺}는 태조 이성계가 이곳의 물을 마시고 은같이 맑다고 하여 지어 준 이름이라고 한다. 또한 은수사 마당에는 마이산을 찾아온 이성계가 기도를 무사히 마친 것을 기념하기 위한 증표로 씨앗을 심었는데 얼마 후 싹이 터 자랐다고 한다.

1997년 12월 30일 천연기념물 제386호로 지정된 청실배나무가 바로 그 나무다. 이러한 까닭으로 진안 지방에서는 이성계의 업적과 마이산에 얽힌 전설을 기리기 위해 해마다 몽금척^{夢金尺}을 재연하고 마이산제를 개최하고 있다.

호남의 지붕, 진안분지

분지란 주위가 높은 지대로 빙 둘러싸여 있고, 가운데 부분이 오목하게 낮고 평평한 지형을 말한다. 따라서 물이 흘러와 고이기 쉬워 호수가 발달하고, 호수 밑으로 모래나 자갈 등으로 된 퇴적암이 잘 발달된다. 진안분지도 예외가 아니다. 마이산 역암층으로 대표되는 진안분지의 퇴적 지층을 보면 분지의 특성을 확실히 알 수 있다.

진안분지의 형성 시기는 약 1억 년 전후로, 중생대 백악기의 공룡 발자국 화석이 발견된 것으로 유명한 경상분지의 형성 시기가 같다. 진안분지는 소백산과 나란히 발달한 두 개의 지층이 서로 반대 방향으로 움직이는 단층작용을 받은 후 두 지층 사이에 벌어진 틈에 생긴 비교적 규모가 작은 분지다. 이곳으로 물이 몰려들었고 호수가 형성되었으며 그 결과 사암층과 이암층이 교대로 발달하는 퇴적층이 발달하게 된 것이다.

진안분지가 만들어진 중생대 백악기 당시의 지구의 기후 환경은 따뜻하고 건

1 진안군 부귀면 일대로 진안분지의 일부분. 앞이 산들로 싸여 있는 형세로 지대가 낮아 물이 흐르고 넓게 초지를 형성하고 있다.

2 용담댐이 설치되어 운영되고 있는 용담호의 전경.

조한 상태였다. 따라서 진안분지의 역암층에서 발견되는 1m가 넘는 거대한 바윗덩어리들을 운반할 수 있는 힘을 가진 큰 규모의 강은 발달하기 어려운 조건이었다.

이러한 이유로 마이산 역암들은 가끔 쏟아진 폭우에 의해 고지대에 있던 화강편마암, 편마암, 규암 등의 암석이 급한 경사와 많은 양의 물에 의해 갑자기 쓸려 와 형성된 선상지의 불량한 분급 상태의 퇴적물들이 퇴적작용을 받아 만들어진 것으로 짐작된다. 이렇게 생각하는 이유는 일반적으로 퇴적물이 떨어지면 무거운 것이 먼저 쌓이고 그 위로 점차 작은 입자의 퇴적물이 쌓여, 맨 아래에 역암, 사암, 이암 순으로 쌓이는데, 마이산의 퇴적 지층은 아래와 위 모두 크기가 큰 바위 또는 자갈이 포함되어 있기 때문이다. 이것은 큰 홍수가 일어나 한꺼번에 많은 양의 물이 쏟아져 내리지 않고는 생기기 어려운 지층 구조다. 이와 비슷한 형태의 역암층 구조는 전라북도 부안 채석강의 해식동굴 앞에서도 볼 수 있다. 채석강을 이루는 퇴적 지층도 그 일부가 선상지 환경에서 형성되었기 때문이다.

용마의 기상을 담은 마이산

초록빛의 나무 한 그루 없이 역암 덩어리로 된 산. 마이산의 첫 모습은 푸른 나무로 익숙한 사람들의 호기심을 자극한다. 지각변동을 통해 그 옛날 호수였던 곳이 봉우리로 솟아났기 때문에 마이산에는 흙 한 줌을 찾아보기 힘들다. 거대한 바위 표면엔 움푹 파인 구멍들이 있으며 그동안 보지 못했던 모습을 지니고 있다.

마이산의 신기한 모양새 때문이었을까. 신라시대에는 서다산(서쪽의 많은 산들 중에서 가장 아름답게 솟은 산), 고려시대에는 용출산(용이 하늘로 솟아오를 듯한 기상)이라 불렀으며 조선의 태조는 속금산(금을 묶어 놓은 산)이라 하였다. 지금의 마이산이라는 이름은 조선의 3대 임금인 태종이 지은 것으로 이름 그대로

1 화엄굴 내부에서 바깥을 본 모습. 수마이봉의 중턱에 있는 화엄굴에서는 마이산 역암의 특징을 자세히 관찰할 수 있다. 내부에는 샘물이 솟아나고 있는데 지금은 오염되어 있어 마실 수 없다.

2 화엄굴 입구에서는 마이산 역암을 아주 가까이에서 관찰할 수 있다. 역암의 '礫'은 '자갈 역' 자로 '자갈로 만들어진 암석'이라는 뜻이지만 자갈보다 훨씬 큰 바위나 또 훨씬 작은 모래 등이 함께 뒤엉켜 있다.

3 변산반도 채석강 역암. 채석강에서 격포항으로 가는 해안에 해식동굴이 있는데 해식동굴 앞에는 마이산에서 관찰할 수 있는 같은 모양의 역암을 볼 수 있다. 채석강을 이루는 퇴적 지층도 마이산과 비슷한 환경에서 형성되었기 때문이다.

산의 모양이 말[馬]의 귀[耳]를 닮았다고 하여 붙여신 이름이다.

암마이산과 수마이산으로 이뤄진 마이산에는 아주 재미있는 전설이 있다. 옛날 진안에 살던 한 쌍의 신선이 자식을 낳고 살던 중 승천할 때가 되었다. 남자 신선은 사람들이 승천하는 장면을 보면 부정을 타게 되니 한밤중에 떠나자고 하였으나 여자 신선은 밤에 떠나기가 무서우니 새벽에 떠나자고 하였다. 여신의 말대로 새벽에 떠나던 두 신선은 때마침 물을 길러 온 동네 아낙에게 발견되고 말았다. 이를 알게 된 남자 신선이 "여편네 말을 듣다가 이렇게 되었구나." 하고 여자 신선에게 두 자식을 빼앗아 그 자리에서 바위산을 이루고 주저앉았

○ 백운면 동사무소 쪽에서 바라본 마이산. 왼쪽이 암마이봉, 오른쪽이 수마이봉이다. 마이산의 두 봉우리가 산 뒤에 얼굴을 숨기고 있는 용의 머리에 난 뿔처럼 보인다. 마이산은 금강산처럼 계절에 따라 불리는 이름이 다르다. 봄에는 안개 속에 우뚝 솟은 두 봉우리가 쌍돛배 같다 하여 돛대봉, 여름에는 수목 사이에서 드러난 봉우리가 용의 뿔처럼 보인다 하여 용각봉(龍角峰), 가을에는 단풍 든 모습이 말 귀처럼 보인다 해서 마이봉, 겨울에는 눈이 쌓이지 않아 먹물을 찍은 붓끝처럼 보인다 해서 문필봉(文筆峰)이라 불린다.

다고 한다. 그래서 마이산을 보면 아빠봉은 새끼봉이 둘 붙어 있고, 서쪽 엄마 봉은 죄스러움에 반대편으로 고개를 떨구고 있는 모습이다. 비록 구전되는 전설일 뿐이지만, 마이산의 독특한 분위기와 형태를 재미있게 설명하고 있다.

마이산은 난순히 말의 귀를 닮은 것처럼 보이기도 하지만, 유심히 살펴보면 용의 뿔을 더 많이 닮은 것 같다. 고려시대 때 용출산龍出山이라 불렸던 것과, 여름철에는 수목 사이로 드러난 봉우리가 용의 뿔처럼 보인다고 하여 용각봉龍角峰이라고 한다는 말을 듣자 마이산의 모습이 달리 느껴졌다.

마이산 역암층에 대해 많은 연구를 했던 전북대학교 이영엽 교수는 마이산은 진안분지에서 형성된 퇴적암이 오랜 세월에 걸쳐 융기와 침강을 거듭하면서 형성된 것이며, 이러한 지각변동이 최소 네 차례가 있었고, 그 기간은 약 4,000만 년이라고 주장한다. 그 이유로 진안분지의 역암층의 두께가 약 1,500m에 이르고, 암마이봉은 해발고도가 678m, 수마이봉은 663m라는 것을 든다. 이러한 높이는 한두 번의 지각운동으로 형성되기 어렵기 때문이다.

진안분지의 지층이 정단층작용에 의해 양쪽으로 물러나면 그 가운데 부분이 주저앉고 반대로 두 지층이 역단층으로 양쪽에서 가운데로 밀려들어 오면 그 부분이 솟아오른다. 그래서 처음과 두 번째 주저앉을 때는 애초 이 지역을 이루고 있던 선캄브리아대의 변성암과 중생대 화강암이 분지 안으로 집중적으로 실려와 1,500m 두께로 퇴적되었을 것으로 추정하는 것이다.

이후 두 번의 주저앉음이 있을 때 화산이 분출하면서 화산재와 응회암이 분지를 덮었다. 화산은 분지의 가장자리를 따라 만들어진 지각의 약한 부분을 따라 분출했다. 최근 개발된 전주와 진안 중간쯤의 화심온천이 이러한 분지 경계면의 화산 분출대에서 솟은 온천이다. 그리고 마지막 단층작용에 의해 생긴 횡압력에 의해 진안분지는 약 400m 이상 융기하게 되어 결과적으로 진안분지의 일부가 고지대의 평원을 이루게 된 셋이다. 이때 진안분지의 가장자리는 분지의 안쪽보다 상대적으로 횡압력을 강하게 받아 높은 산이 되었는데 내동산, 만덕산, 백련산이 여기에 해당하며 마이산도 그중 하나다.

　마이산 바로 아래에는 은수사가 있고, 절에서 좀 더 내려오면 크고 작은 자연석을 차곡차곡 쌓아 올려 조성한 80여 개에 이르는 돌탑들이 즐비한 탑사가 있고, 그 왼쪽으로 거대한 암마이봉이 역암 덩어리를 배경으로 하여 서 있다. 마이산 탑사馬耳山 塔寺로 불리는 이곳의 탑들은 100여 년의 거친 산바람에도 끄떡없이 견고하게 버티고 서 있어 처음 보는 이들로 하여금 신비감마저 자아낸다.

■1 은수사에서 바라본 수마이봉. 흙이 거의 없어 나무는 자라지 못하고 풀이 듬성듬성 자라고 있다. 마치 절을 보호하듯 내려다보는 미륵불의 얼굴처럼 보여 마이산이 영험한 산임을 말하고 있는 듯하다.
■2 은수사에서 마이산을 등지고 앞으로 보면 마이산보다는 규모가 작지만 비슷한 형태의 산 하나 보이는데, '너만 산이냐 나도 산이다' 라는 뜻으로 '나도산' 으로 불린다.
■3 마이산 탑사의 돌탑을 만든 이갑용을 기념하기 위해 만든 조각상.

1976년 4월 2일 전라북도기념물 제35호로 지정된 탑들은 조선 후기 임실에 살던 이갑용이라는 사람이 25세 때인 1885년에 입산하여 은수사에서 수도하던 중 꿈에서 신의 계시를 받고 쌓은 것으로 전해진다.

신생대 빙하기의 유물, 타포니

땅은 자연의 얼굴이다. 자연이 지금까지 어떤 삶을 살아왔는지는 땅에 새겨진 주름과 상처들을 보면 알 수 있다. 사람의 얼굴을 보면 그간 살아온 삶을 짐작할 수 있는 것처럼 땅도 이와 마찬가지다. 마이산의 얼굴에서도 자연이 살아온 길을 고스란히 느끼게 해 주는 흔적들이 존재한다.

마이산의 암벽은 크고 작은 바윗덩어리와 모래 등이 함께 버무려져 덩어리를 이루고 있다. 마이산에 가서 이 모습을 실제로 본 사람들은 마치 하늘에서 신들이 대규모 건축을 하다가 남은 콘크리트를 한곳에 고스란히 쏟아부어 만들었다고 생각할 것이고, 만약에 마이산을 서울 시내 한복판에 그대로 옮겨 두고 본다면 대부분의 사람들은 당연히 인공 콘크리트로 만든 구조물이라고 생각할 정도다. 하지만 마이산의 암벽의 정체는 인공 콘크리트가 아니라 자연이 만든 자연산 콘크리트(역암을 영어로 conglomerate라고 한다)다. 마이산이 자연산 콘크리트로 되어 있다는 것은 곳곳에 생긴 벌집 모양의 구멍을 보면 알 수 있다. 이러한 구멍을 지질학 용어로 풍화혈 또는 '타포니tafoni'라고 하는데 벌집 바위라는 뜻이다.

마이산에서 타포니가 가장 잘 발달되어 있는 곳은 은수사에서 탑사로 내려가다가 정면으로 보이는 암마이봉의 남쪽 정상 부분이다. 또한 수마이봉의 남쪽 경사면에서도 관찰된다. 이처럼 타포니가 북쪽 경사면보다 남쪽 경사면에서 훨씬 규모가 크고 수가 많은 까닭은 온도와 습도에 따른 풍화 환경의 차이 때문이다. 햇빛을 많이 받는 남쪽 경사면은 북쪽 사면보다 상대적으로 온도와 습도의 차이가 심하다. 따라서 여름에는 더 많이 건조하고, 겨울에는 얼음이 더 자주 얼고 녹아 기계적 풍화가 활발하게 일어난다. 반면에 북쪽 경사면은 상대적으로 변화가 심하지 않는 조건이어서 풍화가 느리게 일어나는 것이다. 하지만 세월 앞에는 장사가 없는 법, 북쪽 경사면도 언젠가는 남쪽 경사면처럼 타포니투성이로 변하게 될 것이다. 마이산 타포니는 신생대의 빙

○ 은수사에서 탑사로 내려가다 정면에서 관찰되는 마이산 타포니. 타포니 지형은 화강암과 같은 심성암 지역과 사암, 역암 지역에서 발견되는데 밤과 낮의 온도차가 크고 동결과 융해를 반복하면서 기계적 풍화가 활발한 건조 지역에서 더욱 발달하는 지형이다.

하기에 집중적으로 형성되었을 것으로 추정하는데, 이와 같은 대규모의 타포니는 세계적으로도 매우 드문 현상이라고 한다.

백운동 계곡과 섬진강의 발원지, 데미샘 | 진안군에서 장수군의 경계 지역에 솟아 있는 덕태산(1,113m)과 선각산(1,034m) 사이에는 약 5km의 깊은 계곡이 있는데 백운동 계곡이라고 한다. 백운동 계곡의 북쪽으로는 중생대 백악기에 형

성된 진안층군의 퇴적암류가 분포하고 있는 노령산맥의 주봉인 운장산(1,126m)과 부귀산, 만덕산 등이 있다. 남쪽으로는 소백산맥의 줄기에 해당하는 성수산(1,059m)와 팔공산(1,150m) 등이 있다. 이들 노령산맥과 소백산맥 사이로 진안분지가 자리 잡고 있으며 백운동 계곡은 진안분지의 남동쪽 가장자리를 약간 벗어난 곳에 있는 셈이다.

이 중 노령산맥의 지붕이라고 불리는 운장산의 북동쪽으로는 명덕봉(845m)과 명도봉(863m)이 있고, 두 봉 사이에는 약 5km에 이르는 협곡이 발달하고 있고, 운장산 자락에서 솟구치는 물이 거대한 바위를 휘감아 흐르고 있다. 옛날에 도로가 나지 않았을 때에는 계곡이 너무 깊고 절벽에 길을 만들 수가 없어 사람과 동물은 다니지 못했고, 하늘과 돌 그리고 나무만 있을 뿐 오가는 것은 구름밖에 없다고 하여 운일암雲日岩이라 불렀다. 또한 하루 중에 햇빛을 반나절만 볼 수 있다고 하여 반일암半日岩이라고도 한다.

울창한 나무 사이로 난 길을 따라 한참 올라가면 오른쪽으로 바위틈에 풀잎을 꽂으면 아들을 낳는다는 전설이 전해지고 있는 널따란 '점전바위'와 높이 5m가량의 폭포가 장관을 이루는 백운동 계곡이 보인다. 아직 사람들이 많이 찾지 않는 청정지역으로 골짜기를 가득 메우는 진달래꽃이 펼치는 봄철 장관은 가 보지 않은 사람은 그 아름다움을 상상하기 어려운 곳이기도 하다.

백운동 계곡을 내려와 신암리 쪽으로 가면 풍화를 많이 받은 화강암질 편마암으로 된 충적토가 넓게 펼쳐져 있는 것을 볼 수 있다. 다시 오계재 쪽으로 올라가면 천상데미라고 하는 봉우리가 있는데 약 780m 높이에 섬진강의 발원지인 데미샘이 있다. 데미라는 말은 더미(봉우리)의 전라도 사투리로 섬진강에서 천상으로 올라가는 봉우리라는 뜻이다. 따라서 표준말로 하자면 천상데미는 천상봉이 될 것이다. 데미샘은 그 봉우리에 있는 샘이라고 하여 붙은 이름이다.

1 백운동 계곡의 점전바위와 폭포. 백운동 계곡이 있는 백운면은 진안분지를 비껴난 곳에 해당한다. 이곳에서는 마이산에 서 볼 수 있는 퇴적 지층을 찾아보기 어렵고, 대신 암석들은 선캄브리아대에 형성된 변성암류가 주를 이루고 있다.

2 운장산의 운일암 혹은 반일암.

3 섬진강은 이곳 진안군 백운면 신암리 데미샘에서 발원하여 광양만에 이르기까지 3개 도, 10개 시군에 걸쳐 약 220km를 흘러가는, 우리나라에서 네 번째로 긴 강이다.

이 샘에서 출발한 물이 임실·순창·남원을 거쳐 곡성·구례를 적신 뒤 전남 광양과 경남 하동 사이를 지나 남해로 흘러드는 섬진강이 되는 것이다. 데미샘을 바라보는 눈길이 달라질 수밖에 없는 이유다. 주변이 말끔하게 정리되어 있으나 샘에 모기 등의 곤충들이 많이 날아들어 시원한 물맛을 보기에는 어려움이 있었다.

마이산은 험준한 산세로 사람을 두렵게 하기보다는 오히려 사람들의 마음을 끌어당긴다. 수마이산의 봉우리는 강하고 굳건한 모습으로 하늘을 향해 거침없이 뻗어 있으며, 암마이산은 부드럽고 순한 모습으로 이곳을 찾는 이들을 맞이한다. 거친 바윗덩어리인 마이산이 예부터 지금까지 많은 이들의 사랑을 받았던 것은 두 봉우리의 조화가 큰 이유였다. 태조 이성계가 조선 개국의 큰 뜻을 진안에서 품었던 이유도 바로 마이산의 정기 때문이었을 것이다. 섬진강의 발원지인 데미샘과 백운동 계곡의 힘찬 물살 또한 진안을 특별하게 만드는 이유다. 진안의 산과 물은 앞으로도 지금처럼 큰 뜻을 품고, 새롭게 나아가는 우리의 삶과 함께할 것이다.

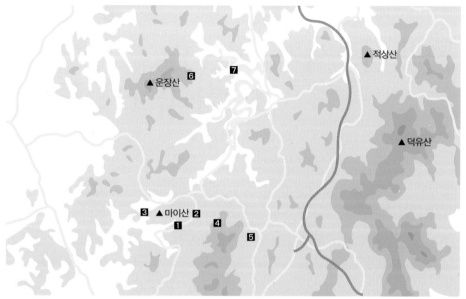

▲ 적상산

▲ 운장산 6 7

▲ 덕유산

3 ▲ 마이산 2
1 4
5

1 마이산 탑사, 은수사 2 수마이봉(화엄굴) 3 암마이봉(타포니) 4 백운동 계곡 5 데미샘 6 운일암(반일암) 7 용담호와 용담댐

08

" 고인돌과 선운사가 있는 곳
전라북도 고창 "

노령산맥의 끝자락이 보이는 드넓은 들판에 펼쳐진 고창 청보리밭.
이곳은 봄에는 보리, 가을에는 메밀을 재배하는데 보리가 자라는 4~5월과
메밀꽃이 피는 9월에는 많은 관광객이 찾는다.
ⓒ 최영진 http://www.i-sugarcoffee.com

...

한 작가의 전집을 하나씩 감상해 나갈 때,
예를 들어 모차르트의 곡을 들을 때 사람들은 "모차르트의 음반을 듣는다."고 하지 않는다.
그냥 "모차르트를 듣는다."라고 한다. 도스토예프스키의 작품들을 읽을 때도 마찬가지다.
그저 "도스토예프스키를 읽는다."라고 할 뿐이다.
우리는 작가를 통해 작품을 만나는 것이 아니라 작품을 통해 작가를 만난다.
작품 안에는 한 작가의 세계가 고스란히 담겨 있기 때문이다.
작가를 읽을 수 있는 건 작품뿐만이 아니다.
그 예술혼이 잉태되었던 고향을 찾는다면 작가의 예술적 배경과 문화를
더욱 깊게 이해할 수 있을 것이다. 미당 서정주를 비롯한 숱한 예술인을 배출한
전라북도 고창은 1,500년의 역사를 자랑하는 대가람인 선운사가 있어
찬란한 백제 불교 문화를 상징하는 곳이며 판소리를 집대성한 신재효 선생의
숨결이 남아 있는 소리 문화의 본고장이다.
뿐만 아니라 우리나라의 대표적인 농민 혁명인 동학혁명의 발상지가 있는 유서 깊은 지방이다.
이제 고창을 여행한다기보다는
고창을 감상한다는 표현이 더 어울리지 않을까?

...

선운사의
동백꽃 군락 | 고창 하면 선운사가 떠오르고 선운사 하면 동백꽃이 먼

저 떠오를 만큼 선운사의 동백꽃은 여행객들에게 유명하다. 선운사의 대웅보전
뒤 3,000여 그루가 모인 동백나무 군락은 매년 3, 4월이면 온통 붉은색으로 물
든다.

그래서 선운사를 찾는 이들은 절보다 먼저 동백꽃에게 마음을 빌려 주곤 한
다. 특히 시인이라면 더욱 그러하다. 미당 서정주 선생은 선운사 동백꽃을 두고
이렇게 노래했다.

선운사 고랑으로
선운사 동백꽃을 보러 갔더니
동백꽃은 아직 일러 피지 않았고
막걸리 집 아낙의 육자배기 가락에
작년 것만 오히려 남았습니다.
그것도 목이 쉬어 남았습니다.
- '선운사 동구' , 서정주

시인의 느낌은 서로 닮는 것일까? 섬진강 시인 김용택 선생도 붉게 물들었다
가 송이째 떨어지는 동백꽃을 보고 시를 지었다.

그까짓 사랑 때문에
그까짓 여자 때문에
다시는 울지 말자

1 선운사 동백나무 군락(천연기념물 제184호). 선운사 동백나무 숲은 대웅보전 뒤로부터 도솔암에 이르기까지 약 1만 6,500㎡에 3,000여 그루가 군락을 이루고 있다. 내가 선운사를 찾은 7월의 새벽에는 붉은 꽃은 볼 수 없었고 녹음만 푸르게 짙었다.

2 선운사. 대한불교조계종 제24교구 본사로 김제의 금산사와 함께 전라북도의 2대 본사다. 조선 후기에 선운사가 한창 번창할 때는 89개의 암자와 189개의 요사(寮舍)가 산 곳곳에 흩어져 약 3,000명의 스님들이 불도를 닦아 장엄한 불국토를 이루었던 곳이기도 하다. 오른쪽 건물은 대웅보전이고 왼쪽 건물은 영산전이며 그 뒤로 선운산이 보인다.

다시는 울지 말자

눈물을 감추다가

동백꽃 붉게 터지는

선운사 뒤안에 가서

엉엉 울었다.

— '선운사 동백꽃', 김용택

선운사의 동백꽃은 평균 수명이 500년이 넘는 오래된 동백나무들에게서 핀다. 일반적으로 동백꽃은 주로 이른 봄에 피지만 선운사의 동백꽃은 11월부터 다음 해 5월까지 피고 지기를 반복하는 것으로 유명하다. 그래서 운이 좋으면 선운사에서는 한겨울에도 붉은 자태를 자랑하는 동백꽃을 만날 수 있다. 동백꽃은 잎겨드랑이와 가지 끝에 한 송이씩 피는데 활짝 피기보다는 보통 반쯤 피며 진한 붉은색을 띠고 있어 마치 수줍은 처녀 같다.

동백꽃은 다른 꽃들에 비해 꽃가루받이가 조금 특이하다. 동백꽃은 벌이나 나비와 같은 곤충들이 채 나타나지 않은 추운 날씨에 꽃을 피운다. 그래서 동백꽃의 꽃가루받이는 곤충이 하기가 어렵다. 하지만 동백꽃은 아쉬워하지 않는다. 곤충 대신에 새가 그 일을 해 주기 때문이다. 동백꽃의 꿀주머니에 담겨 있는 꿀을 빨아먹는 동박새라는 작은 새가 그 주인공이다. 이처럼 동백꽃은 새에 의해 수정이 이루어지는 꽃이어서 생물학자들은 조매화鳥媒花라 부른다.

정토 신앙의 본거지,

선운사 | 선운사는 소백산 줄기에서 뻗어 나온 노령산맥을 등지고 있는

선운산禪雲山에 자리 잡고 있다. 이곳 스님들은 선운산을 도솔산兜率山으로 부르고 계곡을 따라 흐르는 물을 도솔천兜率川이라 부르는데 그 이유는 '도솔'이 불교 용어로 스님들에게 더욱 친근하기 때문일 것이다.

불교에서 도솔천은 장차 부처가 될 보살이 사는 곳이라고 하며 석가모니도 현세에 태어나기 이전에 이 도솔천에 머물며 수행했다고 전해지는 곳이다. 또한 지금은 미륵보살彌勒菩薩이 있는 곳으로 정토淨土라고도 한다. 삼국시대 백제의 왕들은 정토 신앙에 큰 관심을 가졌는데 이러한 관심의 결과로 백제 위덕왕이 선운사를 창건했다는 이야기가 전해진다.

144쪽의 사진에서 오른쪽에 있는 건물은 대웅보전(보물 제290호)으로 선운사의 중심 전각이다. 맞배지붕을 얹었고, 조선 중기 때 만든 건물로 추정된다. 기둥 2개를 높이 세워 대들보를 받치도록 하였고, 기둥과 기둥 사이의 간격이 넓고 건물의 앞뒤 폭은 오히려 좁아 안정된 모습을 지니고 있다. 대웅보전 앞에 있는 것은 선운사 6층석탑으로 전라북도 유형문화재 제29호다.

이 탑은 고려시대의 석탑으로 원래는 9층이었으나 지금은 6층만이 남아 있는 것이라 한다. 6층석탑의 석질은 이 지역의 기반암 중의 하나인 중생대 쥐라기 때 관입에 의해 형성된 흑운모 화강암이다. 이러한 화강암은 고창 지역에서는 비교적 낮은 지역의 구릉지에서 찾아볼 수 있는데 그 까닭은 침식에 상대적으로 약하기 때문이다.

선운사를 나오면 마주하는 물이 도솔천이다. 도솔천은 선운사 계곡을 따라 흐르는 물이 모여 이루는 작은 하천으로 자세히 들여다보면 여느 하천보다 크

1 선운사 도솔천은 선운산에서 흘러내린 물이 선운사를 옆으로 끼고 돌면서 흐르는 하천이다. 도솔천을 따라 참나무과의 오래된 나무들이 줄지어 서 있고 새벽녘에는 그 사이로 햇빛이 비치는데 물리학에서 배우는 빛의 직진성을 눈으로 직접 확인할 수 있었다.

2 도솔천을 따라 올라가는 산길 곳곳에서는 화산재가 퇴적 및 고결(固結 : 엉기어 굳음)작용으로 형성된 응회암이 흔하게 분포한다. 이들 응회암은 모두 중생대 백악기에 만들어진 응회암으로 층리가 잘 발달된 래필리 응회암(lapilli Tuff)으로 분류되며 선운산 화산암체를 구성하고 있다.

고 작은 물고기가 많이 노닐고 있는 것을 알 수 있다. 울창한 나무에서 떨어지는 나뭇잎들이 하천 바닥을 풍요롭게 만들어 물고기들이 좋아하는 수생 곤충들이 많은 것이 주된 이유겠지만 아무래도 선운사 스님들의 따뜻한 마음으로 보호받기 때문일 것이다.

선운산에서 발견되는
화산활동의 흔적들 | 도솔천을 따라 상류로 올라가면 곳곳에서 화산활동으로 형성된 암석을 만날 수 있는데, 노란색을 띤 유문암*과 겉은 거칠며 크고 작은 알갱이의 화산 분출물이 퇴적되어 만들어진 응회암이 그것이다. 이 지역은 원래 선캄브리아대의 변성암과 중생대 쥐라기 때 형성된 화강암을 기반으로 하지만 그 위로 중생대 백악기 때의 활발한 화산활동으로 만들어진 암석들이 덮여 있는 지질로 되어 있기 때문이다.

선운산 산길은 비교적 평탄하여 일반인들도 쉽게 오를 수 있다. 선운사에서 대략 40분 정도 올라가면 신라시대에 대표적으로 숭불 정책을 추진한 24대 진흥왕의 이름을 딴 진흥굴을 만날 수 있다.

석회석을 지하수가 용해시켜 만든 동굴을 석회 동굴이라 하고 용암이 흘러 형성된 동굴을 용암 동굴이라고 한다. 그러면 진흥굴은 어떤 종류의 동굴일까? 진흥굴은 원래 커다란 암석 덩어리였는데 오랜 세월 그 암석이 침식과 풍화작용을 받아 형성되었기 때문에 암석 동굴로 분류한다.

---

* **유문암** 유문암은 심성암 중에서 화강암과 화학 조성은 같지만, 실제로는 화산암으로 분류한다. 이산화규소 성분이 많고 철과 마그네슘의 함량이 낮다. 따라서 용암일 때는 점성이 높아 멀리까지 흐르지 못하며 식으면 현무암보다 상대적으로 색깔이 밝은 암석을 형성한다.

■ 어느 날 밤 진흥왕은 꿈에 미륵불이 바위를 가르고
나와 자기에게 오는 꿈을 꾸었다. 그 후 왕은 왕비인
도솔 부인과 중애 공주를 거느리고 이 굴에서 불공을
드렸다고 한다. 하지만 신라와 백제는 서로 대립을 하
던 사이였는데 신라의 왕이 왕위에서 물러났다고 해서
적국인 백제의 땅에 와서 불도를 닦았다는 이야기는
아무래도 신빙성이 떨어진다. 후대에 만들어진 전설로
여겨진다.

■ 진흥굴 내부의 벽면을 찍은 것이다. 암석이 마치 양
파 껍질처럼 섬세하게 벗겨지는 모습이 특이하다.

○ 선운사 도솔암 마애불(보물 제1200호). 우리나라에서 가장 오래된 마애불상 중 하나로 조각된 부처는 미륵불로 추정된다. 연꽃무늬를 새긴 계단 모양의 받침돌까지 갖추고 있다. 머리 위를 자세히 보면 구멍이 나 있는데 동불암이라는 누각의 기둥을 세웠던 곳이라고 한다.

　　진흥굴 내부를 살펴보면 얇은 판 모양의 판상절리가 매우 잘 발달되어 있음을 알 수 있다. 지하에서 큰 압력을 받던 암석이 지표로 노출되면 상대적으로 낮아진 압력으로 암석의 조직이 느슨해지는 경향이 있고 그 사이로 물기가 들어가 얼고 녹는 일을 반복하게 되면 박리작용이 일어나게 된다. 그러면 마치 양파 껍질이 벗겨지듯이 암석이 얇게 벗겨지는데, 이러한 일이 오래 반복되어 내부에 공간이 생긴 것이다. 그래서 암석 동굴을 다른 말로 절리 동굴이라고도 한다.

　　그러면 진흥굴을 이루고 있는 암석은 어떤 종류일까? 내 생각으로는 판상절리가 잘 발달한 것으로 보아 안산암^{安山岩}으로 여겨진다. 안산암은 화산활동의 결과로 형성되는 화산암의 한 종류다. 화산암은 주로 마그마가 지표에 분출하거나 지표 근처에서 급히 식어서 굳은 암석을 말하는데, 현무암과 유문암 그리고 안산암이 여기에 속한다. 안산암의 영어 이름은 andesite인데 이는 이 암석이 안데스^{Andes} 산지에서 유래되었다고 하여 붙여진 것이다. 안산암은 우리나라의 중생대 백악기 동안에 남부 지방에서 일어났던 화산활동으로 형성된 화산체 중에서 자주 발견되는 암석이다.

1 도솔암 마애불 하단부에 발달한 니치. 마애불은 위는 유문암이고 아래는 응회암으로 되어 있다. 응회암은 기온의 차이에 따라 팽창과 압축이 유문암보다 잘 일어나므로 침식의 속도가 조금 더 빠르다. 오랜 세월이 지나면 니치가 더욱 발달할 것이고 결국에는 마애불이 왼쪽으로 조금씩 기울 가능성도 없지 않다.
2 선운산 낙조대. 낙조대는 도솔암 마애불과 마찬가지로 유문암으로 되어 있는 봉우리다. 낙조대 위에서 보면 선운사 전경이 바로 발아래로 보이고, 멀리 황해가 보인다.

　진흥굴을 조금 지나 내가 지금까지 본 나무 중에서 가장 멋있는 나무 한 그루를 만났다. 전체 높이는 약 23m이고 그중 17m나 되는 긴 줄기가 여덟 방향으로 우산처럼 뻗어 나간 모습이 매우 인상적이었다. 지금까지 우리나라에서 본 소나무 중 가장 키가 크고 잘생긴 것 같다.

　진흥굴을 지나 한 10여 분을 더 걸었을까? 진흥왕이 도솔 부인을 위해 지었다는 도솔암이 떡 버티고 서 있다. 도솔암 왼편으로 고려시대에 조각한 것으로 추정되는 마애불이 보인다. 지상 6m의 높이에서 책상다리를 하고 앉아 있는 부처의 모습을 조각한 것으로 전체 높이는 약 13m에 이른다.

　도솔암 마애불은 칠송대라 불리는 암벽에 새겨진 것으로 백제의 위덕왕이 검단선사에게 부탁하여 암벽에 불상을 조각하게 하여 만든 것으로 알려져 있다. 네모진 얼굴은 조금은 딱딱하지만 눈꼬리가 치켜 올라간 가느다란 눈과 우뚝 솟은 코 앞으로 쑥 내민 듯한 두툼한 입이 매우 인상적이다. 마애불이 새겨진 암석은 유문암이다. 마애불을 이루고 있는 유문암 밑으로는 응회암이 발달되어 있왼쪽은 고창 주변의 지질도이고 오른쪽은 실제 지역을 비교할 수 있는 지도다. 지질도에서 PR2로 표시된 곳은 이 지역에서는 가장 오래된 선캄브리아대의 변성암 지역이다. 그리고 선운사 도립공원이 있는 곳은 K3으로 표시되어 있는데 이곳은 중생대 백악기 때 화산 활동으로 분출된 화산 분출물로 된 퇴적암과 화산암이 분포하는 곳이다. Jgr로 표시된 곳은 중생대 쥐라기 때 형성된 대보 화강암이 분포하는 곳이고 Jgr1로 표시된 곳도 역시 중생대 쥐라기 때의 화강암이지만 Jgr보다는 좀 더 오래된 암석들이 분포한다.

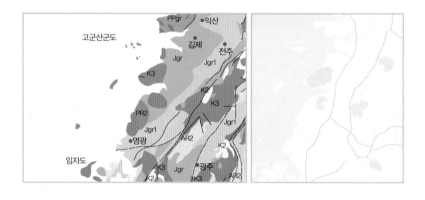

다. 이것으로 보아 선운산 화산암체는 응회암을 유문암이 덮고 있는 형태로 되어 있음을 알 수 있다.

마애불을 정면으로 바라보고 왼편으로 돌아서면 약 3m에 이르는 높이로 암석이 패어 있다. 이처럼 움푹 패어 있는 공간을 니치^{niche}라고 부르는데 니치는 원래 장식을 목적으로 두꺼운 벽면을 파서 만든 움푹한 대^臺를 뜻하는 용어다. 흔히 틈새를 말할 때 사용하는 용어이기도 하다. 이곳에 이러한 니치가 발달한 이유는 이 암석 덩어리가 유문암과 응회암으로 이루어져 있어서 침식이 진행되는 데 차이가 발생하기 때문이다. 유문암보다 침식이 잘 되는 응회암이 하부를 이루고 있어서 먼저 패어 나가면서 형성된 것이다.

마애불을 지나쳐 왼쪽으로 발길을 돌리면 울창한 숲길을 따라 경사진 계단이 나온다. 이 계단을 따라 올라가면 낙조대와 천마봉으로 갈 수 있다. 낙조대와 천마봉 역시 유문암으로 된 봉우리들이다.

내원궁이 올라앉은 절벽 한 면에는 높이 13m에 달하는 거대한 도솔암 마애불(보물 제1200호)이 새겨져 있다. 거의 입체감이 느껴지지 않을 정도로 얕게 조각된 것이나 투박한 손 모양 등 걸작이라고 하기는 어렵지만 갑오농민전쟁의 서막과도 같은 이야기가 전해지는 석불이다.

마애불의 배꼽 부위에 서랍이 하나 있는데 그 속에 신기한 비결秘訣이 들어 있어 그것이 세상에 나오는 날 한양이 망할 것이라는 유언비어가 널리 퍼지면서 얘기는 시작된다. 많은 사람들이 그 진위를 궁금해했지만 거기에 벼락살이 들어 손을 대는 사람은 벼락을 맞아 죽을 것이라는 말이 전해 오는 까닭에 어느 누구도 감히 열어 볼 엄두를 내지 못하며 세월만 흘렀다.

1820년 전라감사 이서구李書九가 마애불의 서랍을 열었다가 갑자기 벼락이 치는 바람에 '이서구가 열어 보다.' 라는 대목만 얼핏 보고 도로 넣었다고 한다.

그런데 갑오농민전쟁이 일어나기 1년 반 전, 1892년 8월 손화중孫和中 접중에서 그 비결을 꺼내 보자는 이야기가 나왔다. 이서구가 열었을 때 벼락이 한 번 쳤으므로 벼락살은 없어졌다고 한 도인이 주장했기 때문이다. 이 말에 동학도들은 석불 배꼽을 도끼로 부수고 그 속에 있는 것을 꺼냈다.

결국 이 일로 동학군 수백 명이 잡혀 들어가고 그중 주모자 세 명은 사형을 받았다. 비결은 손화중이 어디론가 가지고 갔다고 하는데 이후 행방을 알 수 없다. 단지 그 비결책이 정약용의 『목민심서』와 『경세유표』였다는 소문과 그냥 평범한 불경이었을 것이란 추측만 또다시 전설처럼 전할 뿐이다.

세계문화유산에 등재된
고창 고인돌 유적 | 우리나라는 가히 고인돌 왕국이라 불릴 만하다.

북한 지역의 3,160기를 비롯하여 한반도에서만 모두 2만 9,510기의 고인돌이 발견되었는데 전 세계적으로 약 6만 기의 고인돌이 있다고 하니까 고인돌의 절반이 우리나라에 있는 셈이다.

고인돌은 거석 문화의 일종이다. 고인돌은 대부분 무덤으로 쓰이지만 공동 무덤을 상징하거나 집단의 모임 장소나 또는 의식을 행하는 제단으로 사용되기도 했다. 역사학자들은 고인돌이 우리의 고대 문화를 밝히는 유력한 증거라고 말한다. 고인돌을 통해 한반도에 정착한 우리 선조들의 모습을 그려 볼 수 있기 때문이다. 특히 고인돌과 함께 청동기 부장품들이 발견되어 한반도에 뚜렷한 청동기 시대가 있었음을 보여 준다.

특히 전라북도 고창은 우리나라 고인돌 문화를 상징하는 고장이다. 고창읍 죽림리와 도산리 그리고 아산면 상갑리 일대에는 우리나라에서 가장 큰 규모의 고인돌 군락이 분포하고 있다. 이곳은 1994년 9월 27일 사적 제391호로 지정되었고, 2000년 12월에 ICOMOS*를 통해 세계문화유산으로 등록되기도 했다.

고창 고인돌 유적지는 제1코스에서 시작하여 제6코스까지 모두 여섯 곳의 고인돌 탐방 코스가 마련되어 있다. 그중에서 제3코스가 중심지 역할을 한다. 고인돌 안내소 뒤로 이어지는 오베이골 탐방로 왼쪽으로 다양한 모양의 고인돌이 분포하고 있다. 오베이골 탐방로를 따라 산 쪽으로 한 시간 정도 걸어가면 우리나라에서 가장 큰 규모를 자랑하는 운곡 고인돌이 있다. 운곡 고인돌을 보면서 '집채만 한 덮개석(상석, 上石)을 어떻게 받침석 위에 올렸을까? 그리고 왜 이렇

---

* **ICOMOS** International Council on Monuments and Sites. 국제기념물유적회의.

게 큰 고인돌을 만들었을까? 라는 실문을 해 보지만 쉽게 납을 찾기 어렵다.

선인들이 고인돌을 만들 때 가장 먼저 신경을 쓴 부분은 덮개돌에 쓰일 돌을 고르는 일이었을 것이다. 덮개돌은 고인돌의 모습을 결정하는 데 가장 큰 역할을 했으며 또한 고인돌 특유의 상징성을 부여하는 부분이었기 때문이다. 덮개돌의 돌감은 주변에서 쉽게 구할 수 있는 암질을 선택해 사용하는 것이 보통이었다. 엄청난 무게 때문에 멀리서 구해 온다는 것은 현실적으로 큰 어려움이 있었다. 그래서 각 지역에서 출토된 고인돌의 덮개돌을 보면 그 재질이 지역에 따라 조금씩 차이가 난다. 강화도 고려산에 위치한 부근리 고인돌은 화강편마암의 일종인 흑운모 편마암으로 만들어졌는데 흑운모 편마암은 강화도에서 쉽게

◐ 운곡 고인돌. 고창 고인돌 유적지의 제3코스에 있는 오베이골 탐방로를 따라 화시봉을 향해 3km 정도 걸어가면 운곡 서원이 있는 곳에 덩그러니 큰 고인돌이 하나 놓여 있다. 마을의 이름을 따서 운곡 고인돌이라 불리는 이 고인돌은 덮개석의 높이가 5m에 이르고 무게는 200t이 훨씬 넘는 것으로 우리나라에서 가장 규모가 크다.

덮개돌

괸돌

뚜껑돌
벽석
무덤방
둘레돌
바닥돌

◐ 제1코스에 있는 바둑판형 고인돌을 기준으로 살펴본 고인돌의 기본 구조. 상석이라고 불리는 덮개돌은 무덤방 위에 올리는 거대한 돌이다. 덮개돌의 무게는 보통 10t 미만인데, 거대한 탁자식의 경우에는 200t 이상의 초대형도 있다. 괸돌은 덮개돌을 받치고 있는 돌이며 받침돌 또는 지석(支石)이라고도 한다. 덮개돌을 지지하고 무덤방을 보호하는 역할을 한다. 괸돌의 유무에 따라 탁자식, 기반식(基盤式), 개석식(蓋石式) 등으로 고인돌의 형식이 분류된다. 뚜껑돌은 무덤방(시신을 안치하는 묘실)을 덮고 있는 돌로 개석(蓋石)이라고도 한다.

● 제2코스에 있는 지상성곽형 고인돌. 지상성곽형 고인돌은 아랫부분에 높이가 상대적으로 낮은 여러 개의 판석(板石)을 덧대어 지상에 성곽이나 석관 같은 구조를 만들고 외곽에는 받침돌을 판석 높이로 세운 형태로 되어 있다. 그 밑으로 무덤방이 있는데 어떤 것은 지상에 노출되어 있고 또 어떤 것은 반지하 형태로 되어 있기도 하다. 이들 고인돌들은 고창에서 가장 흔한 암석인 응회암으로 되어 있다.

만날 수 있는 암석이다.

고창도 마찬가지였다. 고창의 고인돌 유적이 나온 곳에서 멀지 않은 주변에는 덮개돌을 채굴해 낸 채석장을 쉽게 찾아볼 수 있다. 오베이골 탐방로 왼쪽에 위치한 제4코스에 가면 고창의 대표적인 고인돌 채굴지가 있다. 서산산성 주변에 있는 성틀봉 등 15곳의 중봉 근처에서 8곳의 고인돌 채굴지가 발견되었다. 이곳에서는 아직도 덮개돌과 받침돌로 사용할 수 있는 많은 수의 바위 덩어리가 그대로 발견된다.

그러면 고창의 고인돌은 주로 어떤 암석으로 만들어졌을까? 당연히 고창에서 가장 흔한 암석, 응회암이다. 이 응회암으로 인해 중생대 백악기 때 활발했던 화산활동의 흔적을 엿볼 수 있다. 응회암은 화산재가 층을 이루면서 쌓인 퇴적암으로 외부에서 큰 충격을 주면 넓은 판 모양으로 잘 쪼개지는 암석이다. 따라서 넓은 판 모양을 필요로 하는 고인돌의 덮개석으로 이용하기에 적당하였을 것이다. 하지만 당시의 기술로는 응회암 덩어리를 판 모양으로 쪼개기란 매우 어려운 일이었을 것이다. 응회암이 판 모양으로 쪼개지기 쉬운 결을 가진 암석이기는 해도 몇 사람의 힘으로 쉽게 쪼개지는 암석은 아니기 때문이다. 그러면 그들은 어떤 방법으로 응회암을 판 모양을 쪼갤 수 있었을까?

학자들의 연구에 따르면 덮개돌을 떼어 내는 방법은 여러 가지가 있다. 일반적으로 사용한 것은 바위틈이나 암석의 결을 이용하여 구멍을 파내고 나무 쐐기를 박아 물로 불려 떼어 내는 방법이었다. 날씨가 추울 때에는 구멍에 물을 부어 얼음이 얼 때 생기는 팽창압의 힘으로 바위를 떼어 냈다. 그런가 하면 주변에서 자연석을 그대로 옮겨 와 덮개돌로 사용한 경우도 있었다. 고창의 고인돌은 위의 두 가지 방법이 모두 동원되었을 것이다. 운이 좋아 판 모양의 응회암 덩어리를 발견하면 그대로 사용했고 그렇지 않은 경우에는 인위적인 방법을 이용하여 자신들이 원하는 모양으로 만들었을 것이다. 이러한 사실은 고인돌 채석지에 남겨진 흔적으로 알 수 있다.

동호 해안사구와 가시연 군락지

고창은 황해와 이웃하고 있어 단단하고 넓은 갯벌을 가진 해안이 여러 곳 있다. 동호 해수욕장과 구시포 해수욕장이 대표적인 곳이다. 이곳은 조차^{潮差}가 심한 곳으로 해안을 따라 모래의 이동이 활발하여 해안사구가 발달해 있다. 해안사구 배후로는 사구 지역이 넓게 분포하여 논과 밭으로

◐ 동호 해수욕장. 넓은 모래펄은 자동차가 달려도 될 만큼 단단하다. 오른쪽에 풀로 덮인 곳은 원래는 모래언덕, 즉 사구였던 곳이다. 해안사구는 넓은 모래펄에서 바람을 따라 한곳으로 모인 모래들이 만든 것으로 지금은 해수욕장과 도로 사이의 경계선을 이루고 있다.

◐ 가시연. 우리가 흔히 볼 수 있는 수련들에 치여 한곳으로 밀려나 있어 자세히 보지 않으면 찾기 어렵다. 가시연은 이름처럼 가시 돋친 잎 가운데로 솟아오른 꽃대에서 보라색 꽃을 피운다. 꽃이 피는 시기는 9월 초로 필자가 용대 저수지 가시연꽃 군락을 찾아갔을 때는 꽃을 보기 어려웠다. 오른쪽 아래 가시연은 경상남도 창녕에 있는 우포늪에서 찍은 것이다.

활용된다.

동호 해수욕장을 뒤로하고 황해를 따라 남쪽으로 내려오면 비슷한 해안 환경을 가진 구시포 해수욕장이 있다. 구시포 해수욕장에서 북동쪽으로 약 5분 정도 차를 타고 가면 용대 저수지가 있는데 그곳에는 멸종 위기 식물인 가시연이 자생하고 있다.

가시연은 이웃나라인 일본에서는 이미 멸종했다고 알려진 수생식물로 보라색 꽃이 아름다워 물풀의 여왕으로 꼽힌다. 가시연의 잎은 솥뚜껑을 연상케 할 정도로 큰데 아마 우리나라 식물 중에서 잎이 가장 클 것으로 생각된다. 잘 자란 가시연은 잎의 크기가 지름이 2m가 넘어 어른 한 사람이 누워도 될 정도라고 한다.

공음면사무소 쪽으로 좀 더 이동하면 우리 역사에서 의미가 깊은 곳을 만날 수 있다. 동학의 고부 접주로 있던 녹두장군 전봉준이 부패한 지방 관리들의 학정에 시달리는 농민들과 함께 혁명을 일으킨 곳이다.

1894년 1월 10일 새벽, 1,000여 명의 동학교도와 농민들은 흰 수건을 머리에 동여매고 몽둥이와 죽창을 들었다. 탐관오리를 제거하고 각종 혈세를 폐지하기 위해 분연히 일어선 것이다. 그리고 그들은 노도와 같은 형세로 고부 관아에 들이닥쳤고, 불법으로 징수한 세곡을 모두 빈민에게 나누어 준 후에 동학혁명의 횃불을 높이 들었다. 하지만 아쉽게도 전봉준은 다음 해 배신자의 밀고로 체포되어 서울에서 처형되었고 동학혁명은 1년 만에 30만~40만 명의 안타까운 희생자를 낸 채 막을 내리고 말았다. 그러나 혁명의 정신은 그 후 갑오개혁을 불러일으켰고 우리 역사 발전에 큰 토대가 되었다.

예술과 역사는 일견 닮은 부분이 많다. 한순간의 불꽃처럼 타올랐다가 이내 사라져 버리는 시간이 만들어 낸 흔적이라고나 할까. 예술과 역사는 그렇게 한

◑ 동학농민혁명 발상지 기념탑. 가운데 포고문을 읽고 있는 이가 녹두장군 전봉준이고 주위를 둘러싸고 있는 농민들이 횃불이 되어 타오르고 있다. 그 주위로 농민들이 들었던 무기인 대나무 창이 세워져 있다.

시대를 풍미한다. 그리고 사람들의 가슴에 흔적을 남겨 놓고 떠나간다. 순간이 곧 영원이라는 건 맞는 말이다. 그것이 예술과 역사의 속성이자 공통점인 것이다. 전라북도 고창을 가 보아야 하는 이유가 거기에 있다.

백일산

고창군청

모래미 해수욕장

1 선운사(동백꽃 군락지, 도솔천) **2** 진흥굴와 장사송 **3** 도솔암 마애굴, 낙조대 **4** 고인돌 유적지 **5** 동호 해안시구 **6** 가시연 군락지 **7** 동학농민혁명 발상지

"
공룡 발자국 화석의 메카
전라남도 해남
"

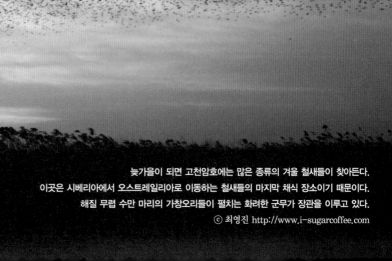

늦가을이 되면 고천암호에는 많은 종류의 겨울 철새들이 찾아든다.
이곳은 시베리아에서 오스트레일리아로 이동하는 철새들의 마지막 채식 장소이기 때문이다.
해질 무렵 수만 마리의 가창오리들이 펼치는 화려한 군무가 장관을 이루고 있다.
ⓒ 최영진 http://www.i-sugarcoffee.com

...

이 세상 모든 곳은 여행지가 될 수 있다.
하찮은 동네 조그만 골목길이라도 다른 사람에게는 특별한 의미를
남길 수 있기 때문이다. 그렇지만 우리는 아무 곳이나 여행을 떠나지는 않는다.
그래서 사람들이 선망하는 여행지는 손에 꼽을 정도다.
조금 이상한 질문이 되겠지만 여행지로 삼을 만한 곳은 어떤 요건을 갖춰야 하는 것일까?
경치가 아름다운 곳? 유명한 유적이 있는 곳? 진귀한 구경거리가 있는 곳?
한 번도 가 보지 않은 곳? 모두 맞는 대답일 것이다. 하지만 거기에 하나를 더 추가하자면
'더 이상 나아갈 수 없는 길의 끝이 있는 곳'은 어떨까.
'끝'이라는 말이 가져다주는 묘한 경외감으로 인해 사람들은 산 정상을 오르고
바다를 찾기도 하며 심지어는 남극과 북극을 찾아 떠나기도 하는 것은 아닐까.
그렇다면 여행이라는 건 끝을 향한 발걸음이라 표현해도 좋을 것이다.
땅의 끝을 바다라고 정의 내린다면 우리는 기꺼이 바다를 찾아가서 그 땅의 끝면을
보아야만 비로소 여행을 완성했다고 이야기할 것이다.

...

동아시아 철새들의 기착지, 고천암호

전국을 돌아다니면서 우리 땅과 자연의 아름다운 모습을 사진에 담고 그에 어울리는 글을 쓰는 일은 즐거운 일이다. 그런데 가끔 이런 즐거움이 무색할 때가 있다. 수십여 명의 아마추어 사진작가들이 추운 날씨에 몸을 덜덜 떨며 해가 질 무렵을 기다리거나 아니면 밤을 꼬박 새워 새벽을 기다린 후 겨울 철새들이 떼를 지어 하늘을 웅장한 몸짓으로 덮는 장면을 카메라로 찍는 모습을 볼 때다. 이들의 반짝거리는 두 눈을 보고 있으면 나보다 더 큰 즐거움으로 자연을 마주하고 있는 사람들이 많구나 하는 생각을 절로 하게 된다. 그러한 열정을 쉽게 발견할 수 있는 곳 중 하나가 해남에 있는 고천암호다.

● 고천암호 일대의 갈대밭은 지난 1981년 고천암 방조제 축조 이후에 생겨났다. 갈대가 무성하게 자라게 된 것은 저습지로 잡석이 섞이지 않은 질이 좋은 갯벌이기 때문이다. 갈대밭 너머로 고천암 방조제가 보인다.

고천암호는 해남군 화산면 연곡리에 있는 인공 호수로 계절과 시간에 따라 모습을 달리하는 아름다운 곳이다. 봄에는 드넓은 농경지의 보리밭에서 파란 보리들이 고개를 빳빳이 들고 있는 모습을, 가을에는 솜처럼 부풀어 오른 갈대 꽃들이 부끄러운 듯 고개 숙이는 자태를 감상힐 수 있다. 특히 찬바람으로 손이 시릴 11월 하순 무렵부터는 수십만 마리의 가창오리 떼가 한꺼번에 하늘을 덮는 화려한 군무도 볼 수 있다.

철새들의 이동을 연구하는 조류학자들은 "해남군은 남한 면적의 1% 정도를 차지하는 곳이지만 남한에 도래하는 겨울 철새의 20% 이상이 모여드는 곳으로서 철새들의 이동 경로에서 국제적으로도 매우 중요한 장소"라고 말한다. 철새

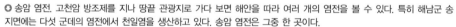

❂ 송암 염전. 고천암 방조제를 지나 땅끝 관광지로 가다 보면 해안을 따라 여러 개의 염전을 볼 수 있다. 특히 해남군 송지면에는 다섯 군데의 염전에서 천일염을 생산하고 있다. 송암 염전은 그중 한 곳이다.

들이 이렇게 해남에 모여드는 이유는 해남이 혹한기에도 상대적으로 기온이 따뜻하여 철새들이 시베리아를 포함한 동아시아에서 오스트레일리아로 이동하다가 먹이를 섭취하여 에너지를 보충하고 휴식을 취하기에 아주 좋은 여건을 갖추고 있기 때문이다.

해남 일대의 넓은 갯벌에는 과거에는 도요새 종류가 많이 찾아왔지만 1981년 영산강 하구 공사를 시작으로 여러 곳에 방조제가 설치되고 갯벌이 간척 호수와 농경지로 바뀌면서 도요새들의 방문은 뜸해지고 가창오리와 같은 오리류의 철새들이 다수를 이루게 되었다고 한다. 깨끗한 간척 호수, 그리고 좋은 은신처가 되는 엄청난 면적의 갈대밭과 풍부한 먹이를 담고 있는 주변의 농경지는 가창오리들이 지내기에 아주 알맞은 환경이다. 그래서 요즈음 해남은 우리나라 최대의 철새 도래지이자 특히 가창오리의 최대 월동지로서 그 중요성을 국제적으로 인정받고 있다.

한편 해남에는 아직도 천일염으로 소금을 생산하는 곳이 여럿 있다. 황해의 경우 점점 바닷물이 오염되면서 염전이 사라지는 반면 넓은 태평양과 연결되어 있어 상대적으로 오염이 덜한 남해의 경우에는 천일염이 여전히 생산되고 있다. 그중 대표적인 곳이 송암 염전으로 바닷물을 내륙 안으로 끌어들여 염전을 일구고 있다.

충무공 이순신이 명량대첩을 벌인 울돌목

이중환이 쓴 『택리지』의 「팔도총론」 전라도 편을 보면 다음과 같은 글이 나온다.

바닷물이 밤낮 없이 동에서 서쪽으로 오며 폭포같이 쏟아져서 물살이 매우 빠르다. … 중략 … 이때 왜적의 수군이 남해에서 북쪽으로 올라가던 참이었다. 그때 수군대장 이순신이 바다 위에 머물면서 쇠사슬을 만들어 돌맥 다리에 가로질러 놓고 그들이 오기를 기다렸다. 왜적의 전선이 나리 위에 와서는 쇠사슬에 걸려 이내 다리 밑으로 거꾸로 엎어졌다. 그러나 다리 위에 있는 배에서는 낮은 곳이 보이지 않으므로 거꾸로 엎어진 것은 보지 못하고 다리를 넘어 순류에 바로 내려간 줄로 짐작하다가 모두 거꾸로 엎어져 버렸다. 또 다리 가까이엔 물살이 더욱 급하여 배가 급류에 휩싸여 들면 돌아 나갈 틈이 없으므로 500여 척이나 되는 왜선들이 일시에 모두 침몰했고 갑옷 한 벌도 남지 않았다.

이는 충무공 이순신 장군이 해남군 문내면 학동리 앞바다 울돌목(명량)에서 펼쳤던 명량대첩을 묘사한 것이다. 울돌목은 해남의 화원반도와 진도를 잇는 진도대교 사이에 있는 폭 약 250m의 바다다. 이곳에서 1597년 정유재란 때 이순신 장군이 명량대첩의 대승리를 이끈 것이다.

당시 이순신 장군은 원균의 모함을 받아 지위를 잃고 권율 장군의 휘하에서 백의종군을 하던 중이었다. 그러나 원균이 해전에서 왜군에게 연전연패를 당해 수군이 백척간두에 놓이게 되자 임금은 다시 이순신 장군을 불러 삼도수군통제사로 재임명하고 왜군을 대적하게 했다. 이순신 장군은 명을 받은 그날로 장흥 회령포에 이르러 간신히 12척의 범선을 수습하여 우수영이 있는 해남의 해안에 당도했다. 이때 왜군들은 400여 척의 전선에 2만여 명의 군인을 싣고 울돌목을 통과하여 예성강으로 진출해서 직산에 있는 육군과 합세하여 한양을 침범하려는 계획을 가지고 있었다. 따라서 울돌목은 조선의 명운을 결정하는 최대의 전략지가 되었다.

○ 해남군과 진도군을 잇는 진도대교. 울돌목은 진도대교 밑으로 조류가 흘러 남해로 빠지는 길목에 있다.

　이순신 장군은 평균 유속이 시속 25km에 이르는 울돌목의 빠른 물살을 이용하려는 계획을 세우고 치밀한 준비를 했다. 1597년 9월 16일 새벽에 어란포에 머물고 있던 왜군들이 밀물을 타고 명량으로 공격해 오자 이순신 장군은 울돌목에 쇠줄을 설치하고 일자진을 펴서 왜군을 유인하여 함포 공격을 퍼부었다.

　그 결과 조선 수군은 단 한 척도 피해를 입지 않았고 전사자 2명과 부상자 2명이라는 작은 피해만 입고 큰 승리를 거두었다. 이는 세계 해전사에 그 유례를 찾아볼 수 없을 만큼 완전한 승리였다. 울돌목에서 있었던 명량대첩은 우리 수군이 해상권을 상실한 칠천량해전 이후 남해안에서 승승장구하던 왜군의 수륙병진 전략을 송두리째 부수어 버린 해전으로 정유재란의 전환점을 마련해 준 매우 의미 있는 승리였다.

1 '바닷물이 울면서 급격하게 돌아나가는 길목'이라고 해서 붙여진 이름인 울돌목은 바다가 운다고 해 한자로 명량(鳴梁)이라 하기도 한다. 협소한 해협으로 유속이 빠르고 굴곡이 심해 암초 사이를 소용돌이치는 급류가 흐르는 곳이다. 빠른 물길이 암초에 부딪혀 튕겨져 나오는 바닷물의 소리가 20리 밖에도 들린다고 한다.

2 충무공 이순신 장군의 영정. 이순신 장군은 "병법에 이르기를 죽으려 하면 살고 살려고 하면 죽는다 하였고 또 한 사람이 길을 막으면 천 사람을 두렵게 할 수 있다 하였으니 이것은 지금의 우리를 이름이라. 공들은 살 생각을 하지 말고 조금도 명령을 어기지 말라. 나라를 위해 죽기로서 싸워라. 만일 조금이라도 영을 어기는 자는 군법을 시행하리라."라는 엄한 명령으로 명량해전에 임했으며, 그 결과 12척의 배로 왜선 133척을 무찌르는 대승을 거두었다.

3 명량대첩 때 쇠사슬을 연결하여 돌렸던 장치로 기록에 의거해 복원한 것이다.

최근 울돌목에서는 빠른 조류의 운동에너지를 이용하여 전기를 생산할 조류 발전소를 건설 중이다. 울돌목의 조류는 다른 지역의 조류보다 3배 이상 속력이 빠른 곳으로 수차를 돌려 전기에너지를 생산하기에는 아주 알맞은 곳이기 때문이다. 2006년, 2007년에 아파트 10층 높이의 철골구조물을 세우려고 했다가 실패하고 2008년 5월에 다시 도전하여 성공했다. 울돌목에 설치될 조류 발전소의 시간당 최대 발전용량은 1,000KW로 연간 2.4GW(기가와트)의 전기를 생산할 수 있다고 하는데, 이는 400여 가구가 1년 동안 쓸 수 있는 양이다. 한국해양연구원은 올해 중 본격 가동에 들어가 1년 정도 발전 효율을 검증한 뒤이후에 설비용량을 5만~9만KW까지 늘릴 계획이라고 한다.

층마다 공룡 발자국이 새겨져 있는 우항리층

우리나라가 세계적인 공룡 발자국 화석지라고 하면 고개를 갸우뚱할 사람이 많을 것이다. 하지만 이러한 의구심은 해남의 우항리에 가면 모두 풀린다. 우항리는 얼마 전까지만 해도 바닷물이 들락거리는 해안 지역이었으나 금호 방조제가 들어선 이후로 담수호를 낀 육지로 변하였다. 방조제 공사 덕분에 공룡 발자국 화석이 대규모로 발견될 수 있었다. 방조제 공사 전에는 바닷물이 들어오면 모두 바닷물에 잠기기 때문에 공룡 발자국과 같은 화석을 발견하기가 불가능했기 때문이다.

그런데 얼마 전까지만 해도 이곳이 바닷물이 출렁거리는 바다였다고 하는 이야기를 들으면 '어떻게 바다에 육지 생물인 공룡의 화석이 발견될까?' 라는 의문이 들 것이다. 답은 간단하다. 공룡이 살았던 중생대 때까지만 해도 우항리는 바다가 아니라 거대한 호수를 낀 육지였기 때문이다. 우항리가 바다가 아니었

1 우항리 해안의 해식절벽. 두꺼운 책을 한 겹씩 차곡차곡 쌓아 놓은 듯한 절벽이 해안을 따라 길게 펼쳐진다. 검은 빛을 띤 이암은 얇은 종이처럼 켜켜이 쌓여 있고 사암이나 처트층은 흰색을 띠고 좀 더 두껍게 쌓여 있다. 이들 지층에 공룡과 새 그리고 익룡의 발자국이 나 있다.

2 우항리층은 대개가 수평하다. 이것을 보면 퇴적 환경이 좋았던 것을 짐작할 수 있다. 사진처럼 물결 모양의 퇴적 구조를 연흔이라고 하는데, 이러한 연흔도 우항리층이 형성된 후 큰 지각변동이 없었음을 보여 주는 증거다.

3 우항리층에서는 단층을 찾기가 쉽지 않다. 몇 군데 단층(붉은색 선이 단층 경계면)이 생기긴 했지만 단층이 일어난 범위가 미약하다(파란색 선의 층 위로 단층이 일어났고 지층이 어긋난 정도도 약하다).

다는 사실은 병곤리에서부터 서쪽으로 우항리를 거쳐 신성리와 매산리까지 이어지는 해안에 펼쳐진 퇴적암 해식절벽을 보면 알 수 있다.

우항리 퇴적층은 지금으로부터 약 8,300만~8,500만 년 전으로 추정되는 중생대 백악기 말에 형성된 것으로 보인다. 교과서적인 퇴적 구조를 가지고 연속적인 수평층리가 잘 발달한 퇴적층군을 형성하고 있는데, 이암과 사암의 층리가 수평으로 곱게 쌓여 있다. 이것으로 볼 때 이 지역의 지층은 매우 안정된 호수 속에서 퇴적이 이뤄졌으며 퇴적 이후 큰 지각변동을 겪지 않았다는 것을 알 수 있다.

우리나라 최대의 우항리 공룡 박물관

우항리에서는 1992년 공룡 발자국이 발견된 이후 여러 차례의 학술 조사로 세계적으로 희귀한 공룡 발자국 화석들이 많이 발견되었다. 해남군에서 세계적인 고생물 학자들을 초대하여 공룡 및 익룡 그리고 조류 발자국 화석에 대해 학문적으로 인증을 받았으며, 이를 토대로 국제 학술 심포지엄도 개최하였다. 그 결과 이 지역은 천연기념물 제34호로 지정되었으며 그 위에 우리나라 최대의 공룡 박물관을 건설한 것이다.

공룡 박물관은 지상 1층과 지하 1층 그리고 옥외 전시관으로 나뉘어져 있는데, 특히 옥외 전시관은 공룡 및 익룡 그리고 조류들의 발자국이 발견된 장소에 건물이 지어져 실감을 더하고 있다.

옥외 전시관은 대형 공룡관, 익룡 조류관, 조각류 공룡관으로 나뉘어 있는데 대형 공룡관 안에서 볼 수 있는 대형 공룡 발자국은 그 생생함이 마치 공룡이 금방 지나간 듯한 느낌을 주기에 충분하다.

▣ 거대 공룡실에 설치된 조바리아 화석. 조바리아는 몸체의 95%가 화석으로 발견된 초식 공룡이다. 초식 공룡 중에서 목이 가장 긴 종류로 아프리카의 백악기 지층에서 발견되며 약 18t의 몸무게와 21m의 길이의 큰 덩치를 가지고 있다. 사진의 화석은 일부분을 제외하고 대부분은 실제 화석으로 된 것이다.

▣ 발견 당시 그대로 보존한 대형 공룡 발자국 화석. 세계에서 유일하게 발자국 안에 별 모양의 내부 구조가 남아 있으며 발자국의 크기는 직경 52cm에서 95cm까지 다양하다.

▣ 발자국 화석으로 알 수 있는 사실.

사람이 들어가 앉아도 될 만큼의 크고 깊은 발자국을 보면서 어떤 이들은 '공룡이 얼마나 무겁고 힘이 셌으면 이렇게 단단한 바위에 큼직한 발자국을 남겼을까?' 하고 생각할지도 모르겠다. 하지만 공룡이 발자국을 남겼을 때 이곳은 단단한 바위가 아니었다. 공룡의 발자국이 남아 있는 지역은 과거 호수의 가장자리나 바다의 가장자리로 공룡이 이곳을 걸어갔을 때는 갯벌과 같았을 것이다. 공룡은 부드럽지만 바닥이 제법 단단한 갯벌 위를 걸어갔고, 그 발자국이 물이나 바람 또는 다른 동물들에 의해 훼손당하기 전에 그 위로 다른 퇴적물이 덮였던 것이다. 우항리에서 잘 보존된 공룡 발자국 화석이 대량으로 발견되는 까닭은 이러한 조건이 잘 맞았기 때문이다.

공룡 발자국 화석이 몸체 화석만큼이나 중요한 이유는 공룡 발자국 화석으로 공룡의 종류나 보행 방식 그리고 몸의 크기 등에 대해 다양한 정보를 얻을 수 있기 때문이다. 공룡의 생태를 연구하는 고생물학자들은 발자국과 보폭의 크기로 공룡의 몸집이 어느 정도였는지를 대략 파악할 수 있다.

왼쪽 그림처럼 공룡 발자국 길이의 네 배가 발바닥부터 골반까지의 길이에 해당하므로 발자국의 길이를 알면 공룡의 키를 대략 짐작할 수 있는 것이다. 또한 일부 공룡의 경우에는 보폭의 길이에 변화가 있어 이들이 걸었는지 뛰었는지를 알 수 있다. 먹이를 잡거나 다른 육식 공룡한테 쫓기는 경우 보폭의 길이가 크게 나타나므로 그때 당시의 상황을 어렴풋이나마 짐작할 수 있다.

한편 익룡 조류관으로 가면 아시아에서는 최초이고 세계에서 일곱 번째로 발견된 익룡 발자국 화석을 볼 수 있다. 모두 443개가 발견된 익룡 발자국은 길이가 20~35cm로 지금까지 알려진 익룡의 발자국 중에서는 세계에서 가장 크다고 한다. 발자국 크기로 익룡의 전체 길이를 추정하면 그 크기가 약 12m에 이르러 익룡의 거대한 몸집을 상상해 볼 수 있다. 특히 익룡 발자국의 행렬이

7.3m까지 이어져 익룡의 보행 자세 연구에 많은 정보를 제공했다.

또한 익룡 조류관에서는 세계에서 가장 오래된 물갈퀴가 달린 새의 발자국 화석도 볼 수 있다. 현재까지 알려진 가장 오래된 물갈퀴 새 발자국은 미국의 에오세(약 5,500만 년 전) 퇴적층에서 발견되었는데 우항리의 발자국은 이들보다 약 4,000만 년 정도가 앞선 것으로 이는 세계에서 가장 오래된 물갈퀴 새 발자국이다. 뿐만 아니라 익룡의 발자국과 물갈퀴 달린 새 발자국 화석이 같은 지역에서 발견되어 익룡과 물갈퀴 달린 새 그리고 공룡이 우항리 호수에 공존했음을 알 수 있다.

다양한 조류의 발자국 화석이 대량으로 산출됨으로써 우리나라는 세계에서 가장 중요한 조류 발자국 화석을 가진 나라가 되었다. 지금까지 전 세계적으로 백악기 지층에서 발견된 조류 발자국 화석으로 밝혀진 7속 7종 중에서 우리나라에서 처음으로 발견된 것이 4속 4종일 정도이다. 이들은 대부분 경상누층군에서 발견되어 당시 다양한 조류가 한반도에 서식하고 있었음을 말해 준다. 특히 우항리의 조류 발자국은 익룡 발자국과 함께 발견돼 익룡과 조류가 서식지를 공유했다는 사실이 처음으로 밝혀졌다.

● 손영운의 과학지식 **공룡이나 조류의 발자국 화석이 형성되는 과정**

❶ 물기를 머금은 호수 주변의 진흙이나 갯벌 위로 공룡이나 조류의 발자국이 찍힌다.
❷ 그 위로 퇴적물이 고인다. 우항리의 경우 화산 폭발로 인한 화산재 및 육상에서 흘러오는 각종 퇴적물이 쌓인 것이다.
❸ 시간이 지남에 따라 퇴적층의 높이가 높아지고 수분이 빠져나가면서 위로부터 퇴적물의 무게로 인하여 큰 압력을 받아 고화가 진행된다.
❹ 퇴적층은 퇴적암이 되고 세월이 흐르면서 풍화작용의 영향을 받는다. 풍화작용으로 쌓여 있던 퇴적층이 점점 깎여 나가면서 발자국 화석이 지표면에 노출되어 발견된다.

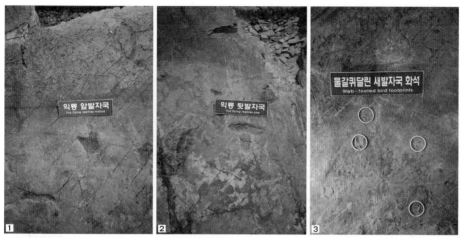

▮▮ 익룡의 앞발자국과 뒷발자국 화석. 우항리 공룡 박물관에 있는 익룡 발자국은 앞과 뒤의 발자국이 모두 뚜렷이 찍혀 있어 익룡이 4족 보행을 한 것을 알 수 있다. 기존의 2족 보행설을 4족 보행설로 뒤바꾸는 결정적인 증거가 되었다.

▮ 우항리에서 발견된 새 발자국은 두 종류로 우리나라 지명을 따서 우항리크누스 전아이(Ubangricbnus chuni)와 황사니페스 조아이(Hwangsanipes choughi)로 명명되었다. 모두 발가락 사이에 물갈퀴가 있으며 호숫가에 서식하는 작은 조류로 오늘날 오리류와 비슷한 것으로 추정된다.

빙하기가 물러가면서
형성된 다도해

섬을 제외하고 우리나라에서 가장 남쪽에 해당하는 곳은 전라남도 해남군 송지면 갈두리다. 갈두리는 동경 126°32′ 북위 34°18′로 최남단에 속하는데 한반도를 호랑이 그림에 비유하여 볼라치면 왼쪽 뒷발의 발톱 끝에 해당할 것이다. 그래서 해남을 땅끝 마을이라 부른다. 이곳에 땅끝을 상징하는 비석과 땅끝 전망대를 세우고 매년 땅끝 문화제를 개최한다.

우리나라의 남서해안에는 총 2,300여 개의 크고 작은 섬들이 흩어져 있는데 이들 섬은 약 1만 년 전 이전인 충적세 후빙기後氷期 때 해안 지역이 해침을 받아 형성된 것이다. 따라서 남해안의 해안선은 아주 복잡한 것이 특징이다. 해남 역

1 2008년 5월, 제2회 땅끝 문화제가 해남 미황사 창건 1259주년을 맞아 국제 음악회를 개최하는 등 다양한 행사로 사흘 동안 열렸다.

2 땅끝 전망대의 갈두산 봉수대. 우리나라에서 가장 남쪽에 위치한 봉수대로 조선 초기에 설치되었다가 고종 때 폐지된 것으로 알려졌다. 원형을 알 수 없을 정도로 파손되었으나 자연석으로 복원했다.

3 땅끝 전망대에서 서쪽 방향으로 내려다본 해남의 해안. 해남의 해안선은 총 길이가 약 300km에 이르며 원래는 육지의 산이나 봉우리였다가 오래전 조륙운동의 결과 침강하여 이제는 섬이 된 65개의 섬으로 아름다운 다도해를 이루고 있다.

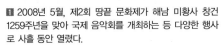

시 그렇다. 해남을 이루고 있는 지질을 살펴보면 크게 세 가지로 이루어져 있음을 알 수 있는데, 가장 오래된 것은 선캄브리아대에 형성된 변성암 복합체이고, 그 위에 일부가 중생대 쥐라기에 마그마 관입으로 화강암류의 암석이 덮고 있으며, 나머지는 대부분 백악기 때 있었던 화산활동으로 형성된 암석들이다. 특히 백악기 때 만들어진 화산암과 화산 쇄설성 퇴적암들은 지금의 화원반도를 중심으로 분포하고 있는 화원층을 이루고 있으며 이들이 오늘날 아름다운 해남의 다도해를 이루었다. 이렇듯 다도해의 복잡하고 아기자기한 해안은 우리가 감히 헤아릴 수 없는 오랜 기간 동안 이루어진 시간의 산물이다. 아름다운 것은 하루아침에 이루어지지 않는다.

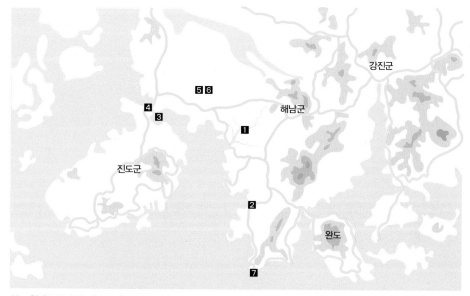

강진군

해남군

5 6

4

3

진도군

1

2

완도

7

1 고천암호 2 송암 염전 3 울돌목(명량) 4 진도 대교 5 우항리층 6 우항리 공룡 박물관 7 땅끝 전망대

10

" 신선과 공룡이
함께 놀았던 땅 부산 태종대 "

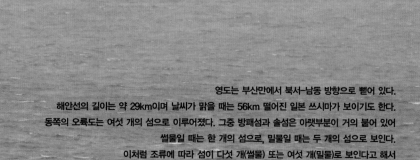

영도는 부산만에서 북서-남동 방향으로 뻗어 있다.
해안선의 길이는 약 29km이며 날씨가 맑을 때는 56km 떨어진 일본 쓰시마가 보이기도 한다.
동쪽의 오륙도는 여섯 개의 섬으로 이루어졌다. 그중 방패섬과 솔섬은 아랫부분이 거의 붙어 있어
썰물일 때는 한 개의 섬으로, 밀물일 때는 두 개의 섬으로 보인다.
이처럼 조류에 따라 섬이 다섯 개(썰물) 또는 여섯 개(밀물)로 보인다고 해서
오륙도라는 이름을 가지게 되었다.

...

세찬 기운의 바람이 굽이쳐 기암절벽의 동쪽으로 흘러들어 간다.
절벽을 감싸 안은 바닷물은 재빨리 몸을 틀어 물길을 만들고 이는 적진으로
거침없이 달려가는 절영마(絕影馬)를 떠올리게 한다.
자신의 그림자를 잘라 낼 정도로 민첩하게 움직였던 절영마의 군더더기 없는 몸짓.
태종대를 휘감아 돌아가는 물결은 긴박하면서도
부드러운 물보라를 만들며 이곳을 찾는 객을 맞이한다.
수만 년 동안 거센 바람과 파도 속에 자리 잡은 절벽이 만들어 내는 소리들은
아득한 곳으로 밀려들어 갔다 되돌아옴을 반복하며 태종대에 얽힌
비밀스런 이야기를 들려주는 듯하다.

...

파도와 바람의
역사를 만나다

우리나라 제2의 도시, 부산에 가면 영도影島라는 섬이
있다. 영도는 예로부터 그림자조차 볼 수 없을 만큼 빨리 달린다는 '절영명마'
를 생산하던 목마장으로 유명했다. 그래서 섬의 이름을 '절영도絕影島'라고 불렀
고, 지금은 '절' 자를 뗀 영도라는 지명을 갖게 되었다.

영도의 남쪽 해안 끝으로 가면 태종대가 있다. 『동래부지』라는 고서를 보면
"태종대는 동래부東萊府(부산의 옛 지명)에서 남쪽으로 30리 떨어진 절영도 동쪽에
있는데, 바닷물이 그 주위를 돌고 큰 돌이 위의 절벽에서 떨어져 돌다리가 되어
사람이 겨우 통과한다. 신라 태종 무열왕이 활을 쏜 곳이라고 하여 이로써 이름
하였다."라는 기록이 있다. 태종대를 방문한 이들이라면 태종 무열왕이 왜 이곳
에 머물러 활을 쏘며 삼국 통일의 기쁨을 즐겼는지 실감할 수 있을 것이다. 무
열왕은 울창한 수림과 깊이를 가늠할 수 없는 해안을 바라보면서 국가의 안녕
과 심신의 평화를 기원했을 것이다. 그도 그럴 것이 태종대에 올라서 바다를 바
라보다 보면 눈앞에 펼쳐진 아름다운 풍경에 시선과 마음을 금세 빼앗겨 버리
기 때문이다.

무열왕에게 있어서 태종대는 단순히 활을 쏘던 장소 그 이상의 곳이었다. 눈
이 부시도록 푸른 바다와 진기한 모양의 여러 괴석들을 바라보면서, 무열왕은
활시위를 당기기 전에 몸가짐을 바르게 하고 마음을 낮추었을 것이다. 더불어
태종대는 가뭄을 이겨 낼 단비를 기다리면서 동래부사가 기우제를 지냈던 곳이
었다. 이 또한 태종 무열왕과 관련이 있는데, 무열왕이 병환으로 누워 있을 때
신라의 가뭄이 심해졌다고 한다. 무열왕은 자신의 치료보다 단비를 기다렸지만
5월 초열흘날 세상을 떠났고, 무열왕의 이러한 마음을 기리기 위해 음력 5월 초
열흘날에 내리는 비를 '태종우'라고 부른다고 하니 태종대와 무열왕은 깊은 인

연을 맺고 있는 셈이다.

이처럼 태종대는 비록 섬의 남쪽 끝에 있는 외딴 지역이지만 오랜 세월 부산의 아름다운 자연경관을 대표하던 곳이다. 오늘날에도 그 명성을 쉽게 확인할 수 있는데 약 179만 2,735m²에 이르는 넓은 면적에 난내성 활엽수인 후박나무, 동백나무 등 200여 종의 수목이 울창한 숲을 이루고 있고, 해안을 따라 깎아 세운 듯 가파른 절벽이 장관을 이루고 있다. 뿐만 아니라 부산의 관문인 오륙도五六島를 가까이 볼 수 있고, 날씨가 맑은 날이면 멀리 대마도까지 한눈에 볼 수 있는 명소다. 남서쪽 방향으로 눈을 돌리면, 두껍게 쌓인 퇴적 지층과 해안절벽을 관찰할 수 있다. 그래서인지 부산을 찾는 관광객이라면 꼭 한 번은 들르게 마련인

❍ 태종대에서 남서 방향으로 본 해안. 두터운 퇴적 지층이 경사를 이루고 있다.

곳이다. 그러나 태종대의 절경은 그 이상의 비밀을 지니고 있다. 그것은 우리 땅 한반도가 간직하고 있는 파도와 바람의 역사다.

한반도의 기원을 밝혀 주는 해안단구

| 태종대를 감싸 도는 순환도로에서 등대를 지나 오른쪽 해안으로 내려가면 기암괴석 사이로 넓게 펼쳐진 평평한 곳이 나온다. 그 옛날 신선들이 동해의 풍광을 벗 삼아 노닐던 곳이라 전해 오는 신선바위가 바로 그것이다. 해발 28m 높이의 신선바위는 너비가 약 30m에 이르는 커다란 두 개의 바위로 이루어졌으며, 이곳에서 아래를 내려다보면 파도가 드나드는 너비 1m 안팎의 여러 동굴들을 볼 수 있다. 신선바위를 둘로 가르는 너비 7m의 바위틈도 전부 파도가 만들어 낸 것이라고 하니 오랜 시간 파도와 절벽이 몸을 비비던 시간들이 걷잡을 수 없이 아득하게만 느껴진다.

신선들이 노닐며 풍류를 즐겼을 평평한 암반에는 혈혈단신 서 있는 바위 하나가 눈길을 잡는다. 왜구에게 끌려간 남편을 애타게 기다리던 여인이 바위로 변해 버린 망부석望夫石이다. 망부석이 되어 버린 부인의 심정은 어떠했을지, 불현듯 말없이 바다를 향하고 있는 망부석을 보면서 신비로움과 동시에 애처로움을 느끼게 된다.

신선바위를 이루고 있는 퇴적 지층들은 오래전 해수면 근처에서 파도에 침식되어 형성된 파식대지였으나 지금은 지반을 따라 융기하여 물 위로 드러난 것들이다. 따라서 태종대의 해안단구는 전남 완도에서 부산 감포에 이르는 남해안과 동해안 정동진 등 곳곳에 있는 해안단구들과 함께 한반도가 과거에 지각 변동을 거치면서 솟아올랐다는 것을 말해 준다. 특히 태종대의 해안단구는 중

해안단구는 해수면 근처에서 파도의 침식작용으로 평평하게 깎인 계단 모양의 지형이다. 해안단구는 땅이 솟아오르거나 해수면이 낮아지면서 바닷물 위로 지층이 노출될 때 볼 수 있기 때문에, 지각변동 중에서 육지가 솟아오르는 '융기'의 강력한 증거가 된다. 신선바위는 융기해식대지로서 융기파식대지라고도 한다. 또 전체적으로 파도의 침식작용을 받았지만 침식되지 않고 남아 있는 암석을 해식이암이라고도 한다.

○ 태종대의 해안단구　　　　　　　　　　　○ 해식이암으로 된 바위섬 생도

○ 해식이암으로 된 망부석과 융기파식대인 신선바위　　○ 해안단구의 형성 과정을 보여 주는 모식도

생대 백악기에 호수 밑에서 형성된 퇴적 지층이 융기한 이후, 신생대의 마지막 간빙기까지 모두 다섯 차례의 융기의 결과로 형성된 것이다. 침식과 융기를 거듭하면서 현재의 모습을 유지하고 있는 신선바위는 한반도의 시작을 함께한 귀중한 자료이며 지금도 계속되는 침식작용으로 그 모습은 달라지고 있다.

중생대 백악기의 공룡 발자국이 대량으로 발견된 퇴적암 지층

| 태종대에서 동삼동 해안까지 쭉 이어진 해안절벽을 유심히 관찰하면 아주 두꺼운 퇴적암 지층으로 이루어져 있다는 것을 알 수 있다. 이들 퇴적층은 중생대 백악기, 그러니까 지금으로부터 약 1억 년 전부터 8,000년 전 사이에 얕은 호수에서 형성된 것이다. 당시 지금의 남해안은 바다가 아니었고, 경상도 전체를 덮으며 발달한 거대한 호수 주변 지역이었다.

그 후 여러 차례 융기와 같은 지각변동이 일어났고 그때 발생한 압력 때문에 수직 방향으로 수많은 금이 가는 절리 현상이 일어났다. 이들 절리는 끊임없이 파도의 침식작용을 받으므로 바위가 수직으로 쉽게 떨어져 나가 지금과 같은 해안이 가파른 절벽 모양의 지형이 된 것이다. 태종대를 구성하는 지층은 중생대 백악기 때 형성된 것이므로 공룡 발자국 화석이 대량으로 분포하고 있다. 그 옛날 공룡들이 호수의 물을 먹기 위하여 호수 주변을 걸어 다닌 흔적들이다.

공룡 발자국은 신선바위 주변에 집중적으로 분포되어 있는데, 1999년 10월에 부산대 지질학과 김항묵 교수 팀에 의해서 초식 공룡 발자국 90여 개가 발견되었고, 2006년 초에는 부산 지역의 대학으로 이루어진 공동 조사단에 의해 21~49cm 길이에 70~80cm 보폭으로 10cm 정도 깊이 파여 있는 발자국들이 발견되어 모두 155개의 공룡 발자국이 분포하고 있는 것으로 밝혀졌다.

특히 신선바위로 가는 벼랑의 오솔길에서 12개의 발자국들을 볼 수 있는데, 당시 공룡들의 걸음걸이를 느낄 수 있는 귀중한 자료가 된다. 관련 학자들은 이 일대 공룡 발자국 화석을 7,000만~6,500만 년 전, 중생대 백악기 말에 살았던 오리부리공룡의 것으로 추정하고 있다. 특히 경상남도 고성지역에서 발견된 공룡 발자국보다 1,000만 년 뒤의 것으로 한반도에서는 가장 후기의 공룡 발자국

■ 태종대 해안 지층. 수천만 년의 세월을 두고 두텁게 쌓인 지층으로 이루어진 태종대의 해안절벽은 오래전 바다가 아니라 호수 밑에서 퇴적된 것들로 다양한 종류의 지층으로 되어 있다.

2 위에서 내려다본 신선바위. 가운데 우뚝 솟아 있는 것이 망부석이고 그 오른쪽 바위 위에 어지럽게 찍혀 있는 것들이 공룡 발자국 화석이다.

3 공룡 발자국 확대 사진. 움푹 패인 부분이 공룡 발자국 화석이다. 높이 15m, 무게 20t 정도 크기의 공룡이 밟은 것으로 추정하고 있다.

이라고 한다. 그래서 조사단은 탐사 범위를 넓히면 공룡 알과 뼈 화석을 발굴할 가능성이 매우 높을 것으로 짐작하고 있다.

이 발자국이 공룡 발자국 화석이라고 말할 수 있는 근거는 첫째, 탄소 연대 측정으로 지층이 공룡이 살았던 시대인 중생대 백악기에 쌓인 지층으로 판단되었고, 둘째, 이렇게 깊고 우묵하게 발자국 모양으로 찍을 수 있는 생물은 공룡밖에 없으며, 셋째, 발자국 모양이 한두 개가 아니라 수십 개 이상 발견되었다는 점이다. 태종대 해안 지층이 쌓인 기간은 정확히 알 수 없는데 이는 태종대

7,000만 년 전~8,000만 년 전 백악기 말기에 서식한 공룡으로 정식 이름은 하드로사우루스(Hadrosaurus)이다. 하드로사우루스는 공룡 멸종 시기에 살던 초식 공룡으로 질긴 식물을 갈아 먹을 수 있는 평평한 이빨이 줄지어 나 있는, 오리같이 긴 부리를 가지고 있어 오리부리공룡이라고 불린다. 오리부리공룡의 발자국 화석은 부산진구 초읍동과 부암동 사이 백양산 중턱에서도 수십 개 발견되었는데, 골프장 건설에 밀려 아무런 대책도 없이 방치되고 있어 아쉬움을 낳고 있다.

해안 밑까지 지질 탐사를 정확하게 한 적이 없고 위에 쌓인 지층이 심하게 훼손되었기 때문이다. 중생대 백악기 지층인 것으로 보아 약 2,000만~3,000만 년 동안 쌓인 것으로 추정할 뿐이다.

고대의 영혼이 살아 숨 쉬는 세계적인 자연 벽화

신선바위에서 망부석 계곡 입구까지 높이 5m, 길이 80m의 벽면에는 흰색과 초록의 아름다움이 잘 조화된 세계적으로 보기 드문 자연 암벽화가 있다. 자세히 관찰하면 이를 발견한 과학자들의 표현처럼 '어룡이 바다를 헤치며 이동하고 그 뒤를 따라 공룡들의 행렬이 이어지는 모습'과 '용과 범이 싸우는 모습과 독수리 및 새 떼의 모습'을 볼 수 있다.

이것은 프랑스의 유명한 라스코 동굴 벽화보다 아름다운 것으로 자연사적인 가치가 매우 높다고 한다. 라스코 동굴 벽화 속의 동물들이 인간의 시점에서 수렵의 도구 혹은 주술적 의미를 지니고 있다면, 태종대의 암벽화는 이와는 정반대의 의미를 지닌다. 신이 만들어 낸 지상 최대의 벽화는 인간과 동물을 따로 분리하지 않고 있는 그대로의 자연의 섭리를 고스란히 보여 주고 있다. 인간의 관점을 벗어난 자연의 시선으로 오랜 제작 과정을 참고 기다려 온 암벽화들은 그래서 더욱 침착하고 완연하다.

태종대의 암벽화는 백악기, 이 지역이 호수로 덮여 있을 때 호수의 퇴적물이 퇴적암으로 변하는 과정에서 형성된 것으로 추정된다. 마그네슘이나 철 등이 포함된 유색 광물인 녹색의 녹니석과 각섬석 등이 퇴적 지층 사이를 뚫고 올라온 마그마의 높은 온도와 뜨거운 지하수의 영향을 받으면서 규소와 나트륨 등 무색 광물로 이루어진 석영이나 사장석 등과 교대로 층을 이룬 결과 자연스럽게 만들어진 것이다.

신선과 함께 공룡이 노닐던 부산의 태종대. 그 이름에 걸맞게 신라의 태종 무

◎ 세계적인 자연 암벽화. 망부석 아래의 해안절벽에 초록색 무늬가 자연 암벽화다. 자세히 살펴보면 마치 공룡이 바다로 나가는 모습처럼 보인다.

얼왕이 활을 쏘며 국가의 안녕을 기원했던 이곳이 지금까지 그 명맥을 유지할 수 있었던 것은 태종대만이 지니고 있는 바람과 파도의 힘 때문일 것이다. 헤아릴 수 없는 시간 동안 바람과 파도가 만들어 낸 절경들은, 태종대를 찾는 이들에게 세월의 힘과 오랜 노력이 무상하지 않다는 것을 느끼게 해 준다.

태종대를 떠나기 전 주변의 절경들을 한 번 더 담아 두기 위해 눈을 크게 떴다. 때마침 불어온 짠 해풍海風에 눈이 부셔, 찡그린 눈으로 태종대 앞을 바라보았다. 해수면 위로 유리알같이 쪼개지던 빛은 점점 다가가면서 멀어지고 멀어지면서 또 사라져, 그 속을 헤엄치던 고대의 어룡들에게 우리를 인도하는 듯했다. 저마다 오랜 시간 속으로 사라져 지금은 태종대의 지층과 암석들 사이에서나마 그 모습을 짐작할 수 있는 고대의 영혼들. 지금도 신선처럼 태종대 주변을 거닐며 시간의 힘을 느끼고 있을 그들과 자연이 만들어 낸 절경들을 뒤로한 채, 아쉬운 마음으로 발걸음을 돌렸다.

찾 · 아 · 가 · 보 · 기

1 태종대 **2** 태종대 전망대 **3** 오륙도 **4** 망부석, 신선바위

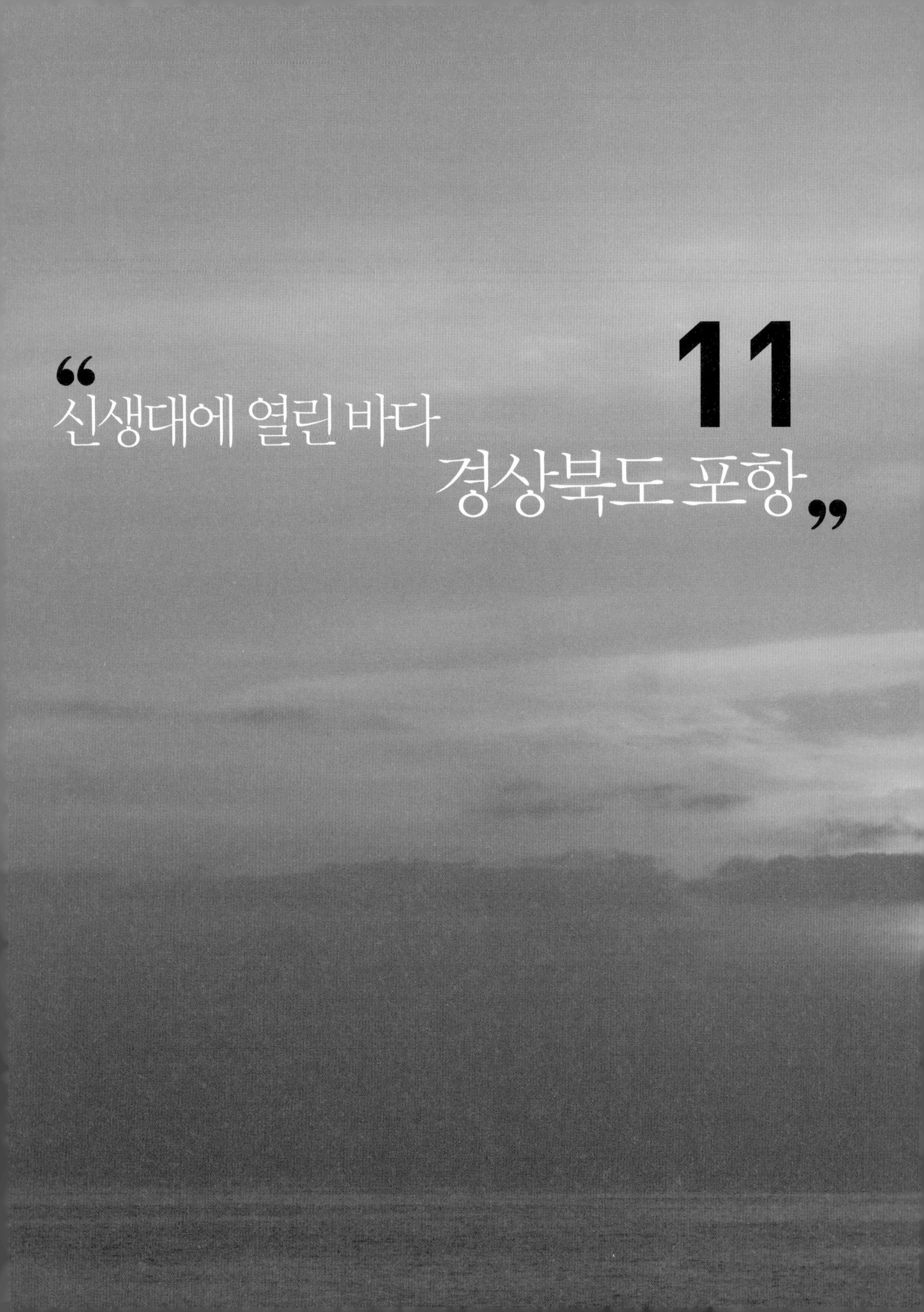

"
신생대에 열린 바다
경상북도 포항
"

11

호미곶에서 바라본 일출 장면. 호미곶은 연말연시가 되면 해맞이를 하려는 관광객들로 인산인해를
이루는 곳이기도 하다. 사실 호미곶은 정동진보다 동쪽에 위치하여 일출 시각이 더 빠르다.

...

습기를 가득 머금은 새벽 공기를 가로질러
925번 지방도로로 접어들면 구불구불한 해안도로가 이어지고,
눈부신 바다 위에서 수묵처럼 깊게 번지는 호미곶의 태양빛을 마주하게 된다.
칠흑 같은 어둠을 쪼개고 그 사이로 모습을 드러내는 태양의 몸짓은
보는 이를 벅차게 한다.

...

한반도에서 두 번째로 해가 뜨는 곳

경상북도 포항시에서 가장 동쪽에 있는 호미곶(虎尾串)의 호미는 호랑이 꼬리라는 뜻이다. 이 호미곶은 육당 최남선이 조선 10경 중 가장 아름다운 해돋이 장소로 꼽은 곳이자 일제 때 일본인들이 한민족의 정기를 끊고자 쇠말뚝을 박았을 정도로 민족의 정기가 응집된 곳이기도 하다. 16세기 조선 명종 때 이름을 날렸던 풍수지리학자 남사고(南師古)는 『산수비경(山水秘境)』에서 한반도는 백두산 호랑이가 앞발로 연해주를 할퀴는 형상이며, 백두산은 호랑이의 코, 호미곶은 호랑이 꼬리에 해당한다고 말했다. 또한 김정호는 대동여지도를 제작할 당시에 호미곶을 일곱 번이나 답사하여 한반도 본토에서 가장 동쪽임을 확인했다는 말이 전해진다.

실제로 새해 벽두에 사람들이 가장 많이 찾는 강릉의 정동진보다 포항의 호미곶은 일출 시각이 빠르다. 호미곶의 경도(동경 129° 24′)는 정동진의 경도(동경 128° 56′)보다 약 30′(0.5°) 더 동쪽에 위치하고, 지구는 둥글기 때문에 호미곶에서 해가 조금 더 빨리 뜨는 것이다.

일반적으로 경도는 15°에 1시간, 1°에 4분, 1″에 4초의 시차가 나므로, 호미곶에서는 정동진보다 약 2분 빨리 태양을 볼 수 있지만 새해의 일출은 또 다르다. 1월 1일은 절기상 겨울이므로 태양은 남쪽으로 내려가 있다. 이럴 경우 일출 시각은 경도보다 위도의 영향을 더 많이 받는다. 호미곶은 정동진보다 경도상으로 동쪽에 있을 뿐 아니라 위도상으로도 남쪽에 있으므로 새해의 일출 시각이 정동진보다 약 7분 정도 더 빠르다. 같은 이유로 호미곶은 가장 동쪽에 위치하지만 울산의 간절곶(동경 129° 21′)보다 일출 시각이 약 1분 늦다. 간절곶의 위도(북위 35° 21′)가 호미곶의 위도(북위 36° 4′)보다 남쪽이기 때문이다.

호미곶 앞바다에는 '상생의 손'이라는 거대한 조각물이 있는데, 새천년을 축

하하며 희망찬 미래에 대한 비전을 제시한다는 뜻에서 제작되었다. 해가 뜨고 지는 시간에 해수면 위에 번지는 햇살과 상생의 손이 맞닿으면, 그 두근거림을 놓치지 않으려 시선을 떼지 못하게 된다.

　한반도에서 섬을 제외하고는 두 번째로 해가 빨리 뜨는 호미곶에는 해와 달을 소재로 한 연오랑 세오녀 설화가 전해 오고 있다. 신라 아달라왕^{阿達羅王} 즉위 4년에 동해 바닷가에 연오랑과 세오녀 부부가 살고 있었는데, 하루는 바다에서 해조를 따던 연오를 바위가 싣고 일본으로 떠나 버렸다. 일본의 사람들은 연오가 범상치 않은 사람이라 여겨 왕으로 삼았다. 세오는 남편을 찾아 헤매다가 남편의 신발이 올려 있는 바위에 올라가니, 바위가 세오도 싣고 일본으로 떠났다. 세오는 연오를 만나게 되어 일본의 왕비가 되었다. 연오와 세오가 떠나간 신라에서는 해와 달이 정기를 잃어 빛이 사라졌고 왕은 일본에 사자를 보내 연오와 세오를 찾아오도록 하였으나 연오는 이 또한 하늘의 뜻이니 일본을 떠날 수 없다고 하였다. 그리고 세오가 만든 명주 비단을 사신에게 주면서 이것을 가지고 하늘에 제사를 지내면 해와 달이 빛을 찾을 것이라 말하였다. 사자가 신라에 돌아와 그 말대로 제사를 지내니 해와 달이 빛을 되찾았다

❍ 상생의 손. 1999년 6월 제작에 착수한 지 6개월 만인 그해 12월에 완공됐다. 육지에선 왼손, 바다에선 오른손인 상생의 손은 새천년을 맞아 모든 국민이 서로를 도우며 살자는 뜻에서 만든 조형물이다.

고 한다. 연오랑과 세오녀상은 지금도 호미곶 해맞이 광장에서 눈부신 태양빛을 맞이하고 있다.

신생대 때 한반도에는 어떤 일이 있었나? | 신생대는 제3기^{Tertiary}와 제4기^{Quaternary}로 나뉜다.

그렇다면 제1기와 제2기는 어디로 간 걸까? 1759년 아르뒤노라는 지질학자가 남부 알프스와 이탈리아 평원을 연구한 뒤 지층을 제1기와 제2기 및 제3기로 나누었고, 그 후 다른 학자가 제4기를 덧붙였다. 하지만 나중에 계속된 연구로 제1기와 제2기는 처음에 생각했던 것과 지질 시대가 맞지 않아 사용하지 않게 된 것이다. 같은 이유로 제3기와 제4기도 부적절한 용어가 된 셈이지만, 아직 세계적으로 사용하고 있다. 한반도에 분포하는 지층들은 거의 모두가 제3기의 지층들에 해당하는데, 제주도의 성산포를 중심으로 일부 지역에서만 제4기의 지층들이 발견될 뿐이다.

신생대에는 전 세계적으로 조산운동이 매우 활발했는데, 이 무렵 대서양과 인도양은 넓어졌고 대신 태평양이 좁아지면서 오늘날과 비슷한 형태의 대륙 분포가 되었다. 기후는 대체로 온난하였으나 제3기 말부터 기온이 내려가기 시작했고, 제4기 초부터 빙하 시대가 시작하여 지금까지 네 번의 빙하기와 세 번의 온난한 간빙기가 반복되었다.

약 2,000만 년~400만 년 전, 한반도의 동쪽에는 얕은 바다가 존재했는데, 이곳으로 강과 하천이 흘렀으며, 주변의 호수 지역에는 자갈이나 모래 그리고 진흙으로 된 퇴적물이 쌓였던 것으로 추정된다. 가끔씩 화산으로부터 용암이 분출하여 현무암 지대를 형성하기도 했다. 그래서 오늘날 퇴적층 사이로 화산으

1 포항 달전리의 주상절리는 옛날 채석장에서 발견되었는데 신생대 제3기 말에 분출한 현무암에 발달한 것이다. 규모는 높이 20m, 길이가 약 100m이다.

2 한국지질자원연구원 야외 전시장의 주상절리. 암석이 규칙적으로 갈라져 기둥 모양을 이룬 것으로 마그마가 지표 암석의 갈라진 틈을 뚫고 들어오면서 형성된 것이다.

로부터 흘러들어 와 만든 육각형의 현무암들이 마치 자연이 만든 조형물처럼 드러나기도 하는데, 포항의 달전리 주상절리가 그 대표적인 예다. 포항의 주상절리는 마치 대나무들이 가지런히 놓여 있는 듯한 모습을 하고 있다. 5각형이나 6각형의 돌기둥들이 수직으로 나열되어 있는 모습을 보면 공존할 수 없는 물과 불이 만들어 낸 자연의 아름다움에 다시 한 번 놀라게 된다.

신생대 제3기 동해가 열리다

길이 끝나는 곳에서 길은 다시 새로운 길로 연결되지만, 바다는 끝이 없고 그 경계를 찾기란 매우 어렵다. 그렇기 때문에 모든 바다의 길은 어디서 어떻게 시작되었는지를 살펴보는 것이 중요하다. 잊혀질 만하면 다시 떠오르고, 큰 관심 속에서 논의가 불거지면 또다시 잠잠해지는 것이 동해를 사이에 둔 일본과 우리나라와의 분쟁이다. 한국에서는 동해라 부르는 것을 일본에서는 일본해라 주장하기 때문이다. 서로 수백 년이 지난 고지도를 들고 나와 자신들의 주장을 입증하려고 하니, 어쩌면 이 논쟁은 바다를 사이에 둔 두 나라의 되풀이되는 운명일지도 모른다.

이런 논쟁의 원인을 제공한 것은 신생대 제3기 때 있었던 지질학적인 사건이다. 신생대 제3기부터 동해가 형성되기 시작했고, 일본이라 불리는 나라의 땅도 한반도에서 떨어져 나갔기 때문이다. 그 전에 일본은 아시아 대륙의 끝에 존재하고 있는 한반도와 붙어 있었으며, 두 나라를 가르는 동해도 없었다.

사실 동해는 남해나 황해와는 출신 성분부터가 다르다고 할 수 있다. 남해와 황해가 대륙 지각의 낮은 곳을 바닷물이 채워 만든 바다라면, 동해는 판과 판이 마주치는 지각변동 과정에서 탄생한 것이기 때문이다.

◎ 양산단층이 나타난 인공위성 사진

동해는 약 4,000만 년 전 남극 대륙에서 떨어져 나온 인도-오스트레일리아 판이 유라시아 판과 충돌한 데서 열리기 시작했고, 약 2,300만 년~1,800만 년 선 사이 일본이 아시아에서 떨어져 남쪽으로 이동하면서 오늘날 동해의 밑바닥을 이루는 해양분지가 생겨났다고 한다. 이때 한반도에서는 양산 단층을 따라 경주, 울산, 부산 지역의 일부가 남쪽으로 미끄러져 내려오는 변동이 일어났으며, 그 뒤 부채꼴 모양의 동해와 활처럼 휜 일본 열도가 탄생하게 된 것이라는 주장이 제기되었다.*

이러한 사실은 동해의 밑바닥이 주로 해양 지각으로 되어 있다는 사실과 한반도 남동부를 찍은 위성 사진을 보면 잘 알 수 있다. 자로 잰 듯 길고 곧바른 직선의 계곡이 잘 발달해 있으며, 경주에서 양산을 지나 부산에 이르는 곳에 양산 단층이라는 이름으로 불리는 단층이 발달해 있기 때문이다. 그리고 호미곶 뒤에 있는 포항을 중심으로 동해안에 분포하는 신생대의 암석과 동해의 깊은 바다에서 발견되는 암석들 그리고 그 안에 숨어 있는 화석들에 공통점이 있다는 사실에서 그 근거를 찾을 수 있다.

---

* 한국해양연구소 윤석훈 박사 논문에서 인용.

한반도 신생대 화석의 보물 창고, 포항분지

포항 하면 제일 먼저 떠오르는 것이 바로 제철산업이다. 하지만 우리나라의 대표적인 제철도시인 포항이 신생대 화석의 보물 창고였다는 사실을 아는 사람은 의외로 드물 것이다. 두드리면 두드릴수록 단단해지는 철과 오랜 인고의 시간을 지나 만들어진 화석은 어쩌면 그 태생이 같은 성질의 것일지도 모른다. 그래서 포항의 화석들은 쉽게 부서지는 신생대의 암석들 사이에서도 그 모습을 면면히 유지해 오고 있었던 것은 아닐까.

한반도를 이루는 땅은 대부분 중생대 백악기 이후 육지화되어 퇴적 환경이 좋지 않아 신생대 퇴적 지층의 분포는 매우 빈약하다. 그래서 신생대 제3기층은 동해안을 따라 소규모로 분포한다. 이들 분포지 중 대표적인 지역이 포항분지다. 포항분지에서 발견되는 신생대 제3기의 암석은 대개 회색을 띠며 단단하게 굳어 있지 않아 시루떡처럼 무르고 잘 쪼개진다. 그래서 지역 주민들은 '떡돌'이라고 부르는데, 사실은 셰일이라고 불리는 퇴적암이 층을 이루며 붙어 있는 것이다.

포항분지의 떡돌 속에는 다양한 화석이 발견되어 포항은 한반도에서 신생대 화석이 가장 많이 출토되는 곳으로 '신생대 화석의 보물

○ 떡돌이라고 불리는 셰일층. 사진은 포항시 장기면 금광리의 셰일층의 노두이다.

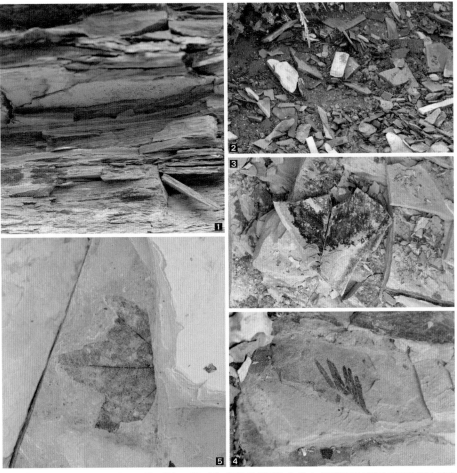

1 마치 오래된 고서를 쌓아 놓은 듯 얇은 셰일로 이루어진 셰일층을 발견할 수 있다. 100원짜리 동전과 비교해 보면 얼마나 얇은 층으로 되어 있는가를 알 수 있다.

2 시냇가 주변에는 가볍고 만지면 금방 부서지는 셰일들이 널려 있었고, 그 사이에서 여러 종류의 신생대 식물 화석들을 발견할 수 있었다.

3 목련 화석. 검은색으로 보이는 것은 나뭇잎이 탄화되었기 때문이다.

4 소나무 잎 화석. 오늘날의 소나무보다는 잎이 다소 넓어 보이는 것으로 보아 당시에는 기후가 지금보다 조금 온화했던 것으로 추정된다.

5 단풍나무 잎 화석. 셰일층에 포함되어 있는 것을 밑에서 위로 촬영한 것이다. 옆에 얇은 셰일의 층이 겹쳐져 있는 것을 알 수 있다.

창고'라고 할 수 있는 곳이다. 포항 시내에서 남쪽으로 포항 낭항을 지나 구룡포로 가는 길목인 장기면 금광리를 가면 이 말을 실감할 수 있다. 포장도로 왼쪽으로 있는 조그만 냇가를 따라 올라가면 묽은 갈색을 띤 셰일층이 나타나는데, 식물 화석이 지천으로 널려 있다고 할 정도로 많다. 일반인들이 위치를 잘 몰라 아직 훼손 정도가 심하진 않았지만, 자연과 잘 어울리도록 개발한다면 훌륭한 신생대 화석 탐사 지역이 될 수 있는 곳이라는 생각이 들었다.

또한 포항시 영일군 흥해읍의 천곡사 부근의 지층(천곡사층)은 역암, 이암, 사암으로 구성되어 있는데, 특히 조개류 화석이 많이 발견된다. 포항분지에는 식물 화석에 비해 동물 화석이 산출되는 곳이 더 많은데, 그것은 이 지역이 육지였던 시간보다 바닷속이었던 기간이 더 길었기 때문이다. 또한 포항분지에서 육지에서 사는 식물 화석과 바다에서 사는 동물 화석이 같이 나오는 것은 당시 포항 일대 지역이 육지와 바다가 만나는 접경에 위치했기 때문으로 추정된다.

탐사 당시 천곡사 주변 지역은 공사 중이었고, 근처에서 화석을 발견하기는 쉽지 않았다. 대신 이곳에서 출토된 조개류 화석이 포함된 암석을 전시하고 있는 대전 한국지질자원연구원의 야외 전시장을 가서 보면, 자갈 대신 조개나 소라껍질을 섞어 콘크리트를 비벼 놓은 것 같은 착각을 일으키게 하는 역암 덩어리를 볼 수 있다. 학자들의 연구에 따르면 포항과 울산 지역에서는 고래에서 유공충에 이르기까지 매우 다양한 동물 화석이 발견되어 현생 바다 동물의 대부분이 나타난다고 하는데, 이들 화석에 대한

❍ 신생대 제3기 마이오세 때의 한반도 모양. 붉은색 부분은 육지, 파란색 부분은 바다. 포항분지 지역이 육지와 바다의 접경에 위치했던 것을 확인할 수 있다.

연구나 관리 역시 식물 화석의 경우처럼 소홀하다. 포항 지역에 제대로 된 신생대 박물관이 설립되어 화석들을 보호하고 연구할 수 있는 기회가 많아져야 할 것이다.

포항은 잠든 생명체들의 땅이다. 신생대에 한반도를 누비던 많은 생명체들이 고스란히 포항의 흙 속에서 숨을 쉬고 있다. 현재를 사는 우리는 머나먼 과거의 일들을 상상하기 힘들다. 고대의 바다와 육지가 변해 온 길들이 어떻게 지금의 모습이 되었는지 관심을 갖지 않는 이상, 과거의 비밀은 그렇게 땅속에서 몸을 숨기고 있다. 오직 지나온 길들에 마음을 열어 둔 이들만이 포항의 현재와 미래를 새롭게 만날 수 있을 것이다. 지금은 화석이 되어 버린 고대의 그들을 마주하면서 우리의 삶도 어쩌면 처음부터 다시 시작해야 할 새로운 이정표로 향해 있을지 모른다는 생각을 하게 된다.

1 천곡사층을 이루고 있는 역암층. 굵은 자갈이 포함된 지층은 역암이며 그 아래 사암층이 잘 발달되어 있다.
2 한국지질자원연구원 전시장에 전시되어 있는 포항의 조개류 화석들.

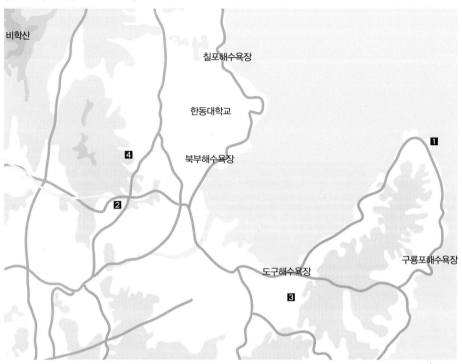

비학산

칠포해수욕장

한동대학교

북부해수욕장

4

2

도구해수욕장

1

구룡포해수욕장

3

1 호미곶 **2** 달전리 주상절리 **3** 장기면 금광리 셰일층 **4** 영일군 흥해읍 천곡사, 천곡사층

"용암과 화산재가 함께 빚은 고을
경상북도 청송"

12

주산지의 왕버들. 경상북도 청송군 부동면에 있는 주산지는 사람이 만든 가장 아름다운 호수다.
일반인들에게는 영화 〈봄 여름 가을 겨울 그리고 봄〉의 촬영지로 널리 알려졌고
연령이 오래된 능수버들과 왕버들 등이 물 아래로 뿌리를 내리고 있어 색다른 느낌을 준다.

...

맑고 깨끗하다는 말이 이렇게 어울리는 고장이 더 있을까?
자연이란 그 어떠한 인공적인 것도 첨가되지 않은 순수한 상태 그대로일 때가
가장 아름다운 모습일 것이고 우리는 그러함을 가리켜 '자연스럽다' 는 표현을 쓴다.
확실히 자연은 자연스러울 때가 가장 바람직한 것이다.
경상북도 청송은 이러한 자연스러움에 더 이상의 어떤 수사도 필요치 않은 곳이다.

...

주왕의 전설이 깃들어 있는
주왕산(周王山) | 청송靑松에 대하여 알려져 있는 건 거의 없다고 보아

도 무방하다. 기껏해야 청송교도소나 주왕산 단풍 등으로 알려져 있기는 하지만 이마저도 단편적일 뿐 사람들에게 청송은 거의 오지나 다름없다. 청송은 거친 산악이 많은 지방으로 『신증동국여지승람』에 "소헌왕후의 본향이므로 일찍이 현縣을 올려서 군郡으로 하였으나 땅이 구석지고 으슥하여 사신이 오는 일이 드물다."고 기록할 정도로 외진 곳이기도 하다.

수치로만 보면 서울에서부터의 거리는 부산이나 목포가 더 멀기는 하겠지만 교통의 불편함이나 산세의 험준함으로 따지면 청송이야말로 서울에서 가장 가기 힘든 곳으로 손꼽을 만하다. 실제로 가 보면 고을 이름에서도 알 수 있듯이 푸른 소나무가 거친 산세를 덮고 있어 거칠다는 느낌보다는 오히려 아늑하다는 느낌을 더 많이 주는 곳이다.

특히 동쪽에서 이어져 오는 태백산맥 끝자락에 위치한 주왕산은 중생대가 끝나 갈 무렵에 활발했던 화산활동의 결과로 만들어진 산으로 곳곳에 바위가 솟구쳐 비경을 이루고 있다. 최근에는 사람의 손으로 만들어진 가장 아름다운 호수라 불리는 주산지가 영화 촬영지로 유명세를 타면서 많은 관광객들이 많이 찾아오는 곳이 되어 관광도시로 탈바꿈하고 있는 중이다.

경상북도 청송에 자리 잡고 있는 주왕산은 해발 약 721m로 다른 국립공원들에 비하면 매우 나지막한 산이다. 멀리서 보면 푸른 소나무[靑松]들이 거친 바위를 숨기듯 덮고 있어 여느 산과 크게 달라 보이지도 않는다. 그런데 주왕산은 설악산이나 월출산과 어깨를 나란히 하는 우리나라 3대 암산岩山 중 하나다. 이러한 사실은 주왕산 안으로 들어가 보면 확인할 수 있다. 장대한 규모를 가진 바위들이 여기저기에 우뚝 솟아 있기 때문이다.

1 주왕산 제1폭포로 올라가는 길에 우뚝 서 있는 시루봉. 마음씨 좋은 할아버지 얼굴 같기도 하지만 떡을 찌는 시루와 닮았다고 하여 시루봉이라고 부른다. 옛날에 한 도사가 시루봉 위에서 도를 닦고 있는 모습을 보고 길을 지나던 선비가 불을 지펴 주었다는 전설이 전해지고 있다.

2 주왕굴. 주왕이 피신했다고 전해지는 암굴이다. 높이는 약 5m, 너비는 약 2m로 그렇게 크지 않다. 왼쪽으로 폭포처럼 흐르는 물이 있는데 주왕은 이 물에 세수를 하기 위해 나왔다가 화살에 맞아 최후를 맞았다고 한다.

하지만 우뚝 솟은 봉우리가 거칠고 사납게만 느껴지지는 않는다. 그 모양이 사람을 닮았고 장군의 깃발을 닮았고 떡을 찌는 시루를 닮아 이들이 주위 산세와 잘 어울려 기묘한 절경을 이루고 있어서다. 마치 아름다운 조각 전시장을 방문하는 느낌을 갖게 한다. 그래서 주왕산을 찾는 이들은 주왕산을 두고 호쾌하나 험준하지 않고 웅장하나 모나지 않은 산이라고 말하곤 한다.

주왕산은 속세에 큰 난리가 났을 때 겹겹이 병풍을 친 듯 커다란 바위들이 천혜의 요새가 되어 힘없는 백성들을 품어 보살펴 준 일이 여러 번 있었다 하여 처음에는 석병산石屏山으로 불렸다. 그런데 나중에 주왕산으로 불리게 된 데에는 가슴 아픈 전설이 깃들어 있다.

때는 바야흐로 지금으로부터 1,200여 년 전의 일이었다. 중국 당나라 덕종 15년(799년, 신라 소성왕

1년)에 진(晉)나라의 후예 주노(周鐃)라는 사람이 스스로 주왕이라고 칭하며 진나라의 복원을 꿈꾸며 반역을 꾀했다. 하지만 주도는 당나라 군사들에게 패하여 부하들과 함께 쫓기고 쫓겨 신라 땅 청송의 석병산까지 오게 되었다. 그는 석병산의 천연 동굴에서 숨어 지내며 내일을 도모하였다.

그러던 어느 날 아침이었다. 주도는 동굴 입구의 벼랑에서 떨어지는 물줄기에 세수를 하러 나왔다가 그만 신라왕이 보낸 장군이 쏜 화살에 맞아 안타까운 최후를 맞이했다. 그 후 주왕의 죽음을 달래기 위해 석병산을 주왕산이라고 부르기 시작했다고 한다. 그래서인지 지금도 주왕산 곳곳에는 주왕과 관련된 슬픈 이야기의 흔적이 여러 곳에서 남아 있다.

○ 주왕산 계곡. 주왕산은 특이한 산세를 지닌 산이다. 양쪽으로 늘어선 거대한 바위 절벽들이 금방이라도 무너질 것 같아 두려움을 주기도 한다. 그러나 가을에는 선선한 가을바람과 알맞게 얼룩진 단풍으로 연간 60만 명 이상의 사람들이 찾는 곳이다.

복잡한 화산활동으로
형성된 주왕산 | 주왕산 산행을 하다 보면 거대한 바위 절벽이 계곡
양쪽으로 울타리처럼 늘어서 있음을 알 수 있다. 때문에 나지막하게 소리를 쳐
도 메아리가 웅장하게 울리고 그 사이에 있으면 과연 천혜의 요새답다는 생각
이 든다.

특히 주왕산 국립공원으로 들어가는 초입에 떡 버티고 서 있는 거대한 바위
봉우리를 보면 더 그런 생각을 하게 된다. 바위 봉우리의 이름은 기암旗巖, 즉 깃
발바위다. 옛날 주왕산에 숨어 지내던 주왕의 군대를 무찌른 신라의 병사들이
이곳에 대장기를 세웠다고 해서 붙여진 이름이라고 한다. 그래서 『택리지』의
이중환은 이 주왕산을 보고 나서 "돌로만 골짜기를 이루어 마음과 눈을 놀라게
하는 산"이라고 했으며, 조선시대 사람들은 이 산을 조선8경 가운데 하나로 꼽
았다.

이중환의 말처럼 돌로 이루어진 주왕산은 언제 어떻게 만들어진 것일까? 지
질학자들의 연구에 따르면 주왕산은 다른 산들보다는 조금 복잡한 구조로 되어
있다는 것을 알 수 있다.

● 손 영 운 의 **과 학 지 식**　　　　　　　　　　　　**경상분지와 이자나기 판**

- **경상분지** : 지금으로부터 약 1억 년 전인 중생대 백악기 때 한반도 전체적으로 지각변동이 있었는데 일부
  지역은 융기하고 일부 지역은 함몰하여 저지대가 되었다. 이 저지대로 강물이 흘러들면서 한반도 남부 지
  역에 크고 작은 호수가 생겼는데 그 호수에 흘러들어 온 퇴적물로 형성된 것이 경상분지다.
- **이자나기 판** : 이자나기는 일본 신화에 나오는 남성 신의 이름이고 일본 동쪽에 위치한 작은 지각 판을
  가리킨다.

우선 수왕산의 뿌리는 경상분지에 박고 있다. 경상분지는 경상남북도에 걸쳐서 나타나는 지질로 중생대 백악기 무렵에 형성된 퇴적암과 화성암이 주를 이루는데 경상분지는 유라시아 판의 끝부분에 해당한다.

이 경상분지 밑으로는 백악기 때 일본의 동쪽에 자리 잡은 해양 지각인 이자나기 판이 섭입했고 판의 마찰로 인한 화산활동이 왕성하게 일어나게 되었다. 그 결과 경상분지 내 여러 곳에서 화산이 분출하게 되어 지금의 청송군 영덕군 영천시 포항시 인근 지역에 화산암이 널리 분포하게 된 것이다.

주왕산도 당시에 있었던 화산활동의 결과로 형성되었다. 주왕산의 비경을 이루고 있는 기암인 급수대, 학소대 등의 봉우리를 연구해 보면 대부분이 화산활동의 결과로 형성된 암석이기 때문이다. 주왕산의 가장 아래에 있는 화산암은 주왕산 입구에 있는 절인 대전사의 이름을 빌어 대전사 현무암이라고 하는데 그 위로 안산암이 덮고 있으며 다시 그 위로 유문암질 응회암이 덮고 있는데, 이를 주왕산 응회암이라고 한다. 물론 다시 그 위로 여러 차례의 화산활동으로 생성된 퇴적암과 용암이 덮고 있다. 이

○ 급수대. 신라 37대 선덕왕이 후손이 없어 무열왕의 6대손인 김주원을 왕으로 추대했는데 이를 반대하는 세력이 김경신을 왕으로 옹립하기 위해 난을 일으키자 김주원이 왕위를 양보하고 주왕산으로 피해 대궐을 건립한 곳이라고 한다. 급수대 위에서 물을 구하기 어려워지자 계곡의 물을 퍼 올려서 식수로 사용하여 급수대라고 부르게 되었다고 한다. 하단부를 자세히 보면 화산암에서 잘 발달하는 주상절리를 관찰할 수 있다.

1 마치 근엄한 아버지의 얼굴 모양을 한 학소대는 절벽 위로 청학과 백학 한 쌍이 둥지를 짓고 살았다 하여 학소대라고 불린다.

2 주왕산 제2폭포. 학소대와 병풍바위를 지나면 제1폭포를 만난다. 그곳에서 약 2km 떨어진 곳에는 2단 폭포로 낮은 두 개의 폭포가 장관을 이루며 물줄기가 흘러내리고 있다. 안동대학교 황상구 교수에 따르면 주왕산 지역은 폭발성이 강한 산성 화산암류가 분포하는 지역이며 주상절리가 잘 발달하는 회류 응회암의 특성으로 주왕산 여러 곳에 폭포가 발달한다고 한다.

3 주왕산에서 볼 수 있는 주상절리. 주왕산 곳곳에서 사진과 같은 주상절리를 볼 수 있다. 주상절리의 층이 여러 개인 것으로 보아 여러 번의 화산 분출로 용암이 흘렀다는 것을 알 수 있다. 주왕산의 절경을 만든 비밀의 배후에는 이러한 주상절리가 있다.

를 볼 때 주왕산은 여러 차례의 화산활동으로 분출한 용암과 화산활동의 결과로 퇴적된 응회암이 겹겹이 쌓여 형성된 것으로 볼 수 있는데, 어떤 지질학자는 주왕산 근처에서 약 아홉 차례의 화산활동이 있었다고 주장한다.

주왕산 화산 지대를 말할 때 특히 강조되는 지질 용어가 있는데, 바로 회류 응회암回流湖灰岩이다. 일반적으로 응회암이라고 하면 화산재가 쌓여 형성된 퇴적암을 가리킨다. 하지만 회류 응회암은 형성 과정이 조금 다르다. 회류 응회암은 겉보기에 용암과 구별하기 어려운, 휘발성 물질을 많이 함유한 산성질 마그마가 지표로 분출할 때 화구로부터 뿜어져 나온 뜨거운 화산재가 공중으로 높이 솟구치지 못하고 지면을 따라 용암과 함께 빠르게 흘러내리면서 형성된 암

○ 연화봉과 병풍바위. 왼쪽에 있는 것이 연화봉이다. 생긴 모양이 연꽃 같다 하여 붙여진 이름이고 오른쪽이 병풍바위이다. 그런데 자세히 살펴보면 윗부분이 평평하다. 대부분의 봉우리가 뾰족한데 주왕산의 봉우리나 바위들은 위가 뭉툭하다. 이런 모습은 시루봉이나 학소대, 급수대도 마찬가지다. 이것은 주왕산이 한때 평지였다가 위로 융기했다는 증거가 된다.

석이다.

이렇게 흘러내린 용암은 그 양이 아주 많고 300℃~800℃의 높은 온도를 유지하기 때문에 주위의 화산 분출물을 집어삼키며 단단한 암석으로 굳는다. 화산암의 특성상 냉각되는 동안 체적이 줄어 마치 가뭄 때 마른 논바닥 갈라지듯 주로 수직 방향으로 좁고 긴 균열을 형성하여 주상절리가 잘 발달하게 되었다. 주상절리 틈새로 물이 흘러들어 침식이 이루어졌고, 길고 높은 기둥 모양의 바위와 폭포를 형성했는데, 주왕산은 이러한 주상절리의 차별침식의 결과로 멋있는 바위산이 된 것이다.

한편 주왕산을 이루는 회류 응회암이 흘러와 쌓일 당시에는 이 지역이 주변 지역보다 낮은 평평한 지대였다. 또한 위가 뾰족한 채로 굳어지는 액체는 없는 법이고 따라서 뜨거운 화산재 용암이 층을 이루며 굳으면서 평지를 형성했을 것이다. 그러나 약 7,000만 년이라는 긴 세월은 나머지 지역을 침식시키고 저지대에 단단하게 버티고 있는 회류 응회암만 남긴 것으로 보인다. 그 후 이 지역이 융기하면서 오늘날과 같은 주왕산이 되었다. 주왕산의 주인 노릇을 하는 바위들의 머리가 모두 뭉툭하게 잘려 나간 모습으로 되어 있는 것도 이 까닭이다.

화산활동이 만든 꽃돌
청송 구과상(球菓狀) 유문암 | 청송 지역에서는 국내외적으로

희귀하며 매우 다양하고 아름다운 형태를 보여 주는 '꽃돌'이라는 이름을 가진 구과상 유문암들이 맥의 형태로 산출된다. 청송의 구과상 유문암은 약 5,000만 년 전 퇴적암 사이의 틈을 비집고 관입한 유문암 암맥에서 산출된 것으로 활발한 화산활동의 중요한 흔적이다.

일반직으로 꽃무늬를 갖는 암석은 산성의 마그마가 시표 얕은 곳까지 올라와 빠르게 냉각될 때 형성된다. 마그마가 지하에서 천천히 식을 경우에는 각 단계의 온도에 맞는 결정이 만들어진다. 그런데 냉각 속도가 빠를 경우에는 특정 성분이 과포화되어 일부 광물은 성분이 잘 공급되는 방향으로 빠르게 성장하여 꽃무늬 모양을 형성하는 것이다.

청송의 꽃돌은 암맥의 상부로 갈수록, 즉 지표면에 가까울수록 꽃무늬가 다양하고 정교해진다. 그 이유는 마그마에서 빠져나온 수증기를 비롯한 여러 성분의 기체가 갇혀서 기포를 형성하고 식는 동안에 외곽에서부터 내부로 결정이 성장하기 때문이다. 그러므로 상대적으로 천천히 식는 중앙에 꽃무늬가 형성되며 해바라기 무늬는 바깥 부분에서 안쪽으로 광물이 반복적으로 형성되어 만들어지는 것으로 짐작된다. 하지만 청송의 구과상 유문암은 다른 지역에 비해 매우 다양한 형태의 구상 조직을 가지고 있기 때문에 그 형성 과정이 훨씬 복잡할 것으로 추정된다.

1 구과상 유문암으로 만든 꽃돌. 구과상 유문암은 풍화작용을 잘 받는다. 따라서 지표가 노출된 곳에서는 발견하기 어렵지만 땅속에는 신선한 상태로 많이 있다. 가까운 일본에서는 꽃돌의 아름다움을 인정하여 천연기념물로 지정하고 있는데 우리나라는 이에 대한 인식이 부족하여 일반인들이 함부로 캐서 기념품으로 제작하여 판매하고 있는 실정이다.
2 꽃돌을 만드는 원료가 되는 구과상 유문암. 암맥 근처에서 캔 것이다.

    한때 화산활동이 활발했던 곳에서는 청송의 꽃돌과 같은 종류의 돌을 찾아볼 수 있는데 대표적인 곳이 부산 재송동과 반여동 장산 기슭이다. 장산 꽃돌로 알려진 것 역시 구과상 유문암이다. 그 외에도 밀양 원동 일대에서 발견되는 매화석도 같은 종류다.

마음을 씻고 갓끈을 씻는 곳, 백석탄

청송군 안덕면의 신성교에서 백석탄까지 이어진 약 20리의 물길을 신성계곡이라고 하는데, 주변에 유난히 아름다운

● 방호정. 조선시대의 학자 학봉(鶴峯) 김성일(金誠一, 1538∼1593)은 이곳을 보고 '산골짝은 첩첩이 겹쳤는데/시냇물은 몇 굽이를 흐르느냐/외딴 마을은 골짝 어귀에 있고/높은 정자는 바위머리에 솟았다'고 노래했다. 그가 말한 바위머리의 두께와 지층의 수를 보면 이 지역에 흘렀던 용암의 양과 화산활동의 규모를 짐작할 수 있다.

곳이 많다. 차고 맑은 물속에는 1급수에나 사는 민물고기가 서식하고 있고 다슬기도 많이 있어 아낙네들이 틈이 나면 다슬기를 채취하러 물로 들어간다.

신성계곡의 머리 부분에 방호정方壺亭이 있다. 방호정은 조선 중기의 학자인 방호方壺 조준도趙遵道 1576~1665가 44세의 나이로 돌아가신 어머니 안동 권씨를 사모하는 마음으로 어머니의 묘가 보이는 이곳에 정자를 세웠다고 전해진다. 방호정 주위를 굽이 돌아가는 물줄기 옆 절벽에서는 오래전 이 지역을 덮었던 용암과 화산 분출물로 형성된 퇴적암 지층을 살펴볼 수 있다. 이들은 모두 서로 다른 시대에 형성된 지층들로 풍화작용의 속도가 각각 다른데, 현재 지표에 노출된 것들은 그중에서도 특히 풍화작용에 약한 지층들이라고 할 수 있다.

◐ 백석탄과 포트홀. 백석탄 일대에는 응회암 암반 위로 세찬 물이 흐르면서 함께 운반된 작은 자갈이 물의 와류작용으로 하천 바닥을 마식하여 형성한 구멍을 여러 곳에서 볼 수 있다. 일명 항아리바위라고도 불리는 포트홀은 백석탄 외에도 가평의 명지계곡 등에서도 볼 수 있다.

방호정에서 북쪽으로 물줄기를 따라 하류 쪽으로 조금만 이동하면 새하얗게 빛나는 바위들을 만날 수 있다. 햇빛이 밝은 날 가면 눈이 부셔 제대로 볼 수 없고 카메라로 사진을 찍을 때 노출을 조절하지 않으면 제대로 사진도 찍을 수 없을 정도다. 그래서 이름도 백석탄白石灘이다. 풀이하면 '하얀 돌이 반짝거리는 내'라는 뜻이고, 백석탄과 어우러지는 주위 풍광이 얼마나 고왔으면 마을 이름도 고와리다.

　　백석탄을 보면 마치 강원도 영월의 요선암을 보는 듯하고 곳곳에 잘 발달한 포트홀pot hole도 닮은꼴이다. 하지만 바위를 구성하고 있는 암석은 다르다. 영월의 요선암은 화강암으로 되어 있고 청송의 백석탄은 응회암으로 되어 있다. 그러나 아주 오랜 세월 동안 작은 자갈과 물이 정성스럽게 씻고 다듬어 만든 곳이라는 점에서는 공통점이 있다.

고택으로 가는 길에서 만난 옐로스톤

청송을 들르는 사람들이 가장 즐겨 찾는 곳 중 하나가 송소고택이다. 송소고택은 총 7개 동 99칸으로 되어 있는데 조선시대의 전형적인 부잣집의 형태를 잘 간직하고 있다. 현재 이곳은 고택 체험이 가능하도록 숙박 시설로 운영되고 있는데 비가 오는 날 처마 끝에서 흘러내리는 빗방울을 보면서 새벽을 맞이하는 멋이 무척 색다른 곳이다.

　　송소고택으로 가는 길 도중에 오른쪽을 잘 살피면 노란색으로 된 유문암 하상 절벽을 볼 수 있다. 변산반도의 적벽강에 있는 유문암 해안절벽과 흡사하고 멀리서 봐도 잘 발달된 유문암 주상절리를 관찰할 수 있다. 이것을 보면 청송을 왜 한국의 옐로스톤이라고 할 수 있는지 알 수 있다. 청송 일대의 화산 지대는

■1 송소고택. 경북 청송군 파천면 덕천리에 위치한 경상북도 민속자료 제63호. 조선 영조 때 만석의 부를 누린 심처대의 7대손 송소 심호택이 지은 것으로 알려져 있다.

■2 유문암 하상 절벽. 백석탄이 있는 고와리에서 북쪽으로 안덕면을 지나 송소고택으로 가는 길을 가는 도중에 사과 농원과 논이 있는데, 그 건너에 드러난 유문암 하상절벽이다. 햇빛이 좋은 날 보면 노랗게 빛나는 것이 말 그대로 옐로스톤이다.

미국의 옐로스톤 국립공원과는 형성된 시기에는 조금 차이가 있지만 형성 과정이 거의 같고 구성하는 지질이 유사하기 때문이다.

새벽이 아름다운 호수, 주산지(注山池)

주산지는 조선 숙종 때인 1720년에 쌓기 시작하여 경종 때인 1721년에 완공된 저수지로 규모가 제법 커 사람들에게는 호수로 널리 알려진 곳이다. 주산지는 주왕산 연봉에서 뻗친 울창한 수림으로 둘러싸여 아늑한 분위기를 연출하며 찾는 이들로 하여금 한가한 마음을 갖게 해 준다. 특히 가을 새벽에 찾으면 왕버들이 있는 물 위로 피어오르는 안개와 더불어 환상적인 아름다움을 보여 주는 곳이기도 하다. 이러한 까닭으로 청송을 찾는 이들이 반드시 살펴보고 가는 곳이 되었다.

한편 주산지는 다양한 야생 동물의 서식지이기도 하다. 천연기념물인 수달, 솔부엉이, 소쩍새, 원앙 등이 살고 있기 때문이다. 그리고 주산지가 있는 근처

를 자세히 살펴보면 역시 화산활동의 흔적을 여기저기에서 발견할 수 있어 청송이 우리나라의 대표적인 화산 지역 중 하나임을 쉽게 알 수 있다.

청송으로 가는 길이 쉽지는 않다. 교통편이라든가 도로 사정이 딱히 수월한 편은 아니지만 그 여정 자체를 즐기면서 간다면 청송 가는 길이 그리 나쁜 것만은 아니다. 여행이란 그런 것이 아닐까? 결과보다는 과정을 목적으로 삼는 일이 여행의 본질이라 할 수 있으므로.

○ 주산지에서 볼 수 있는 화산활동의 흔적. 주산지 근처의 길바닥과 길가에는 회류 응회암의 특징을 살필 수 있는 바위들이 흔하다. 암석들을 자세히 살펴보면 속에 여러 종류의 화산 쇄설물이 포함되어 있다. 아래의 사진은 마치 피카소가 만든 조각품처럼 보인다.

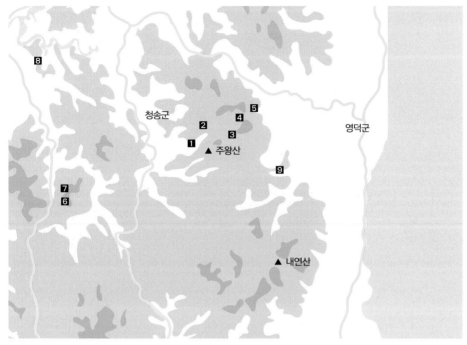

청송군

영덕군

▲ 주왕산

▲ 내연산

1 대전사 **2** 기암 **3** 급수대 **4** 학소대 **5** 제2폭포 **6** 방호정 **7** 백석탄 **8** 송소고택 **9** 주산지

13

강물의 힘이 만들어 낸
경상북도 안동

부용대에서 내려다본 안동 하회 마을. 안동을 지나는 낙동강은 북동쪽에서 남서쪽 방향으로 큰 흐름을 가진다.
하지만 하회에 이르면 물의 흐름은 동쪽에서 서쪽으로 잠시 방향을 바꾼다. 그러다가 S자 모양으로 물돌이를 한 후에 다시
서쪽에서 동쪽으로 흐른다. 그래서 "낙동강 700리에 물이 동쪽으로 거슬러 흐르는 데는 하회밖에 없다."는 말이 나왔고
하회는 풍수지리학적으로 매우 특별한 곳이기도 하다.

...

'한국 정신문화의 중심지', '불교와 유교가 어우러진 문화의 고장'.
안동은 그 수식어에서도 느낄 수 있듯이 우리나라의 사상과 문화를 담고 있는 귀중한 고장이다.
안동의 옛 이름은 '두 물이 만나는 아름다운 곳'이란 의미의 영가(永嘉)였다.
지금의 안동이란 이름은 고려의 태조 왕건이 상주 출신의 후백제 견훤과 힘겨운 전투를 벌일 때로
거슬러 올라간다. 왕건은 안동의 병산에서 이 지역 호족의 도움을 받아 전투에 승리하게 되었고
그 공을 기려 영가를 '동쪽을 편안하게 했다'는 뜻의 안동이란 이름으로 바꾸었다.

...

영남 불교의 대표 주자였던 안동

낙동강 본류와 반변천이 만나는 지점에 자리 잡고 있는 안동은 고립된 지리적 특징으로 인해 나라의 어려운 순간들을 피해 가며 특유의 토착 문화를 잘 발달시킬 수 있었다. 이는 하회탈로 유명한 하회 별신굿 놀이와 성주풀이 등으로 대변되는 민족의 토착 신앙이 잘 보존되어 있는 것을 보면 알 수 있다. 또한 안동은 조선 왕조의 통치 철학이었던 유교를 한 단계 높인 성리학의 중심지였다. 퇴계 이황의 도산 서원과 서애 유성룡의 병산 서원이 그 증거다. 이쯤 되면 안동 문화권을 영남 답사 일번지로 부를 만하다.

그리고 조선시대에 유교가 자리를 잡기 전 안동은 우리나라에서 불교가 크게 번성했던 곳 중 하나였다. 이러한 사실은 안동에 흔적을 남긴 수많은 절터를 보면 알 수 있다. 옛날에는 지금보다 절이 더 많았다고 한다. 그래서 안동에서는 비 오는 날에도 절의 추녀 밑으로 비를 피하며 버선발로 다닐 수 있을 정도였다고 한다. 지금 안동역이나 안동 시청 자리가 모두 절터였으니 안동은 어디를 가나 절이었을 것이다.

○ 신세동 7층전탑. 우리나라에서 가장 크고 오래된 전탑으로 국보 제16호다. 기단부는 완전히 훼손되었고 한 면에 6장씩 팔부신중이나 사천왕 등을 새긴 면석을 붙였는데, 북쪽 면에는 이나마도 붙어 있지 않고 시멘트로 보강되어 있다. 기단부의 높이로 보아 지금보다 훨씬 규모가 컸을 것으로 추정되지만 원형을 확인할 길이 없다.

안동에 불교가 융성했던 것은 통일신라시대부터였다. 안동에서 통일신라시대 불교의 흔적을 가장 잘 간직하고 있는 것은 전탑塼塔이다. 전탑은 벽돌로 쌓은 탑을 말하는데 본래 중국 양식이다. 오늘날 안동에 보존되어 있는 전탑은 모두 4기인데 8세기 이후에 건립된 것으로 추정된다. 이 시기는 의상 대사가 중국에서 돌아와 경북 영주에 부석사를 창건하고 이곳을 우리나라 화엄종의 중심으로 만들어 새로운 불교 운동을 일으켰던 시기와 비슷하다. 그러므로 안동에 남아 있는 통일신라시대의 전탑들은 당시 중국으로부터 받아들인 새로운 문화 그리고 이를 기초로 경주에 자리 잡고 있던 기존의 토착 불교 세력과 대립하려는 지방 불교 세력을 상징하는 것이었다.

당시 안동 불교의 교세가 얼마나 컸는지는 봉정사鳳停寺에 가면 짐작할 수 있다. 봉정사는 신세동 7층전탑에서 북쪽 방향에 있는데 안동에서 가장 큰 절이다. 봉정사에는 신라 문무왕 12년(672년)에 의상 대사가 영주에 있는 부석사에서 종이로 봉鳳을 만들어 날렸는데 종이 봉이 날아와 앉은 곳에 절을 지었다는 전설이 전해진다. 하지만 봉정사의 건축 역사를 알려 주는 기록이 남아 있지 않아 누가 언제 지었는지 정확하게 알 수 없었다.

그러다가 1972년 봉정사의 극락전을 복원하던 작업 중 상량문에서 고려 공민왕 때(1363년)에 극락전을 중수했다는 기록을 발견했다. 이 기록에 따라 극락전은 건축 시기가 12세기 이전으로 추정되었고, 당시 우리나라에서 가장 오래된 목조 건물로서 국보 제15호로 지정받게 되었다. 그러나 2000년 2월 봉정사 대웅전의 지붕을 보수하던 중에 대웅전의 창건 연대를 10세기 초로 추정할 수 있는 기록물이 나왔다. 만약에 이 기록물이 사실로 인정된다면 우리나라에서 가장 오래된 목조 건물은 극락전이 아니라 대웅전이 되는 셈이다.

안동의 불교는 고려시대에도 융성했다. 거대한 규모를 자랑하는 이천동 석불

1 봉정사의 대웅전(보물 제55호). 극락전은 이 건물의 왼쪽에 있다. 얼마 전까지만 해도 극락전이 우리나라에서 가장 오래된 목조 건축물로 알려졌으나 최근에는 대웅전이 그보다 더 오래된 것으로 추정되고 있다. 더 충분한 사료가 확보되어 사실로 확정된다면 안내문을 비롯하여 역사 교과서 내용까지 바뀌게 될 것이다.

2 거대한 화강암으로 제작된 이천동 석불상. 이천동 연미사 옆에 있으며 '제비원 석불'로 더 많이 알려져 있다. 연미사는 신라 선덕여왕 3년(634년)에 창건된 절이다. 높이는 12.4m이며 턱에서 머리끝까지의 길이는 2.5m이다. 얼굴의 강한 윤곽이나 세부적인 조각 양식으로 보아 11세기 무렵에 제작된 것으로 추정된다.

상을 보면 그 사실을 잘 알 수 있다. 이천동 불상은 크게 몸체와 머리로 나누어지는데 몸체는 높은 화강암 바위 절벽에 얕은 부조로 새기고 머리는 따로 만들어 올렸다. 머리는 얼굴과 머리카락 부분을 각각 크기가 다른 화강암을 다듬어서 만든 후 조합한 것으로 보인다. 고려시대 마애석불이 대부분 그러하듯이 이천동 석불상도 인근 지역에 있는 거대한 화강암 암석을 조각하여 만든 것이다. 석불상이 있는 곳은 중생대 쥐라기가 끝날 무렵 땅속 깊은 곳으로 마그마가 관입해 식은 화강암이 넓게 노출되어 곳곳에 화강암이 풍부하다.

불상의 얼굴을 자세히 살펴보면 자비로우면서도 근엄한 느낌을 준다. 목 아래로는 바위에 마애불 형태로 몸의 윗부분을 새겨 넣었는데 아래에서 올려다보면 구슬 목걸이처럼 보이는 부분은 불상을 보수할 때 시멘트로 접합시키면서 만든 것이다. 손 모양은 양손 모두 엄지와 중지를 맞대고 있고 오른손은 아랫배에 대어 손바닥이 하늘을 향하도록 하고 왼손은 가슴 위로 올려 손등이 앞을 향하도록 했다. 불상의 풍만한 얼굴과 두꺼운 입술에 뜻 모를 미소가 감돈다. 더불어 길게 묘사된 눈과 우뚝 솟은 코는 근엄한 인상으로 여행객들을 맞이하고 있었다.

연꽃이 피어난 물 위의 마을
안동 하회 마을 | 굽이굽이 흐르는 낙동강. 그 강물이 돌고 돌아가는

하회는 안동의 대표적인 마을이다. 마을에서 강 건너 서쪽 절벽의 경치가 너무 아름다워 자신의 호를 서애西厓라고 지었던 류성룡의 이야기가 전해지며, 아름다운 경치와 더불어 많은 민속 문화재들이 존재한다. 하회 마을은 마을 전체가 중요민속자료 제122호로 지정되었고 1999년에는 영국의 엘리자베스 여왕이 다녀갔으며 최근에 방문객이 1,000만 명이 넘었을 정도다. 하회 마을에 이처럼 많은 이들이 찾아오는 이유는 이곳에서 가장 한국적인 전통과 아름다움을 느낄 수 있기 때문일 것이다. 안동의 이러한 아름다움은 자연의 힘뿐만 아니라 이곳을 지키고 발전시키기 위해 노력하는 안동 사람들의 사랑이 있기에 가능했다.

강물이 돌고 돌아 다시 제자리를 찾아간다는 것은 하회 마을의 생성과 깊은 관련이 있다. 지금의 하회 지형은 하회를 휘감아 도는 강물이 결정한다. 낙동강에서 시작되었고 화천花川이라 불리는 이 강물은 하회 마을의 앞을 유유히 흘러간다. 화천은 뱀이 휘감고 도는 모양의 물길로 사행천蛇行川에 해당된다. 사행천은 물이 굽이쳐 흘러간다는 뜻으로 곡류曲流라고도 하는데, 곡류는 크게 산간 지대를 흐르는 감입 곡류와 평야 지대를 흐르는 자유 곡류로 나뉜다. 강원도 영월 선암 마을의 한반도 모양 지형을 휘감고 도는 곡류가 감입 곡류라면 안동 하회 마을의 곡류는 자유 곡류다. 자유 곡류는 지대가 낮은 평야를 흐르는 하천 하류에 발달한 S자 모양의 유로를 말한다. 경사가 완만한 평야 지대를 흐르는 하천은 그 유속이 감소하면 약간의 장애물도 침식하지 못하고 이를 피하여 통과할 때마다 유로가 구부러져 마치 S자를 연결한 것과 같은 모양이 된다. 그렇다면 하회 마을 주변에 곡류를 만든 장애물은 무엇일까? 그것은 하회 주변을 이루고 있는 땅이 가진 지질의 차이다. 안동 주변 지역의 지도와 지질도*를 비교해 보면서 하회 마을 주변의 곡류가 형성된 과정을 생각해 보자.

지질도를 보면 안동은 매우 다양한 지질로 구성된 땅이라는 사실을 알 수 있다. 약 26억 년 전에 형성된 시생대의 변성암과 25억 년 전에서 5억 7,000만 년 전의 시기에 해당하는 원생대 때 형성된 퇴적암에서부터 시작해 고생대 때 적도 부근에서 만들어진 석회암, 중생대 때 형성된 화강암 등 지질 시대를 총망라한 다양한 암석으로 되어 있다. 물은 이처럼 다양한 지질로 된 땅 위를 쉽게 침식이 되는 약한 지질을 찾아 흐르고 상대적으로 단단한 지질은 피해 가면서 굽이가 심한 지형을 만드는 것이다.

그러면 물은 어떤 곳을 침식시키고 어떤 곳에 퇴적물을 쌓을까? 우선 임하호^{임하호}에서 나온 낙동강의 흐름을 살펴보자. 낙동강은 안동시를 지나 경북 북부청사 아래로 길게 이어진다. 이 부분은 지질도에서 굵은 검은색 선으로 표시된 단층^{안동 단층}과 일치한다. 낙동강은 단층이라는 지각변

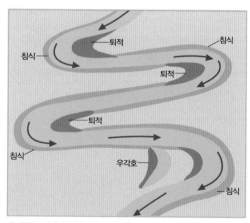

○ 곡류. 지대가 낮은 평야 지역을 흐르는 하천은 침식과 퇴적을 반복하면서 S자 모양의 지형을 만든다. 우각호는 S자 지형의 일부가 따로 떨어져 나가 마치 소뿔 모양의 호수가 된 것을 말한다.

* 한국지질자원연구원 자료에서 인용

동으로 약해진 지층의 틈을 따라 동쪽에서 서쪽으로 흐른다. 그런데 안동 단층을 따라 유유히 흐르던 강물은 단층이 끝나는 병산 서원屏山書院의 동쪽에서 단단한 퇴적암(시생대 중기에 형성된 퇴적암)을 만난다. 장애물을 만난 강물은 상대적으로 약한 곳(중생대 백악기 말에 형성된 퇴적암)을 찾아 물길을 남쪽 방향으로 튼다. 하지만 다시 병산 서원 앞에서 같은 종류의 퇴적암을 만나 부딪치면서 서쪽 방향으로 바꿔 하회를 지나게 된다. 이렇게 서쪽으로 흐르던 강은 하회 남서쪽으로 깊숙이 파고들다가 서북쪽의 더욱 강한 퇴적암에 부딪친 뒤 다시 서쪽으로 물길을 바꿀 수밖에 없게 되었다. 이러한 과정이 반복되면서 하회 주변의 물

○ 안동 주변의 지질도와 지도

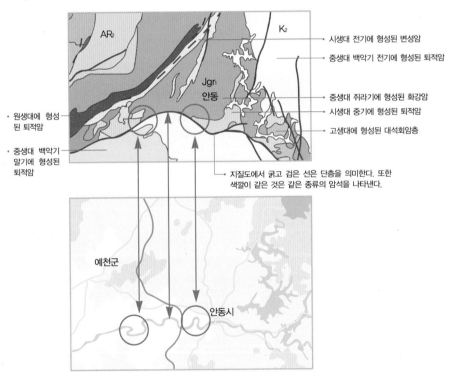

시생대 전기에 형성된 변성암
중생대 백악기 전기에 형성된 퇴적암
중생대 쥐라기에 형성된 화강암
시생대 중기에 형성된 퇴적암
고생대에 형성된 대석회암층

· 원생대에 형성된 퇴적암
· 중생대 백악기 말기에 형성된 퇴적암

지질도에서 굵고 검은 선은 단층을 의미한다. 또한 색깔이 같은 것은 같은 종류의 암석을 나타낸다.

손영운의 우리 땅 과학답사기

길은 마지 뱀이 기어가는 늣한 S자 모양을 그린다.

한편 하회 마을은 부용대에서 내려다보면 남쪽으로 불쑥 튀어나온 모양을 하고 있다. 하회 마을은 전체가 셰일이나 사암 등 퇴적암으로 되어 있는데, 이 퇴

▣ 하회 마을에서 나룻배를 타고 화천을 건너면 하회 마을 앞으로 병풍처럼 펼쳐져 있는 절벽을 만날 수 있다. 부용대는 중생대 백악기 말에 형성된 퇴적암으로 된 절벽이다. '부용'은 연꽃을 뜻한다고 한다. 10분 정도 걸어 올라가면 하회 마을 전체를 내려다볼 수 있는 곳이 나온다.

▣ 부용대 정상 부분에서 볼 수 있는 적색 셰일.

▣ 부용대 아래에서 볼 수 있는 역암층과 사암층.

적암은 시생대 중기에 형성된 것으로 상대적으로 단단한 퇴적암에 속한다. 이 앞으로 위에서 침식시켜서 운반해 온 많은 양의 모래가 넓은 벌을 만들고 있다. 반면에 물길이 파고드는 부용대는 중생대 백악기 때 형성된 퇴적암으로 상대적으로 약하다. 그래서 침식이 일어났고 부용대 밑은 지금도 깊이 파여 가고 있다. 이처럼 같은 퇴적암이지만 형성 시기에 따라 단단하기가 다른 지질 때문에 독특한 지형의 하회 마을이 생긴 것이다.

안동의 하회 마을은 강물의 힘으로 만들어 낸 곳이다. 아무리 인간이 자연을 필요에 의해 바꿀 수 있다고 하더라도 지금 우리가 발을 디디고 있는 이 땅이 자연만이 만들어 낼 수 있는 고유의 능력이라 생각하니 놀라운 마음이 가득했다. 이 아름다운 고장에서 문화를 꽃피우고 유교의 전통과 그 맥을 이어 오고 있는 사람들의 고집 또한 대단하다고 느꼈다. 우리는 과거의 것을 소중하게 생각하지 못하는 경우가 많다. 새롭게 바꾸고 변하는 것만이 미래를 맞이하는 현명한 태도라 생각했던 것이다. 지금도 하회는 강물과 퇴적물과 함께하고 있다. 이 퇴적물들은 계속해서 하회의 땅을 메우고 변화시킬 것이다. 자연의 지속적인 힘처럼, 우리도 계속해서 하회의 문화를 보존하고 발전시켜야 할 것이다.

태극의 머리에 해당하는 곳에 자리 잡은 풍산 유씨

하회 마을은 충과 효의 고장이다. 이곳에서 태어난 위인들은 어려움 속에서도 자신의 신념을 굽히지 않고 충과 효를 행하였다. 이것은 하회의 독특한 지형이 만들어 낸 하회 고유의 문화이기도 한다. 병풍처럼 마을을 둘러싸고 있는 산과 마을 주변을 감고 있는 물결은 하회를 다른 곳으로부터 고립되게 만들었다. 하회 마을로 가려면 육로로는 안동의 풍산이나 예천의 호명을 거쳐야 한다. 아니면 나룻배를 타고 물을 건너가야 한다. 옛날에는 낙동강 하류에서 소금배가 올라와 이 앞을 지나 안동시까지 거슬러 올라갔다고 할 정도로 꽤 깊어서 나룻배가 없이는 쉽게 건널 수 없었다. 이러한 지리적 고립은 외부의 침입으로부터 하회를 지킬 수 있도록 도와주었다. 임진 왜란과 같은 큰 전란 속에서도 화를 피해 갈 수 있었으며 이곳만의 독창적인 문화를 계승, 발전시킬 수 있었다. 이곳이 충과 효의 고장으로서 지금까지 그 이름을 알리고 있는 것은 하회 마을 사람들의 삶 속에서 지속적으로 이어져 온 정신 때문이 아닐까.

하회 마을은 풍수지리지학적으로 상서로운 기운이 모여 있는 곳이기도 하다.

○ 충효당(忠孝堂). 서애 유성룡의 생가로 보물 제414호로 지정되었고 모두 52칸으로 이루어진 단층 기와집이다. 풍수지리에서는 이 터가 태백산맥의 줄기를 탄 영양 일월산 지맥의 끝이 멈춘 곳으로 매우 좋은 자리라고 한다. 그래서인지 서애 이후 이곳에서는 조선의 재상과 판서들이 여럿 나왔다.

풍수지리학자들은 하회를 산태극山太極과 수태극水太極을 이루는 태극형 형국을 가진 곳이라고 한다. 그도 그럴 것이 부용대에서 하회를 내려다보면 태극 모양처럼 S자 모양을 한 물길과 하회가 어울려 있는 것을 쉽게 발견할 수 있다. 예로부터 태극은 음양의 대립과 조화를 빚어내는 모양을 상징하는 것이라고 하여 우리 민족이 귀하게 여긴 형상이다. 그래서 태극의 머리에 해당하는 곳은 풍수지리상 매우 좋은 자리로 여겨졌으며 그곳에 임진왜란 당시 명재상으로 이름을 날렸던 서애西厓 유성룡柳成龍을 배출한 풍산 유씨들이 집성촌을 이루고 있다.

풍산 유씨가 하회에 자리 잡기 시작한 것은 고려 말 서애의 7대조인 유난옥 때부터다. 유난옥은 풍수에 밝은 사람을 찾아가 자신이 살 곳을 골라 달라고 부탁했다. 그러자 그는 유난옥에게 3대 동안 적선을 하면 길지吉地를 구할 수 있을 것이라고 답했다. 그 후 유난옥은 하회의 마을 밖 큰길가에 관가정이라는 집을 짓고 지나가는 나그네들에게 적선을 베풀었고, 그 일은 아들과 손자에게까지도 이어졌다. 이후 그 공덕으로 길지를 잡아 하회에 정착하게 되었으며, 우연의 일치인지 몰라도 유씨 가문은 크게 번창하게 되었다. 특히 유씨 가문이 크게 성장한 것은 겸암 유운룡과 서애 유성룡 형제 이후였다.

겸암과 서애 형제는 유교의 핵심적인 가르침인 효와 충을 진실되게 실천한 것으로 널리 알려진 분들이다. 겸암은 30대에 들어서 출사한 후 의금부도사, 한성판관 등을 지냈다. 임진왜란이 일어나자 벼슬을 그만두고 팔순 노모를 업은 채 권속을 거느리고 밤낮으로 왜적과 도둑을 피해 고향 하회로 돌아와 노모를 극진히 모셨다. 57세가 되던 해에는 원주 목사로 있었으나 노모를 모시기 위해 사직하고 다시는 벼슬에 나가지 않으려 함으로써 효를 충실히 실천했다.

반면에 동생 서애는 임진왜란 때에 좌의정에 있었는데 임금(선조)을 모시고 서울을 떠나 피난길에 올랐다. 그는 병조판서와 도체찰사를 겸임하면서 명나라의 도움을 이끌어 내는 등 임진왜란을 슬기롭게 극복하는 데 큰 역할을 했다. 임진왜란이 끝나자 영의정에 올라 새로 훈련도감을 설치해 왜적의 새로운 침입에 대비함으로써 충을 실천했다. 그 후 서애는 임진왜란 당시의 일을 기억하여 『징비록』을 저술했고 성리학 연구를 깊이 하여 퇴계 학맥의 한 갈래를 이루었다. 유교의 효와 충을 상징하는 겸암과 서애 형제의 명성에 힘입어 유씨 가문은 조선의 중요한 문벌을 이루었으며 하회 마을은 오늘날 조선의 대표적인 양반촌을 상징하는 곳이 되었다.

풍산 유씨 가문의 가세를 확인할 수 있는 곳으로 하회에서 수많은 인재들을 길러 낸 병산 서원을 들 수 있다. 조선시대에는 마을마다 사설 교육 기관으로 서당이 있었고 규모가 좀 크고 선비들이 많이 난 곳에는 서원이 있었다. 서당은

1 병산 서원. 풍산 유씨들이 후진 양성을 위해 만든 풍악 서당이 발전하여 된 것이다. 원래의 자리에서 병산리로 이전하면서 명칭이 병산 서원으로 바뀌었다.

2 병산 서원의 입교당(立敎堂)과 동재(東齋)와 서재(西齋). 입교당은 여섯 칸 대청을 가운데 두고 좌우에 2칸씩의 온돌방을 설치했다. 입교당 좌우에는 맞배지붕을 한 동재와 서재가 마주하고 있다. 멀리 보이는 산이 병산이고 그 아래로 낙동강이 흐르고 있다. 사진의 가운데 건너편에 보이는 건물이 만대루다.

3 만대루. 수십 명이 함께 앉아 글을 읽을 수 있을 정도로 큰 누각이다. 아름드리 기둥 위에 설치한 누마루에서는 앞으로 낙동강과 병산을 바라볼 수 있다.

사사로이 설치할 수 있었으나 서원은 유림이나 나라에서 승인을 받아야 할 정도로 일정한 규모가 필요했다. 병산 서원도 그중 하나였다.

병산 서원으로 가는 길은 아직까지 포장이 제대로 되지 않았다. 하회 마을로 들어가다 왼편 길로 꺾어 좁은 산길을 10여 분 정도 달려야 했는데, 운전을 하면서도 살얼음판 위를 달리는 느낌이었다. 포장되지 않은 이 길 때문에 아직까지 병산 서원이 숨을 쉬고 있는 건 아닌가 싶다.

병산 서원에서 가장 볼 만한 곳은 만대루晩對樓다. 만대루는 모두 14칸으로 이루어진 매우 큰 누각이다. 아름드리 기둥과 머리 위로 높이 설치한 누마루는 당시의 건축 규모로 볼 때 상당히 큰 것이었는데 병산 서원을 세운 풍산 유씨들의 가세를 가늠케 해 준다. 만대루에 앉아서 정면을 보면 앞으로 흐르는 낙동강과 백사장 그리고 깎아지른 듯한 병산이 한눈에 들어온다. '만대'는 '느지막이 마주한다'라는 뜻으로 당나라 시인 두보의 시에서 나오는 '翠屛宜晩對(어슴푸레 푸른 절벽은 느지막이 마주함이 좋다)'라는 구절에서 나온 것이다. 그래서 그런지 저녁 나절에 만대루에서 보는 병산이 그리 아름다울 수가 없었다.

하회의 별신굿 탈놀이 |

시시각각 변해 가는 요즘 시대에 옛것을 고집스럽게 간직한다는 것은 그리 쉬운 일만은 아니다. 우선 조상들로부터 내려오는 것들이 소중하다는 것을 깨달아야 하며 그것의 전승과 발전의 필요성을 느낀다는 것은 매우 어려운 일이기 때문이다. 그런 점에서 하회는 온고지신溫故知新을 몸소 실천하고 있는 마을이다. 마을 구석구석이 문화재이자 시대의 흔적인 하회 마을은 과거의 시간들을 기억하고 소중히 여겼기 때문에 지금까지 그 명맥을 이

○ 하회 별신굿 탈놀이. 하회 마을에서는 방문객들을 위해 주기적으로 별신굿 놀이판을 벌인다. 사진은 주지마당의 한 장면으로 바닥에 엎드려 있는 것이 암·수 주지들이다. 주지는 상상의 동물로 탈판의 부정을 물리치는 구실을 한다.

어 오고 있었던 것이다.

　이러한 하회에는 옛사람들의 삶과 생각을 고스란히 담고 있는 것이 존재하는데, 바로 하회탈이다. 하회탈은 1964년 우리나라의 탈 중 유일하게 국보로 지정되었으며 얼굴과 턱이 분리되어 다양한 표정을 지을 수 있도록 하였다. 또한 신령스러운 탈의 기운 때문이었을까, 탈을 쓴 광대가 웃으면 탈도 따라서 웃고 광대가 화를 내면 탈도 따라서 화를 내기도 하면서 보는 이들의 마음을 빼앗았다. 이러한 하회탈들은 양반, 중인, 백정 등 다양한 계층의 모습도 담고 있으며 별신굿 탈놀이를 통해 세상의 부조리를 비꼬기도 하였다.

　하회는 양반촌으로서 유교의 전통을 잘 유지하면서도 토착적 민속의 전통까지 훼손하지 않고 잘 지켜 왔다는 점에서 매우 특이한 곳이다. 원래 별신굿과 같은 민속 전통들은 유교의 이념과 대립되었기 때문에 배척의 대상이 되었다. 하지만 하회의 풍산 유씨 가문은 이러한 전통 민속들을 잘 지켜 주었고, 현재 하회 별신굿 탈놀이는 중요부형문화제 제69호로 시정되어 보존되고 있다.

별신굿은 일정한 주기를 두고 하는 것이 일반적이었으며 하회에서는 약 10년 주기로 했다고 전해진다. 하지만 서낭신의 신 내림에 의해서도 별신굿을 했다고 하는 것을 보면 10년 주기를 지키지 않고 그 사이에도 별신굿을 했던 것으로 짐작된다. 별신굿을 할 때는 마을 전체가 정성을 모았다. 부정이 없는 사람을 시켜서 서낭대를 다듬었으며 마을 사람들은 모두 육식을 금하며 말과 행동을 삼갔다. 그리고 섣달 29일에 마을 대표들이 모여 부정이 없는 사람 중에서 탈춤을 출 광대를 지명했다고 한다.

탈놀이는 제일 먼저 주지마당부터 시작된다. 신비로운 동물인 주지 두 마리가 나와서 싸움 굿을 하면서 탈 마당의 부정함을 정화시키는 것이다. 그 후 백정이 나와서 도끼를 휘두르며 소잡이 춤을 추는데, 소를 잡은 후 소의 고환을 꺼내 들고 "우랑을 사라."고 외친다. 처음에는 상스럽다는 듯이 외면하던 양반이나 선비들이 서로 사려고 싸움질을 하는데 미천한 신분의 백정이 성*을 상징하는 우랑을 사라고 하는 것은 기존의 질서와 유교적 도덕률을 뒤집어엎는 풍자적 성격을 띠는 것으로 보인다.

이어서 쪽박을 허리에 찬 할미가 등장하여 베를 짜는 시늉을 하며 신세타령을 한다. 또한 영감과 청어를 서로 먹으려고 다투다가 혼자 먹기도 한다. 이것은 당시 여성들의 고난을 보여 주는 동시에 남성 중심의 사회 질서에 저항하는 몸짓으로 볼 수 있다. 이어서 부네라는 바람둥이 여성이 나와서 오줌을 누고 이를 본 중이 부네에게 반해서 관계를 맺게 된다. 중이 추구하는 종교적인 세계의

1 소 고환을 들고 팔러 다니는 백정.
2 바람둥이 여성 부네.
3 관객들에게 다가간 각시광대.
4 마을로 찾아든 중. 부네와 연분을 맺는다.

허위를 풍자하고 비판한 것으로 보인다. 그 후 혼례마당과 신방마당이 차례로 이어지며, 마을 안의 여러 집에서 몇 차례씩 반복해서 행해진다. 그리고 정월 보름당제를 지내고 난 후 마무리를 짓는다. 별신굿의 마무리는 마을 입구에서 이루어지는데 이때는 무당이 중심이 되어 별신을 하는 동안 묻어 들어온 잡귀들을 쫓아 버린다. 별신굿의 마무리로 거리굿을 하는 셈이다. 이윽고 광대들과 함께 한판 풍물을 크게 놀면서 굿판에 있는 모든 이들이 하나가 된다.

하회의 별신굿은 순전히 굿으로서 주술적 성격을 지닌 동시에 탈춤이라고 하는 풍자를 중심으로 하는 가면극으로서 예술적 성격을 지니기도 한다. 신통한 일은 양반과 선비를 풍자하는 탈춤이 어떻게 유교를 숭상하는 명문 양반촌에서 전승될 수 있었는가 하는 점이다. 일반적으로 탈춤은 상것들의 놀이라 하여 양반들은 거들떠보지도 않았지만 하회의 양반들은 별신굿을 하는 것을 인정해 주었을 뿐만 아니라 물질적 후원을 해 주기까지 했다. 이를테면 양반 광대가 대청에 올라와서 인사를 트고 말을 걸면 그 탈을 쓴 광대가 비록 자기 집에서 부리는 하인이라도 양반 대접을 해 주었다. 이러한 일이 가능했던 것은 별신굿의 궁극적인 목적이 마을의 풍요와 평안을 기원하는 일이었고 마을이 잘된다는 것은 지배 세력인 풍산 유씨의 집안도 융성해짐을 의미하는 일이므로 굳이 막을 까닭이 없다는 현실적인 판단이 깔려 있었기 때문이라고 여겨진다.

안동이 낳은 큰 스승
퇴계 이황 | 퇴계退溪 이황李晃은 조선의 큰 인물일 뿐만 아니라 우리나라

지성사의 큰 획을 그은 대유학자다. 안동은 이러한 퇴계가 태어난 곳이고 퇴계가 후학을 두고 가르친 도산 서원陶山書院이 있는 곳이다. 도산 서원은 원래 도산 서당이었다. 노산 서당이 지어진 시기는 1561년으로 퇴계는 관직을 떠난 후에 학문을 더욱 깊이 연구하고 후진을 양성하기 위해 서당을 열었다. 우리나라 유학의 꽃을 피우게 된 도산 서원도 처음에는 방 한 칸과 마루 한 칸 그리고 골방이 딸린 부엌 한 칸으로 시작했다.

방의 이름은 완락재라고 지었다. 완락이란 완상하고 즐긴다는 의미인데 우주의 진리를 완상하고 즐김으로써 세상사를 잊는다는 주자의 글에서 따온 것이었다. 퇴계는 언제나 이곳에 거처하면서 좌우에 책을 쌓아 놓고 시간 가는 줄 모를 정도로 읽고 사색하기를 좋아했다. 도산 서당이 완성된 후 수많은 선비들이 그의 문하로 모여들었다. 퇴계가 세상을 떠날 때까지 그에게서 배운 이들은 『도산급문제현록』이라는 책자에 자세히 기록되어 있는데, 모두 309명에 이르렀다. 이들 중에서 대제학이나 재상 등을 지낸 사람이 여러 명이 있을 정도로 빼어난 인재들이 많았다. 특히 출신 지역이 전국적으로 골고루 분포했고 성씨의 종류도 매우 다양한 것으로 보아 퇴계는 출신 지역이나 문벌을 따지지 않았던 것 같다.

1 도산 서원. 사적 제170호. 이 서원 안에는 4,000권이 넘는 장서와 이황의 유품이 남아 있다. 대원군의 서원 철폐 때도 소수 서원 등과 함께 정리 대상에서 제외될 정도로 서원으로서의 권위를 지닌 곳으로 영남 유학을 대표했다.
2 암서헌과 완락재. 도산 서원 안에는 도산 서원의 모태가 된 도산 서당이 있다. 사진의 마루는 암서헌(巖棲軒)이라고 불리는데 암서란 바위에 깃든다는 의미로 자연 속에서 살면서 조금이라도 진리를 터득하기를 기원한다는 주자의 글에서 따온 것이다. 마루 옆의 방이 완락재다.

이윽고 퇴계의 명성을 듣고 도산으로 공부하러 오겠다는 이들이 넘쳐나자 퇴계는 공부는 꼭 도산으로 오지 않아도 마음만 먹으면 자기 집에서도 할 수 있다고 다음과 같이 타일렀다고 한다.

"학문을 하는 것은 다만 삼가 노력하며 독실하게 파고드는 데 있습니다. 끊어짐이 없으면 뜻은 날로 굳세어지고 학문은 날로 넓어집니다. 절대로 남에게 의지하지 말아야 하고 뒷날을 기다리지 말아야 합니다. 만약 지금은 잠시 여유 있게 지내고 나중에 도산에 가서 열심히 공부한다고 한다면 그것은 이미 틀린 것입니다. 뒷날에 비록 도산으로 와도 제대로 공부할 수 없을 것입니다."

– 『청년을 위한 퇴계 평전』에서

퇴계는 1570년 세상을 떠났는데 도산 서원은 그가 세상을 떠난 후 6년 만에 완공되었다. 선조 8년(575년)에 한석봉이 쓴 도산 서원의 편액을 하사받음으로써 도산 서원은 사액 서원이 되어 영남 유학의 총본산이 되었다. 도산 서원의 현판에 얽힌 재미있는 일화가 있는데, 선조가 명필 한석봉에게 도산 서원의 현판을 쓰게 지시했다고 한다. 이때 선조가 생각하길 한석봉에게 도산 서원의 현판을 쓰라고 하면 놀라서 글씨를 잘 쓸 수 없을 것 같아 도산 서원 네 글자를 거꾸로 불러 주었다고 한다. 한석봉은 영문도 모르고 네 글자를 거꾸로 받아 적고 있는데 선조가 마지막 도 자를 부르는 순간 놀라게 되었다고 한다. 그래서 마지막 도 자를 비뚤게 적었고 지금도 도산 서원 현판의 글씨가 비뚤어진 모습이라고 한다. 그만큼 도산 서원은 우리민족의 학문적 정신이 담겨 있는 귀중한 곳이라 할 수 있다. 특히 흥선대원군이 서원철폐를 지시했을 때에도 정리 대상에서 제외되었을 만큼 학문과 정신적 가치가 높은 서원이었다.

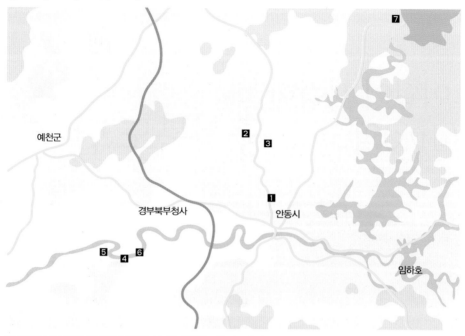

예천군

경북북부청사

안동시

임하호

1 신세동 7층석탑 **2** 봉정사 **3** 이천동 석불상 **4** 하회 마을 **5** 부용대 **6** 병산서원 **7** 도산서원

14

"
퇴계 이황이 사랑한
산수(山水)의 고장 충청북도 단양
"

온달산성에서 내려다본 단양군 영춘면. 남천계곡에서 내려온 물이 흐르고 그 위로 영춘교가 걸쳐 있다.
산 중턱이 조금씩 내려앉아 붉은색의 흙을 보이고 있는 것이 전형적인 카르스트 지형이다.
특히 사진의 오른쪽은 내려앉은 정도가 확연하게 보여 돌리네(doline) 지형임을 짐작할 수 있고 붉은색 흙은 석회암 지대에서
흔히 볼 수 있는 테라로사(terra rossa)이다. 단양은 곳곳에 이러한 카르스트 지형이 잘 발달되어 있다.

...

소백산과 금수산이 함께하고 있는 단양.
이곳은 예로부터 사람들이 울고 왔다가 울고 갔던 곳으로 유명하다.
이는 단양에 처음 들어서면 사방이 산으로 막혀 귀양을 온 것 같아서 울고,
단양을 떠날 때에는 아름다운 경치와 인심 좋은 이웃들과 헤어지는 것이
아쉬워서 운다는 뜻이다. 지명에서도 알 수 있듯이 단양은
사람들의 마음을 사로잡는 아름다운 고장으로 이름이 나 있다.
단양(丹陽)이라는 이름은 연단조양(鍊丹調陽)이라는 말에서 나온 것이다.
연단은 신선이 먹는 환약을 뜻하고 조양은 빛이 골고루 따뜻하게 비춘다는 의미로
'신선이 다스리는 살기 좋은 고장' 이라는 뜻이다. 그 이름에 걸맞게 단양에서는
어디를 가더라도 산과 물이 어울려 만든 자연의 아름다움을 만날 수 있다.
특히 소백산과 남한강이 어울려 만들어 낸 단양8경은 많은 이들의 마음을 사로잡는다.
그래서 단양은 퇴계 이황을 비롯한 조선시대의 선비들에게는
금강산 다음으로 많이 찾았던 정신문화의 순례지이기도 하다.

...

남한강이 만든 걸작

도담삼봉과 석문 | 동강과 서강이 만나 남한강으로 이어지는 단양의 물길은 선녀들이 드나들었다는 커다란 무지개 모양의 석주인 석문을 거쳐 도담삼봉으로 이어진다. 남한강 맑은 물이 흐르는 강 한복판에 솟아 있는 세 개의 봉우리는 쪽빛 남한강 위에서 사연 많은 모습으로 그 자리를 지키고 있다. 조선의 개국 공신인 정도전이 도담상봉의 아름다움에 취해 자신의 호를 삼봉이라 지었다고 하는데, 이쯤 되면 단양을 찾는 이들이 도담상봉을 제일 먼저 찾는 이유를 알 수 있을 법도 하다.

단양8경 중 제1경으로 알려진 도담삼봉은 단양을 찾은 선비들에게는 늘 매

❍ 정도전은 한때 도담삼봉 가까이에 은거하며 이곳의 산수와 벗 삼아 산 적이 있어서 자신의 호를 아예 삼봉이라 지었다. 가운데 가장 높은 봉우리를 중봉이라 하고 중봉 가까이에서 교태를 머금은 듯 서 있는 봉우리를 딸봉 또는 첩봉이라고 하고 중봉에서 멀리 떨어져 있는 봉우리를 아들봉 또는 처봉이라고 부른다. 중봉에 있는 정자의 이름은 삼도정이다.

혹적인 대상이었다. 단양의 빼어난 산수에 마음을 빼앗겨 자청해서 단양 군수로 부임했다고 알려진 조선의 대표적인 유학자 퇴계 이황은 가을 단풍이 한창일 무렵 푸른 절벽에 올라 달빛에 비친 도담삼봉을 보고 신선이 세 봉우리로 갈라 놓은 돌심이라고 **표현했**으며 다음과 같은 시를 남겼나.

산은 단풍으로 물들고 강은 모래펄로 빛나는데
삼봉은 석양을 이끌며 저녁놀을 드리우네.
신선은 배를 대고 길게 뻗은 푸른 절벽에 올라
별빛 달빛으로 너울대는 금빛 물결 보려 기다리네.

도담삼봉에 대한 관심은 근대의 대표적인 선비라 할 수 있는 작가 이은상의 글 속에서도 찾아볼 수 있다. '가고파'와 '성불사의 밤' 등의 시로 유명한 그는 자신의 기행문인 '가을을 안고'에서 도담삼봉의 세 봉우리에 대한 별칭을 처첩 관계에 견주어 말하는 것에 대해 마음 아파하며 다음과 같이 썼다.

바위의 생김새가 가운데 있는 큰 봉우리는 점잖을 따름이요, 좌우에 있는 두 봉우리 중에 하나는 얌전하게 생겼는데 다른 하나는 봉우리 위에 작은 돌이 올라앉아 가운데 있는 큰 것을 향해서 머리를 갸우뚱거리는 것 같다고 해서 가운데 것은 영감님이요, 좌우의 두 봉우리 중에 얌전한 것은 본처요, 애교 부리는 건 첩이라 부른다고 전한다. 어떻게나 불유쾌한 표현인지 모른다. 구태여 왜 처첩 관계의 못된 풍속도를 여기까지 가지고 와서 비교하던고…….

도담삼봉을 보고 퇴계 이황은 아름다운 시를 읊었고 노산 이은상은 이름을 두고 고민을 했지만 자연과학을 공부한 나의 눈에는 어떻게 상 한가운데에 바위들이 저런 모습으로 자리 잡게 되었는지 그 생성 과정이 궁금하지 않을 수 없었다. 그러던 중 석물을 향해 산 위로 올라가다 아래를 내려다보았을 때 그 의문의 답을 찾을 수 있게 되었다.

도담삼봉을 만든 것은 다름 아닌 남한강의 물이었다. 남한강을 흐르는 물이 도담삼봉과 이어지는 산의 끝자락 사이를 용식시켜 떼어 놓은 것이다. 지질학에서는 이러한 지형을 라피에ʳᵃᵖⁱᵉˢ라고 부른다. 석회암이 노출된 지대에 물이 흘러 용식이 잘 되는 부분은 점점 사라지고 용식이 잘 안 되는 부분만 남게 되었는데, 이러한 작용이 계속되어 형성되는 크고 작은 석회암의 돌출 부분이 바로 라피에다. 우리나라에서 라피에 지형을 볼 수 있는 대표적인 곳은 강원도 영월이다.

도담삼봉 주차장에서 음악분수대를 지나 남한강 상류를 따라 산 쪽으로 약 200m 정도 올라가면 무지개 모양을 한 아주 독특한 지형을 만날 수 있다. 마치 사람이 만든 하늘 다리처럼 보이지만 이 또한 남한강 물이 만든 자연교橋다. 석

1 도담삼봉은 사진에서 보듯이 산의 끝자락이 남한강에 침식되면서 형성된 것으로 보인다. 사진에 보이는 산은 대부분 석회암이고 도담삼봉도 석회암으로 되어 있다.
2 영월에 가면 라피에 지형을 쉽게 찾아볼 수 있다. 사진의 라피에 지형은 선암 마을의 한반도 지형을 보러 가는 도로변에 있는 것이다.

1 **2**

회암 지대에서 석문은 먼저 석회 동굴이 형성된 후 시간이 지나면서 동굴 입구 뒷부분이 완전히 무너져 내리거나 아니면 동굴의 중간 부분의 앞뒤가 사라지고 동굴의 일부분만 남아 있게 되는 경우를 말한다. 그러므로 석문은 석회암 지형 중에서 아주 득별한 경우라고 할 수 있을 것이다.

이른 새벽에 안개 돋은 남한강변의 석문을 본 추사 김정희도 시심이 발동했는지 다음과 같은 시를 지었다고 한다.

백 척의 돌무지개가 물굽이를 열었으니
신이 빚은 천불에 오르는 길 아득하네.

❂ 단양8경 중 하나인 석문. 왼쪽 아랫부분에 작은 굴이 있는 것으로 보아 아주 오래전에 석문은 큰 석회 동굴의 일부분이었던 것으로 추정된다. 「신증동국여지승람」을 보면 석문을 문틈으로 바라보면 동천(洞天)과 같다고 했는데 동천은 신선이 사는 곳을 말한다.

차마 가고 오는 발자취를 허락하지 않으니

다만 연기와 안개만이 오갈 뿐이네.

지금은 석문까지 쉽게 갈 수 있도록 계단을 설치해 두었지만 계단이 없었던 조선시대 때는 웬만큼 굳은 마음이 없으면 가기 힘든 곳이었을 것이다. 그러므로 사람들은 나룻배를 타고 남한강 아래에서 위를 쳐다보면서 석문의 신비로운 형상에 마음만 빼앗겼을 것이다.

동강과 서강이 만나 흘러가는 단양의 물길은 소백산맥의 분령이 어우러져 청풍호와 충주호로 이어진다. 이 쪽빛 물은 단순히 시간을 따라 흘러가는 것이 아니라 도담상봉, 석문과 같은 절경들을 만들었다. 겉으로 보기엔 온유하고 잔잔한 물결이 오랜 시간 꾸준한 노력을 통해 지금의 이곳을 만들었던 것이다. 아니, 어쩌면 만들었다는 것은 인간의 표현일 뿐 남한강은 그저 그렇게 제 갈 길을 가고 있었는지도 모른다. 거울같이 투명한 남한강의 흐름은 지나가는 이의 발걸음을 잡음과 동시에 앞으로 나아가야 할 방향까지 일러 준다. 자연스레 단양의 물길을 따라 이동하게 되는 여행객들은 자신도 모르는 사이에 세속의 고민들을 흘려 보내게 되는 것이다. 그래서 단양의 물길은 과거와 현재 그리고 미래를 오고 가는 게 아닌가 생각된다.

단양의 석회 동굴들

단양에는 석회 동굴이 많이 분포한다. 현재 개방된 동굴로는 고수동굴천연기념물 제256호, 온달동굴천연기념물 제261호, 천동동굴충북기념물 제19호 등이 있고 노동동굴천연기념물 제262호은 근래에 들어 동굴 오염이 심각해져 폐쇄되었다. 그 외에도 아직 개발이 되지 않았지만 아름다운 동굴 생성물이 자라고 있는 동굴로 에덴동굴, 상진리포도굴, 조운굴 등이 있다.

특히 에덴동굴은 동굴 근처에서 오랫동안 살아온 지역 주민이 꿈에서 오소리가 들어가는 것을 보고 찾은 동굴이라 전해신다. 그는 이 동굴이 공개되면 훼손이 될까 두려워서 22년 동안이나 아무에게도 이 동굴의 존재를 밝히지 않았다고 한다. 노동동굴이 심각한 오염으로 문을 닫았고 온달동굴이 초록색 이끼류에 의해 훼손당하고 있는 현재의 상황을 감안할 때 22년 동안이나 입을 굳게 닫고 있었던 어르신의 깊은 뜻이 남다르게 느껴진다.

아래의 석회암 분포도를 살펴보자. 단양의 석회 동굴은 대부분 중앙고속도로를 기준으로 북동쪽에 분포하고 있다. 석회 동굴이 생성될 수 있는 기반암의 분포 때문이다. 석회 동굴은 그 이름대로 석회암 지역에서만 형성될 수 있는 동굴이고, 단양에서는 남한강을 끼고 소백산의 북동쪽으로 석회암 지역이 분포하고 있다. 이곳에 분포하는 석회암층은 고생대, 그러니까 기원전 약 5억~4억 년 전에 얕은 바다에 살던 조류나 패류 그리고 산호 등이 퇴적되어 만들어진 암석이다. 그 당시 지금 한반도의 강원도와 충청북도 일부 지역은 적도 아래의 따뜻한 남쪽 바다에 있었고 판의 이동을 따라 오랜 세월 북진하여 오늘날의 위치에 이르게 된 것이다. 단양의 석회

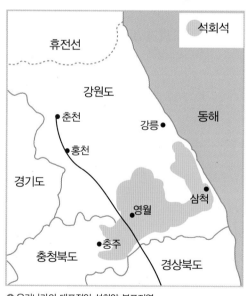
◐ 우리나라의 대표적인 석회암 분포지역

동굴들은 지금은 땅속 깊은 곳의 어두운 지하 동굴이 되었지만 수억 년 전에는 밝은 태양 빛의 따뜻함으로 가득 찬 푸른 바다 밑의 생명 넘치는 땅이었다.

남성적인 미를 가진
고수동굴 | 고수동굴은 단양의 석회 동굴 중에서 맏형과 같은 역할을
하는 동굴이다. 그래서인지 단양을 방문하는 대부분의 관광객들이 꼭 둘러보는 코스다. 동굴을 형성한 지질은 고생대 초기의 조선계 석회암층에 속한다. 동굴의 입구가 햇볕이 잘 드는 남쪽으로 향해 있고 아래에 금곡천이 흐르고 있어 선사시대의 사람들이 주거지로 활용하기에 딱 알맞은 곳으로 보인다. 아니나 다를까, 1973년 종합학술조사 때 동굴 속과 입구 부근에서 뗀석기가 발견되어 선사시대에 주거지로 이용되어 왔음이 밝혀졌다고 한다. 고수동굴을 장식하고 있는 대표적인 동굴 생성물은 다음과 같다.

커튼

커튼은 석회암 지층의 틈을 따라 지하로 내려가 석회 동굴의 천장으로 빠져나온 지하수가 경사진 벽면을 따라 흘러내릴 때 형성되는 동굴 생성물이다. 방해석이 지하수가 흘러내리는 방향에서 수직으로 자라면 천장에 천이 드리운 것 같은 모양으로 자란다. 커튼은 자란 속도와 기간에 따라 크기에 차이를 보이며 어떤 것은 수십 미터까지 자라기도 한다. 석회암이 있는 틈이 좁을 경우에는 사진과 같이 매우 얇은 커튼이 형성되기도 한다. 커튼은 자라면서 다양한 색을 띠기도 하는데, 이것은 빗물이 토양을 통과하여 지하로 흘러내리므로 지하수와 토양의 성분의 영향을 받아서 그런 것이다.

■ 천장과 벽에 커튼을 드리운 것 같은 커튼형 종유석
② 흑백유석은 세계 어느 동굴에서도 보기 힘들며 환선굴에서만 볼 수 있다.
③ 석주가 되기 직전의 종유석과 석순.
④ ⑤ 휴석. 삼척의 대금굴은 세계 최고의 휴석 동굴로 꼽힌다.

흑백유석

유석은 석회 동굴 내부로 흐르는 물이 만드는 동굴 생성물이다. 석회암의 약한 부분을 따라 많은 물이 유입되어 동굴의 벽면이나 바닥을 흐르면 유석이 형성된다. 이미 형성된 동굴 생성물 위에 많은 물이 흐르면 동굴 생성물 위를 덮으며 새롭게 유석이 자라기도 한다. 사진을 보면 다양한 동굴 생성물이 형성된 후에 그 위로 유석이 다시 형성되고 있는 것을 볼 수 있다. 이때 지하수에 용해되어 있는 물질에 따라 색깔이 다양하게 나타나기도 하는데, 검은색과 흰색이 겹쳐져 있는 것을 흑백유석이라 한다. 한편 유석의 성장은 물의 양과 관계가 있기 때문에 유석의 성장 과정을 살피면 석회 동굴 내부의 유량 변화를 가늠할 수 있다. 우리나라의 경우에는 여름철에 비가 많이 오므로 여름철에는 유석의 성장 속도가 빠르다.

종유석과 석순

종유석은 석회 동굴에서 가장 흔하게 볼 수 있는 동굴 생성물이다. 암석을 따라 지하로 흘러내려 온 지하수는 동굴의 천장에 물방울로 매달려 있다가 종유석으로 자라게 된다. 물이 공급되는 방향과 공급량 그리고 동굴 안으로 부는 바람의 방향에 따라 종유석의 형태도 매우 다양하게 나타난다. 석순은 종유석으로부터 물방울이 떨어지는 지점에서 위쪽으로 자라며, 자랄수록 가늘어지는 것이 보통이다. 종유석과 석순이 계속 자라게 되면 어느 순간 만나 돌기둥처럼 보이는데, 이를 석주라고 한다.

휴석

휴석 역시 우리나라 석회 동굴에서 흔하게 볼 수 있다. 마치 남해의 다랭이 논 같은 모양이다. 휴석은 지하수가 동굴 바닥을 흘러갈 때 이산화탄소가 빠져나가는 속도의 차이 때문에 형성된다. 지하수가 지면의 특정한 부분에 부딪히면 지하수가 그냥 흘러가는 경우보다 이산화탄소가 빠져나가는 속도가 빨라진다. 따라서 탄산칼슘의 농도가 높아지고 그 결과 광물이 성장하게 되는데 이것이 서로 상승 작용을 하여 나중에는 마치 논두렁과 같은 경계를 형성하게 되는 것이다. 휴석에는 물이 흐르기도 하고 고여 있기도 하는데 사진을 찍었을 때는 비가 온 지 얼마 되지 않아 물이 계속 넘쳐흐르고 있다.

여성적인 미를 가진
천동동굴 │ 1977년에 충청북도기념물 제19호로 지정된 천동동굴은 고

수동굴과 같은 시대에 형성된 석회암 지층에 형성된 동굴이다. 다른 동굴에 비해 늦게 발견되어 보존 상태가 양호하고 동굴 생성물들이 마치 숲처럼 장관을 이루는 동굴 밀림이 있어 '석회 동굴의 표본실'이라고 할 수 있을 정도다. 고수동굴이 남성적이라면 천동동굴은 여성적이다.

천동동굴은 고수동굴에서 소백산 등산로가 있는 다리안관광지 쪽으로 가는 길의 왼편에 있는데 고수동굴보다는 찾는 이가 적다. 입구에서 안전모를 착용하고 동굴 안으로 들어갈 때 사람들이 보이지 않아 내심 조용한 탐사가 될 것이라 여기고 들어갔다. 그런데 갑자기 전등이 모두 꺼지는 것이 아닌가? 순간 동굴은 칠흑같이 어두워졌고 이 세상에 나 혼자 있는 것만 같았다. 10여 분을 당황스러운 마음으로 아무것도 하지 못하고 기다시피 하여 굴 입구를 찾아 더듬거리며 나오는데, 다행히도 다시 전원이 들어왔고 사진 촬영을 할 수 있었다. 천동동굴을 가면 꼭 보아야 할 동굴 생성물은 다음과 같다.

석화(石花)

천동동굴에서는 다른 석회 동굴에 비해 석화를 쉽게 만날 수 있다. 석화는 이름 그대로 '돌로 된 꽃'을 의미하며 동굴 생성물 중에서 가장 아름다운 형태를

● 다양한 동굴 생성물의 숲. 천동동굴에는 종유석(鍾乳石), 석순(石筍), 석주(石柱), 종유관(鍾乳冠), 커튼 등이 마치 숲처럼 장관을 이루어 동굴 밀림에 온 듯한 착각을 일으킨다.

띤다. 석화는 대부분 아라고나이트라는 광물로 이루어져 있다. 석화를 이루는 아라고나이트 결정들은 뾰족한 바늘처럼 보이며 주로 동굴의 천장에서 불규칙하게 여러 방향으로 뻗어 꽃처럼 자란다. 석화는 대부분 물이 없고 습도가 낮은 곳에서 잘 자라지만 우리나라의 석회 동굴에서는 물이 있는 곳에서도 볼 수 있다. 우리나라에서 석화가 가장 잘 발달된 동굴은 강원도 강릉시에 있는 옥계동굴이다.

종유관

종유관은 속이 빈 빨대처럼 생긴 동굴 생성물이다. 암석의 틈에서 공급되는 물이 관 끝에서 떨어지지 않을 정도로만 공급될 때 형성된다. 이때 종유관 끝에 있는 물방울에서 끊임없이 이산화탄소가 빠져나가면서 물속의 칼슘 이온과 탄산염 이온이 결합하여 종유관이 자라는 것이다. 종유관은 길이가 수십 센티미터까지 자라기도 하지만 일정한 크기 이상은 자라지 않는다. 종유관 자체의 무게가 있어 천장에 매달려 있기가 힘들기 때문이다. 종유관을 따라 흐르는 물의 양이 증가하면 종유관의 옆면에서 광물이 성장하여 종유석으로 발달한다.

1 아름다운 돌꽃, 석화.

2 종유관 군락. 노란색 화살표로 표기한 것들이 종유관이며 그 옆에 종유석으로 성장하고 있는 것들이 보인다. 오른쪽 사진은 종유석이 부러져 내부에 있는 종유관이 보이는데 빨간색으로 표기했다.

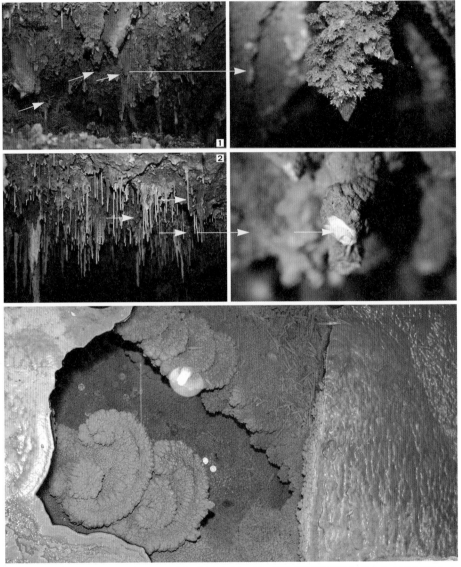

● 수중 2차 동굴 생성물. '꽃 쟁반'이라고 불리며 영지버섯처럼 보이는 동굴 생성물은 탄산칼슘의 농도가 짙은 지하수 속에서 천천히 침전되어 형성되는 2차 동굴 생성물이다.

보호가 시급한
온달동굴
단양에는 고구려의 명장 온달장군과 평강공주의 사랑 이야기가 담겨 있는 온달관광지가 있다. 온달관광지가 있는 영춘면 지역은 삼국시대 고구려의 영토로서 고구려와 신라 간 치열한 영토전쟁이 벌어졌던 곳으로 지금도 전쟁과 관련된 지명과 온달산성을 비롯해 다양한 삼국시대의 문화를 보여 주는 곳이다. 『삼국사기』는 평원왕의 사위인 온달장군이 죽령 이북의 땅을 회복하기 위하여 출전하였다가 아단성 아래에서 화살에 맞아 죽었다고 기록하

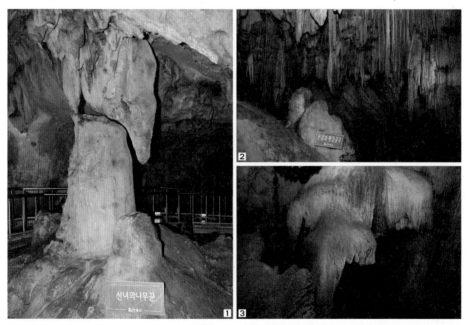

1 복합적으로 발달한 석주. 상당히 오랜 기간 동안 형성된 두터운 석주가 있었을 것이다. 하지만 지각의 변동이 있을 때 아래위로 어긋났고 다시 종유석이 발달하여 석순의 일부와 연결된 모양이다. 역시 초록색 이끼류에 덮여 있어 초라한 형색을 띠고 있다.

2 3 온달동굴의 내부. 온달동굴도 다른 석회 동굴처럼 다양한 동굴 생성물이 발달되어 있다. 하지만 초록색 이끼류로 덮여 있어 지하 동굴의 신비로움을 발견하기 어려웠다. 깨끗한 지하수로 세척을 하고 조명 시설을 바꿀 필요가 있다는 생각이 들었다. 3번 사진은 코끼리 모양을 한 특이한 종유석이다.

고 있는데 아단성이 바로 오늘날의 온달산성이다.

온달산성 기슭 아래에는 약 2억 4,000만 년 전부터 생성되어 온 것으로 추정되는 길이 800m의 석회암 천연동굴인 온달동굴이 형성되어 있으며 고구려의 영웅 온달의 정신과 혼을 기리기 위해 다양한 테마로 구성된 온달관, 잔디광장, 야외무대 등의 시설이 조성되어 있다. 또 온달관광지에는 최근에 방영되었던 〈태왕사신기〉 드라마 촬영을 위해 대규모 세트가 세워져 있다. 한가한 주중에도 일본 관광객들이 많이 찾아와 드라마 주인공인 배용준의 인기를 실감할 수 있었다. 하지만 사람들의 방문이 잦은 만큼 동굴의 오염 속도가 빨라진 탓인지 온달동굴의 내부는 초록색 이끼로 가득해서 안타까운 마음이 들었다.

금수산의 둥그스름한 봉우리들 | 비단에 수를 놓은 것과 같이 아름다운 산.

금수산錦繡山은 원래 백암산白巖山이라는 이름이었으나 퇴계 이황 선생이 그 아름다움에 반해 새로이 이름을 지어 주었다고 한다.

금수산의 봉우리들은 멀리서 보면 산 능선이 마치 미녀가 누워 있는 모습과 비슷하다고 하여 '미녀봉'으로 불릴 정도로 우아하다. 실제로 가서 보면 우리나라의 다른 산들과는 다르게 봉우리가 날카롭지 않고 엉덩이처럼 굴곡이 져 있는 것을 알 수 있다.

금수산이 있는 곳은 행정구역상 적성면이다. 적성면은 중앙고속도로의 북서쪽으로 위치해 있는데 이 지역은 앞에서 보았던 석회 동굴이 분포한 곳과는 지질이 다르다. 적성면과 그 아래에 있는 단성면은 석회암으로 유명한 단양의 다른 지역과는 다르게 화강암으로 된 땅이기 때문이다. 근처의 월악산 국립공원을 이루고 있는 산들이 대부분 중생대 백악기에 마그마가 관입하여 만들어진 화강암인 것처럼 금수산도 마찬가지다. 그런데 금수산의 봉우리들을 보면 여태껏 흔히 보아 왔던 화강암 산들의 모양과는 사뭇 다르다는 것을 알 수 있다. 설악산이나 북한산 등은 봉우리가 쭈뼛쭈뼛 날카롭게 하늘로 치솟아 있는 반면에 금수산은 같은 화강암 산이지만 봉우리가 둥그스름한 것이 마치 호빵을 얹어 놓은 것 같기 때문이다.

그 비밀은 금수산 입구에서 조금만 더 올라가면 만날 수 있는 용담폭포에서 찾을 수 있다. 용담폭포는 거대한 화강암 덩어리 위로 물이 빗겨 흐르는 모양을

○ 금수산의 용담폭포. 수직 방향으로 틈이 생겨 쪼개지는 것을 수직 절리, 수평 방향으로 틈이 생겨 쪼개지는 것을 수평 절리라 한다. 우리는 화강암 하면 흔히 수직 절리만 생각하는데 사실 수평 절리가 발달한 곳도 많다. 월악산 동쪽 계곡인 용하구곡과 단성면의 사인암이 대표적인 곳이다.

한 폭포다. 폭포를 이루고 있는 화강암을 보면 가장자리가 마치 양파처럼 벗겨진 것을 알 수 있다. 즉, 화강암에 수평절리가 발달하여 바위가 바깥부터 차례대로 벗겨져 형성된 것이다. 금수산의 봉우리들도 용담폭포에서 본 바위처럼 대부분 수평절리가 발달하여 만들어졌고 사람의 엉덩이처럼 둥그스름한 지형을 가지게 된 것이다.

영조 때 단양 군수였던 조청세가 금수산의 돌을 단양으로 운반하려고 산에 올라갔으나 갑자기 번개가 치고 날씨가 험악해져서 모두들 벌벌 떨며 하산했다는 이야기가 전해진다. 금수산 동쪽 기슭에는 '금수암'이 있고 그 밑에는 돌이 쌓여 있는데 그 중간에 비바람 소리가 들린다고 한다. 금수산에 대한 이야기는 이외에도 여러 가지가 존재한다. 이는 금수산이 단순히 아름다운 산이 아니라 존재 자체로 단양 사람들에게 큰 의미로 다가오는 산이기 때문이 아닐까.

화강암 절리가 만들어 낸 절경, 사인암

단양 지질의 대세는 석회암을 중심으로 하는 고생대의 퇴적암층이다. 그 지층을 뚫고 들어가 굳은 암석이 중생대 백악기의 화강암이다. 사인암이 있는 단성면은 퇴적암과 화강암이 만나는 경계 부분이라 할 수 있다. 사인암으로 가려면 중앙고속도로를 타고 죽령터널을 지나기 직전에 있는 단양 IC에서 내려오는 것이 가깝다.

사인암은 화강암에 발달된 절리가 만든 절경이다. 자연이 우연히 만든 것이 아니라 마치 뛰어난 예술가가 날카로운 톱으로 잘라 차곡차곡 세워 놓은 느낌을 준다. 수직으로도 절리가 발달했고 수평으로도 절리가 발달한 것이 마치 절리의 집합체 같다. 화강암에 절리가 잘 생기는 까닭은 압력의 차이 때문이다.

화강암은 마그마가 지하 깊은 곳에서 높은 압력을 받으면서 전전히 식어서 형성되는 심성암의 일종인데 이 화강암이 지각변동이나 조륙운동 등에 의해 지표로 노출되면 지하에서 받던 압력보다 훨씬 적은 압력을 받게 되므로 팽창을 하게 된다. 그러면 조직의 밀도가 약해지면서 암석 사이에 틈이 생기는데, 이것을 절리라고 하는 것이다

단성면에는 사인암 외에도 상선암, 중선암, 하선암이라고 부르는 화강암 암석들이 있는데 이들도 단양8경에서 한 자리씩 꿰찰 정도로 빼어난 자연미를 자랑한다. 이 암석들은 화강암에 절리가 수평 방향으로 발달하여 생기는 판상절리의 결과이다. 상선암, 중선암, 하선암으로 가려면 사인암에서 피터재 고개를 넘어야 하는데 한 5분 정도 거리에 있을 정도로 가깝다.

상선암, 중선암, 하선암은 소백산의 끝자락을 이루고 있는 중생대의 화강암과 남한강의 지류가 만나 만들어진 곳이라 할 수 있다. 차례대로 방문하면 곳곳에 선비들의 일필휘지를 만날 수 있는데 단양8경이 오래전부터 문인들의 친한 벗 노릇을 했음을 알 수 있다.

상선암, 중선암, 하선암 중에서 하선암의 절경이 가장 앞서는 것 같다. 3층으로 된 넓은 바위가 마당을 이루듯 넓게 퍼져 있다. 그 위로 큰 바위가 덩그러니 놓여 있어 그 형상이 미륵 같다고 하여 원래 불암佛巖이라고 부르기도 했다. 하선암 역시 많은 선비들의 왕래가 있었던 곳이다. 퇴계의 『단양산수기』에는 하선암을 대한 그의 감상이 다음과 같이 적혀 있다.

산을 내려와 구름처럼 우거진 나무 아래서 맑은 개울을 따라 바위 사이로 6~7리를 가니 불암에 이르는데 이 바위는 양산에 끼어 있다. 울퉁불퉁한 암석을 밟고 산골짜기에 흐르는 개울을 따라 올라가니 흰 눈이 덮여 소단과도 같다. 쌓인 것이

1 사인암은 덕절산(德節山) 줄기를 따라 흐르는 남조천변에 우뚝 솟아 있다. 고려 말에 사인 벼슬을 하던 우탁이라는 사람이 지냈다고 하여 붙여진 이름이라고 한다. 단양8경 중 하나다.

2 상선암은 단성면 가산리에 있는데 우암 송시열의 수제자 수암 권상하가 이름을 붙였다고 전해진다. 물길 옆으로 넓적한 바위들이 판상절리의 표본처럼 보인다. 실제로 찾아가 보면 이것이 무슨 단양8경일까 할 정도로 실망스러울 수도 있는데, 인공적으로 다리를 놓은 것이 결정적인 실수인 것 같다. 그 전에는 소박한 바위들의 어울림이 주는 멋이라도 있었는데 지금은 그마저 없어진 듯하다.

3 중선암은 흰색의 화강암이 층층을 이루고 있고 물이 많이 흘러 여름철 가족 휴양지로는 아주 좋을 듯하다. 아스팔트 도로와 콘크리트 도로벽이 생기기 전 자연과 어울렸을 때는 훨씬 멋졌을 것으로 생각된다.

◎ 하선암과 불암. 전형적인 화강암으로 되어 있다. 불암은 설악산의 흔들바위와 같이 오랜 침식의 결과로 둥근 모양을 갖게 되었다.

3층이나 되고 그 사이로 물은 돌고 돌아서 폭포와도 같이 아래로 떨어져서 깊은 물이 되었다.

하선암의 미륵바위 뒤편을 살피면 언제 새겨 놓았는지 모르고 한자 실력이 짧아 뜻을 살필 수 없는 선조들의 글이 여럿 보이는데, 모두들 이곳에 와서 산수의 아름다움을 글로 나타내고 싶은 욕심을 낸 것이 아닐까 한다.

푸른 암벽에 돋은
죽순, 옥순봉 | 지금은 충주댐으로 인해 남한강의 푸른 물에 약 40m

가 차 있어 그 높이가 반감되었지만 충주호로 가는 관광선을 타고 가면 옛 선비들의 감흥을 맛볼 수 있는 곳이 있다. 희고 푸른 석봉에 신묘한 모양으로 우뚝 솟은 봉우리들이 그곳이다. 각각의 봉우리들은 저마다의 목소리로 지나가는 사람들을 불러 세우곤 한다. 단양 탐사의 마지막 순서로 단성면 장회리에 있는 옥순봉과 구담봉을 선택할 수밖에 없었던 것도 바로 이런 이유에서였다. 구담봉은 기암절벽의 모양이 거북을 닮았으며 물속 바위에 거북 무늬가 있다고 하여 구담봉이라는 이름을 얻었고, 옥순봉은 바위 봉우리들이 죽순 모양으로 솟아 있다고 해서 붙여진 이름이다. 이들의 전체적인 모습을 자세히 관찰하려면 제천 쪽에서 옥순대교를 건너기 전 위치에서 보는 편이 좋다.

옥순봉은 원래 옆 고을인 청풍군에 속했지만 퇴계가 단양 군수로 있을 적에 돌벽에 '단구동문丹丘東門' 이라는 글을 새겨 넣어 이곳이 단양의 관문이 되었다고 전해진다(단구는 단양의 다른 이름이다). 오늘날 옥순봉이 단양에 속한 것은 어쩌면 퇴계의 욕심 때문인지도 모를 일이다. 퇴계의 『단양산수기』에 보면 옥순봉에 대한 소개가 나오는데 다음과 같다.

> 구담봉에서 여울을 거슬러 나가다가 남쪽 언덕을 따라가면 절벽 아래에 이른다.
> 그 위에 여러 봉우리가 깎은 듯 서 있는데 높이가 가히 천길 백길이 되는 죽순과
> 같은 바위가 높이 솟아 있어 하늘을 버티고 있다. 그 빛이 혹은 푸르고 혹은 희어
> 푸른 등나무 같은 고목이 아득하게 침침하여 우러러볼 수는 있어도 만져 볼 수는
> 없다. 이것을 옥순봉이라 이름 지은 것은 그 모양 때문이다.

퇴계는 단양에 살면서 도담삼봉, 사인암, 석문, 구담봉, 옥순봉, 상선암, 중선
암, 하선암 등 8곳을 묶어 단양8경이라 이름 붙였고, 그 이름이 오늘날까지 전
해져 단양을 말하면 대부분 단양8경을 떠올릴 정도다. 단양에 대한 퇴계의 사
랑은 지극했다. 만약에 퇴계가 석회 동굴의 존재까지 알았다면 네 동굴을 합쳐
단양 12경을 만들었을지도 모른다. 하지만 세월이 지날수록 단양8경 주위로
아스팔트 도로와 콘크리트 벽이 산수를 둘러싸고 석회 동굴은 밝고 더운 조명
때문에 초록 이끼로 뒤덮였다. 또한 곳곳에 상업적인 목적으로 세워진 어울리
지 않는 건축물 때문에 원래 가졌던 산수의 멋은 많이 퇴색되었다. 퇴계가 다시
살아나 이들을 보면 얼마나 마음 아파할 것인가.

옥순봉 부근에는 아름다운 사랑 이야기를 담고 있는 곳이 있다. 충주호의 물
이 줄어들면 그 밑에 넓적한 바위가 드러나는데, 이것이 퇴계와 명기 두향의 애
틋한 사연을 담은 강선대다. 두향은 퇴계가 단양 군수로 있을 때 함께 정을 나
눴던 사이다. 이후 퇴계가 임기를 마치고 단양을 떠나자 두향은 퇴계를 잊지 못
해 강선대 옆에 움막을 짓고 퇴계를 그리며 살았다고 한다. 그 후 퇴계의 부음
을 듣고 강선대에서 강물로 뛰어내려 절개를 지켰다고 하니 비록 기생이지만

두향의 절개가 보통이 아님을 알 수 있다. 후에 사람들이 두향의 절개를 기리기 위해서 강선대 옆에 무덤을 만들어 주고 매년 5월 초에 두향제를 올려 주고 있다고 한다.

산과 물이 절로 어우러진 좋은 땅은 사람의 병을 고치고 마음을 선하게 하는 재주가 있다. 그래서 단양은 많은 이들의 병들고 지친 삶을 회복시키는 활인성活人性을 지닌다. 단양의 경치는 조물주가 공들여 빚어낸 작품이다. 지금도 시간의 흐름에 깎여 내려간 단양의 산세들과 이를 어루만지며 함께 흘러가는 강물은 산수의 아름다움을 여실히 보여 준다. 이러한 사연 속을 거닐게 되면 우리는 세속의 고민들이 한껏 씻겨 내려가는 느낌을 받게 된다. 그 어떤 방법으로도 숨길 수 없는 단양의 본질은 이곳을 찾는 사람을 기쁘게 하고 지속적인 즐거움을 선사한다는 데 있는 것이라 생각한다. 그러나 단양의 여러 곳이 관광객을 유치하려는 목적 때문에 본질이 변하기 시작하고 있다. 단양을 찾아오는 많은 관광객들의 잘못된 태도 때문에 단양의 자연들이 아파하고 있다. 이곳을 아끼고 소중히 여기는 것이 인간의 지친 마음과 병을 고칠 수 있다는 것을 잊지 말아야만 단양이 사람을 살리는 고장으로 남을 수 있을 것이다.

찾 · 아 · 가 · 보 · 기

1 도담삼봉과 석문 **2** 고수동굴 **3** 천동동굴 **4** 온달동굴과 온달산성 **5** 금수산과 용담폭포 **6** 사인암 **7** 상선암 **8** 중선암
9 하선암 **10** 옥순봉

" 하늘과 가장 가까운 도시
강원도 태백 "

15

태백산 정상의 주목 군락. 태백산은 11월 초순부터 눈이 쌓여 다음 해 4월 중순까지 눈이 녹지 않아
설경이 매우 아름다운 곳이다. 살아서 천년 죽어서 천년을 간다는 주목이 군락을 이루고 있는데
우리나라 주목의 약 80%가 이곳에 있다고 한다. 주목이 이른 아침 햇살을 받으며 하얀 눈과 어울린 모습은
신비롭기까지 한데, 이 모습을 보러 오는 많은 등산객들의 발길이 겨울에도 끊이지 않는다.

...

하늘은 인간이 감히 올라갈 수가 없고 그저 바라볼 수밖에 없는 존재이니,
하늘 아래 가장 가까이 있는 태백이라는 도시는 신(神)과 소통할 수 있는 최적의 장소였을 것이다.
태백산이 민족의 영산이라 불리는 건 우연이 아니다.
또한 태백은 낙동강과 한강의 발원지를 동시에 끼고 있는 도시이기도 하다.
하늘의 입구와 물의 근원을 가지고 있는 민족의 성지 태백은 그러한 곳이다.

...

민족의 영산
태백산(太白山)

평균 해발 고도가 약 650m에 이르는 태백은 우리나라에서 가장 높은 지대에 위치한 고원 도시이다. 또한 태백은 한반도 고생대의 지질을 연구하기에 아주 좋은 조건을 갖춘 곳이기도 하다. 고생대의 대표적인 화석인 삼엽충이 많이 산출되고 태백산 정상 근처에서는 고생대 때 형성된 여러 종류의 퇴적암과 변성암들을 만날 수 있기 때문이다. 태백은 한때 남한에서 가장 규모가 큰 장성탄광이 있어 석탄 산업의 중심지로 번창했던 곳이었으나 지금은 관광 도시로 거듭나기 위해 몸부림치고 있는 중이다.

태백산은 클 태ᵗ, 흰 백 또는 밝을 백ᵇ, 뫼 산ˢ 자를 써서 '크게 밝은 뫼'라는 의미를 가진 산으로 단군 신화와 깊은 연관이 있다.『삼국유사』「기이편紀異篇」에 나오는 단군 신화의 내용을 간단히 정리하면 다음과 같다.

옛날 환인의 서자 환웅이 세상에 내려와 인간 세상을 구하고자 하므로 아버지가 환웅의 뜻을 헤아려 천부인天符印 3개를 주어 세상에 내려가 사람을 다스리게 하였다. 환웅이 무리 3,000명을 거느리고 태백산의 신단수에 내려와 신시神市라 이르니 그가 곧 환웅천왕이다. 그는 풍백風伯, 우사雨師, 운사雲師를 거느리고 세상을 다스렸다. 이때 곰 한 마리와 범 한 마리가 같은 굴속에 살면서 환웅에게 사람이 되게 해 달라고 빌었다. 환웅은 이들에게 신령스러운 쑥 한 줌과 마늘 20쪽을 주면서 이것을 먹고 100일 동안 햇빛을 보지 않으면 사람이 된다고 일렀다. 곰과 범은 이것을 먹고 곰은 참아 여자의 몸이 되고 범은 참지 못해 사람이 되지 못하였다. 웅녀熊女는 그와 혼인해 주는 이가 없어 신단수 아래에서 아이를 배게 해 달라고 축원하였다. 이에 환웅이 잠시 변하여 혼인하여서 아이를 낳으니 그가 곧 단군 왕검王儉이다.

그래서인지 태백산에는 단군 신화와 관련된 유적들이 여러 곳에 있다. 가장 대표적인 곳이 천제단(天祭壇)이다. 천제단은 단군의 할아버지에 해당하는 천제(桓因)에게 제사를 지내는 곳이다. 천제단은 천왕단 하단 등 세 개의 단으로 이루어져 있다. 규모가 가장 큰 것은 천왕단이고 그 다음이 장군단이며 하단은 상대적으로 규모가 작다. 『삼국사기』에는 신라왕이 친히 천제를 올렸다는 기록이 있고 고려와 조선시대 때에도 지방의 수령들과 백성들이 천제를 지냈다고 한다. 특히 구한말에는 의병장 신돌석이 백마를 잡아 천제를 올렸으며 일제 식민지시대에는 독립군들이 천제를 올렸던 성스런 제단이다. 지금도 태백시에서는 매년 10월 3일 개천절에 천제를 올리고 있고, 강원도민체육대회 때는 성화를 채화하

◑ 태백산 정상의 천왕단. 천제단은 1991년 10월 23일 중요 민속자료 제228호로 지정된 곳이다. 천제단 중 가장 규모가 큰 천왕단은 둘레가 약 27.5m로 안에 제단이 있다. 매년 개천절 때 제사를 지내는 곳이다.

는 곳이기도 하다. 그리고 천제단에서 문수봉을 지나 당골계곡으로 내려와 태백석탄박물관으로 가기 전에 최근에 지은 단군성전이 있다.

우리는 환웅이 신시를 만든 곳은 백두산이라고 알고 있다. 그런데 왜 삼국시대부터 백두산에서 남쪽으로 한참 아래에 있는 지금의 태백산에 천제단을 만들고 제를 올린 것일까? 그것은 우리 민족의 발전사와 관계가 깊다. 우리 조상들은 원래 백두산을 태백산으로 여기고 민족의 성산으로 숭배를 했을 것이다. 하지만 삼국시대 형성 초기부터 많은 사람들이 남쪽으로 내려와 남쪽에 또 다른 나라를 세웠다. 나라는 여럿으로 나뉘었지만 민족은 하나였던 관계로 신성한 산을 찾아 하늘에 제사를 올리려는 신심의 전통은 그대로 이어졌다. 그래서 남쪽으로 이동한 삼한의 조상들은 북쪽의 태백산(백두산)과 느낌이 비슷한 산을 찾아 태백산이라 이름을 지었고 그곳에서 제사를 지내게 된 것이다. 산꼭대기에 천제단을 쌓고 옛 풍습대로 하늘에 제사를 지내니, 그 전통이 지금까지 이어져 매년 10월 3일 개천절 때 제사를 올리게 된 것이다. 덕분에 남한의 태백산은 다른 어떤 산보다 성스럽게 여겨져 곳곳에 그 흔적을 남기고 있는 것이다.

바다 밑에서 만들어진 산
태백산을 올라가 본 사람이라면 태백산이 산의 규모에 비해 그렇게 가파르거나 험하지 않다는 것을 느낄 것이다. 그래서 겨울철을 제외하고 날씨만 좋으면 특별한 등산 장비 없이 가벼운 운동화 차림으로도 얼마든지 오를 수 있다. 특히 태백산은 정상이 1,567m이지만 산행 출발점이 해발 700~800m이므로 어린이를 동반한 가족이라도 함께 손을 잡고 오를 수 있다. 천천히 대화를 나누며 걸어도 유일사에서 천제단까지 3시간 정도면 되고 내려

■1 태백산 장군봉에서 내려다본 백두대간의 모습. 태백산은 다른 산에 비해 산세가 완만하다. 그 이유는 태백산을 이루는 암석들이 쉽게 판상으로 절리되는 퇴적암이나 변성 강도가 약한 초기 변성암으로 이루어져 있기 때문이다. 짙은 먼지로 이루어진 수평선이 보이는 것은 황사가 매우 심한 탓이다.

■2 ■3 태백산 문수봉 주변의 사암들. 문수봉 주변에는 커다란 덩어리의 사암들이 지천으로 깔려 있다. 이처럼 바위들이 무너져 내린 것을 테일러스(Talus) 또는 애추라고 하는데 사암 지층이 풍화와 침식을 받아 무너지거나 부서져서 형성된 것이다. 사암을 자세히 보면 자갈들이 군데군데 박혀 있음을 알 수 있다.

올 때는 2시간이면 충분하다.

　그런데 설악산이나 한라산 등과는 다르게 태백산은 왜 등산길이 험하지 않은 것일까? 그 답은 태백산의 형성 과정 속에 숨어 있다. 태백산을 덮고 있는 많은 부분은 퇴적암으로 되어 있다. 또한 일부는 그 퇴적암이 변성작용을 받아 형성된 변성암인데, 변성작용이 충분히 진행되지 않은 변성 초기의 변성암들이다. 따라서 암석이 넓게 판상으로 절리를 이루거나 쉽게 벗겨지는 특징을 가진다. 뿐만 아니라 암석의 단단함이 화성암이나 변성이 많이 진행된 변성암에 비해 미약하여 쉽게 풍화된다. 화성암이나 변성암이 이루는 산은 대부분 거친 데 비해 퇴적암으로 된 산은 산세가 부드럽고 등산길이 평탄한 특징을 가지는데, 대표적인 예가 태백산이다.

태백산에서 퇴적암의 모습을 보려면 천제단에서 남쪽 방향으로 발길을 돌려 문수봉으로 가면 된다. 문수봉에 이르면 크고 작은 바위들이 넓게 분포되어 있고 둥글게 탑으로 세워진 것을 볼 수 있다. 이들 암석은 약간 붉은색을 띤 사암이다. 사암은 모래가 물밑에서 오랜 세월 조금씩 쌓인 후 굳어진 퇴적암으로 날카로운 못으로 긁으면 모래 알갱이가 떨어져 나온다. 자세히 살펴보면 사암에 다양한 크기의 자갈들이 박혀 있는 것을 알 수 있다. 자갈이 쌓여 이루어진 퇴적암을 역암이라고 하지만 문수봉의 것은 자갈보다 모래의 양이 많으므로 사암으로 분류된다.

한편 장군봉 주변에서는 퇴적암인 이암이나 셰일 등이 변성작용을 받아 형성된 변성암을 쉽게 볼 수 있다. 이암이나 셰일은 오랜 세월 그 위에 퇴적암이 두껍게 쌓이거나 지각변동을 받아 땅속 깊은 곳으로 가게 되면 큰 압력과 많은 열

❍ 장군단의 벽을 이루고 있는 암석들을 자세히 보면 퇴적암의 변성작용 진행 과정을 살펴볼 수 있다. 오른쪽 사진의 왼쪽 암석에 있는 둥글고 검은 점은 열과 압력에 의해 재결정 작용이 일어나 형성된 것이다. 이것이 더 큰 압력을 받으면 얇은 띠를 이루는데 이를 편리라 하고 편리가 있는 것을 편암이라 한다. 오른쪽 사진의 검은 사마귀처럼 볼록하게 나온 것은 왼쪽의 검은 점들이 나머지 암석보다 단단하여 풍화에 잘 견뎠기 때문으로 생각된다.

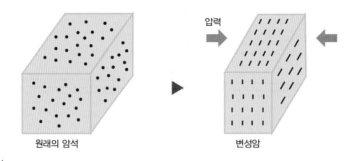

원래의 암석　　　　　　　　　　변성암

○ 편리의 형성

을 받게 된다. 또한 가해지는 열과 압력의 정도에 따라 단계적으로 변성작용을 받는다. 천제단 중에서 두 번째로 규모가 큰 장군단의 벽을 이루고 있는 바위를 보면 편암이나 편마암이 발견되어 변성작용의 흔적을 볼 수 있다.

　퇴적암이 변성암이 될 때는 압력과 열을 받는 정도나 시간에 따라 몇 단계를 거친다. 예를 들어 이암이나 사암은 압력이 가해지는 방향으로 평행하게 점점 압축되면서 가지고 있던 수분이 빠져나가 부피가 줄어들게 되고, 점토 알갱이 들이 같은 방향으로 층을 이룬 점판암이 된다. 점판암은 벽개면(암석이 쪼개지는 면)을 따라 얇은 판으로 쪼개지는 특성이 있고 또한 방수성이 뛰어나며 크기를 적당하게 자를 수도 있어 옛날부터 지붕 등의 건축 자료로 많이 사용되었다. 이러한 것을 슬레이트라고 하는데 질이 좋은 것은 수백 년 동안 사용되기도 한다.

　점판암에서 변성작용이 더욱 진행되면 광물의 결정이 커지면서 겉이 매끈하며 검은 빛을 띠는 천매암이 된다. 천매암은 점판암과 달리 벽개면이 눈으로 관찰되기 어렵고 벽개면의 변형이 일어나 물결 모양을 띠거나 휘어지기도 한다. 그리고 점판암처럼 쉽게 쪼개지지 않아 건축 재료로 잘 사용하지 않는다.

　천매암에서 변성작용이 더욱 심하게 진행되면 밝은 색과 어두운 색 광물이 아주 얇게 차례대로 번갈아 가면서 나타나는 편암이 된다. 이때 얇은 줄무늬를 편리라고 한다. 한편 편암이 변성작용을 더 받으면 편마암이 되는데 편마암은 편암보다 더 굵은 줄무늬가 특징인 편마 구조를 가진다.

퇴적암은 오랜 세월에 걸쳐 퇴적물이 운반되어 와 쌓이고 다져진 후 형성되는 암석으로 주로 호수나 바다 밑에서 만들어진다. 호수나 바다 밑은 물이 산과 계곡을 흐르면서 침식과 운반작용을 하여 가지고 온 여러 퇴적물을 쌓기에 좋은 조건을 갖춘 곳이기 때문이다. 태백산에서 주로 발견되는 천매암은 지금으로부터 약 20억~18억 년 전 선캄브리아대에 형성된 것으로 알려져 있다. 이러한 까닭으로 태백산도 약 20억 년 전에는 깊은 바닷속에서 이암이나 셰일과 같은 퇴적암으로 있다가 큰 지각변동을 받으면서 변성작용을 받아 변성암이 된 암석들로 이루어진 것으로 판단할 수 있다. 지금은 1,567m 높은 곳에 있는 태백산도 한때는 아주 깊은 바닷속에 있었던 것이다.

◐ 천왕단은 주로 검은 빛을 내는 천매암으로 쌓였고 그 주위에도 같은 암석을 쉽게 찾아볼 수 있다. 오른쪽 사진은 태백산의 등산로 초입에 있는 유일사의 석탑으로 단을 천매암으로 쌓았다.

삼엽충들의 천국

직운산 │ 삼엽충은 고생대 캄브리아기에서 오르도비스기 사이인 5억 6,000만 년 전부터 약 1억 년 동안 바다에서 번성했던 생물로 오늘날 절지동물의 조상이다. 이들은 실루리아 후기에 들어 숫자가 줄어들어 고생대의 마지막 시기인 페름기 말에 지구상에서 사라졌다. 삼엽충은 전 세계적으로 약 1만 종 이상이 발견될 정도로 번성했던 고생대의 대표적인 바다 생물이다. 삼엽충이 이처럼 번성할 수 있었던 이유는 바다 밑바닥을 기어 다니며 토양층에 풍부했던 영양분을 섭취하며 살아 다른 생물과 먹이 경쟁을 하시 않아도 되있기 때문으로 추정된다.

삼엽충은 우리나라에서는 태백에서 가장 많이 발견되는 화석으로 특히 황광

○ 한국자원지질연구소 전시실의 삼엽충. 삼엽충은 몸이 머리, 가슴, 꼬리의 세 부분이 명확하게 구분된다. 하지만 삼엽충이라는 이름이 붙은 진짜 이유는 머리, 가슴, 꼬리가 아니라, 세로로 보았을 때 좌측, 중앙, 우측, 이렇게 세 부분으로 뚜렷이 구분되기 때문이다. 그래서 옛날 사람들은 삼엽충을 세쪽이라고 부르기도 했다. 고생대 오르도비스기에 번성했던 바다 생물인 삼엽충은 죽으면 몸이 쉽게 떨어지는 특징이 있으므로 붙어 있는 몸체가 성하게 산출되는 화석은 드문 편이다.

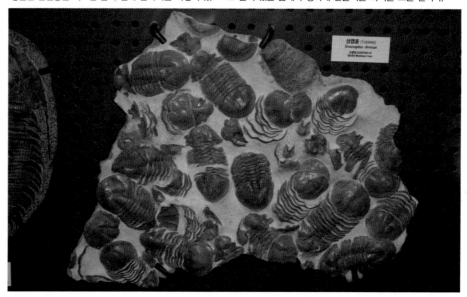

동에 있는 직운산 정상에서 많이 발견된다. 태백에서 태어나 자랐다는 택시 기사의 말에 따르면 직운산은 과거에 삼엽충이 발에 밟힐 정도로 많았다고 한다. 지금은 일반인들의 무단 채취를 막기 위해 삼엽충 분포 지역을 강원도 기념물로 지정하여 통제하고 있다. 삼엽충은 태백시 외에도 삼척, 영월, 단양 등지에서도 발견되는데 이들 지역의 공통점은 모두 석회암으로 된 지층이 발달한 곳이다. 하지만 삼엽충이 있는 곳은 석회암이 아니라 석회암과 석회암 사이에 있는 세일층이다. 한편 직운산에는 삼엽충 외에도 고생대의 대표적인 화석인 완족류도 쉽게 발견된다.

삼엽충이 고생물학이나 고지리학에서 중요하게 취급되는 까닭은 고생대를 대표하는 표준화석이기 때문이다. 그런데 보통 표준화석 생물은 번성 시기가 짧을수록 가치가 높은 것으로 평가된다. 그 생물 화석의 발견은 곧 특정 시대를

1 고생대 직운산 층에서 발견된 삼엽충. 우리나라에서 발견된 삼엽충의 종류도 꽤 다양하여 약 200종이 넘으며 몸의 크기도 0.5mm에서 70cm에 이르러 여러 가지이다.

2 3 직운산 층에서 발견된 완족류의 화석. 완족류는 고생대 캄브리아기 때부터 바다에 번성했던 생물로 각 지질시대마다 특징이 다른 종류가 산출되므로 지질학에서는 매우 중요하게 취급하는 고생물이다.

확인하는 기준이 되기 때문이다. 하지만 삼엽충은 3억 년의 긴 시간 동안 끈질기게 살아남아 대를 결정하는 잣대가 되기에는 불리하다. 그럼에도 삼엽충이 화석으로서 높은 가치를 인정받는 것은 진화 속도가 매우 빨랐기 때문이다. 삼엽충은 시대에 따라 꼬리의 가시나 머리 모양이 다른 새로운 종이 출현했고 그 출현 시기도 비교적 짧아 시대를 구분하는 데 매우 유리하다. 뿐만 아니라 생물 개체수가 많아 많은 수의 화석을 남긴 것도 큰 장점이다.

태백에서 삼엽충의 화석이 대량으로 발견되는 것은 고생대 때 이곳이 삼엽충이 살기에 적당한 서식 환경이었음을 의미하며, 이것은 결국 태백 지역이 당시에 바다 밑에 있었음을 뜻한다. 이러했던 태백이 오늘날과 같이 높은 지대에 위치하게 된 것은 신생대 때 태백산맥을 만든 경동성 요곡 운동의 결과이다.

고생대 퇴적 환경의 보물 창고
구문소(求門沼)

태백에는 다른 곳에서 볼 수 없는 아주 특별한 장소가 있다. 물이 산을 뚫고 지나간 모양을 한 구문소가 바로 그곳이다. 구문소는 장성과 동점 방면으로 길이 갈라지는 구문소 삼거리에 있다. 태백에서는 구문소를 다른 말로 '구멍소'라고도 부르는데, '구문'은 구멍 또는 굴의 옛말인 '구무'를 한자로 표현한 것으로 '구멍이 있는 큰 웅덩이'라는 뜻이다. 즉, 하천의 물이 산을 뚫고 지나가며 큰 구멍과 웅덩이를 만들었다는 의미로 생각된다.

물이 단단한 암벽에 구멍을 낸다는 사실을 과학적으로 이해하지 못했던 옛날 사람들에게는 무척 신비로운 현상으로 여겨졌을 것이다. 그래서 몇 가지 전설이 전래되고 있는데, 대표적인 것이 청룡과 백룡의 싸움에 얽힌 전설이다.

구문소에 구멍이 뚫리기 전이었다. 회색 암벽을 사이에 두고 동쪽의 철암천 큰 수^沼에 청룡이 살고 있었고 서쪽 황지천에는 백룡이 살고 있었다. 그 둘은^{汎川} 낙동강을 서로 차지하기 위해 오랜 세월 싸움을 그치지 않았다. 하지만 서로의 힘이 비슷하여 좀처럼 승부를 낼 수 없었다. 그러던 중 백룡이 암벽 밑으로 굴을 판 후 암벽 꼭대기에서 싸움을 하는 척하다가 그 굴로 청룡을 밀어 몰아낸 후 그 여세를 몰아 하늘로 승천하였다고 한다.

하지만 전설은 전설일 뿐 사실은 아니다. 구문소에 구멍을 낸 것은 단군도 아니고 백룡도 아니라 물이다. 황지에서 발원하여 낙동강으로 가는 하천의 물이 태백시를 지나 남쪽으로 가면서 뚫은 것이다. 하천의 물이 구멍을 낼 수 있었던 것은 구문소를 이루는 암벽이 석회암으로 되어 있기 때문이다. 석회암은 다른 암석에 비해 물의 침식에 약한 특징을 보인다. 그래서 석회암 분포 지역이 넓은

◐ 구문소는 『세종실록지리지(世宗實錄地理志)』에 '천천(穿川, 구멍 뚫린 하천)'으로 소개되어 있어 옛날 사람들에게도 특이한 지형으로 인식되었던 것 같다. 구문소의 구멍은 단군이 칼로 뚫었다는 전설이 전해지는데 자동차가 지나가는 왼쪽 구멍은 사람이 인위적으로 낸 것이고 구문소의 본래 구멍은 오른쪽에 보이는 것이다.

강원도 곳곳에 땅 밑으로 석회 동굴이 있는 것이다. 석회 동굴이 지하로 흐르는 물에 의해 침식되어 난 구멍이라면 구문소는 지상으로 흐르는 물에 침식된 동굴이라는 차이밖에 없다.

구문소에서 북쪽으로 장성 터널을 향하여 가다 보면 오른편에 자연학습상이라고 쓰인 팻말이 보이는데, 그 뒤로 가면 다양한 퇴적 구조를 볼 수 있다. 구문소 일대를 흐르는 하천의 바닥에는 여러 모양의 퇴적 구조가 나타나 있고 한눈에 쉽게 찾을 수는 없지만 주위를 잘 살펴보면 고생대 때 바다에 살았던 생물들의 흔적을 볼 수 있다. 구문소의 석회암은 고생대 때 이 지역이 따뜻한 바다였음을 말해 준다. 석회암은 따뜻한 바다에 서식하는 산호와 조류 및 조개류의 껍질 등이 퇴적되어 형성된 암석이기 때문이다. 이러한 까닭으로 구문소를 포함하여 이 지역 전체는 지형적인 특성뿐만 아니라 우리나라 후기 고생대 때의 퇴적 환경을 연구하는 데 중요한 학술적 자료가 되어 천연기념물 제417호로 지정하여 보호하고 있다.

하천 바닥 곳곳에는 지질학자들이 큰 관심을 보이고 연구를 했던 흔적이 여기저기 있다. 기계로 판 구멍들을 많이 볼 수 있는데, 그 구멍은 암석 표본을 채

○ 구문소 뒤쪽의 하천 바닥. 여러 겹으로 된 석회암 층이 발달해 있고 석회암 층이 한때 지표로 드러난 후 건조한 기후에 노출되었음을 보여 주는 건열 구조가 발달되어 있다. 석회암 바닥 이곳저곳을 자세히 살펴보면 당시에 서식했던 바다 생물이 기어 다녔거나 구멍을 낸 흔적이 있음을 알 수 있다.

취한 흔적이다. 힉자들은 암석 표본에 기록된 고지자기의 방향을 추적하여 이 지역이 약 3억 6,000만 년 전에는 현재의 위치가 아니라 적도 아래 약 5° 지역의 바다에 있었던 것임을 알아냈다. 그리고 현재의 북위 38° 위치에 이르게 된 것은 그로부터 약 2억 년이 지난 후였다는 것도 밝혀냈다. 그러므로 구문소는 지난 수억 년 동안 한반도를 이루는 땅덩어리가 어떤 경로로 이동했으며 우리 땅의 본향이 어디였던가를 알려 주는 장소인 셈이다.

석탄 산업 도시에서 관광 도시로 | 구름도 쉬어

간다는 통리재에서 장성 방면으로 가다 보면 산 중턱에 거뭇거뭇한 흔적을 많이 볼 수 있다. 태백 시민의 말에 따르면 그곳이 과거에는 모두 석탄을 캤던 곳이라고 한다. 한때 태백은 석탄 산업 하나로 잘 나가던 도시로 인구가 약 15만 명에 이를 정도로 많은 사람들이 몰려들어 강원도에서 가장 부유했다고 한다. 그러나 석탄 산업이 사양길로 접어든 후 인구는 3분의 1로 줄어들어 지금은 군데군데 빈 집이 보일 정도로 한적하다.

○ 철암역 두선탄장. 영동선 철암역 뒤로 우금산 중턱에 많은 양의 석탄이 쌓여 있다. 철암역 근처는 1930년대 말 태백이 탄광 도시로 형성된 이후 1970년대 석탄 산업이 최대 호황을 누리던 때 광부들의 가족이 살던 태백의 중심지였다. 그러나 1993년 철암 최대의 탄광이었던 강원산업마저 폐광하면서 옛 영화를 추억하는 소도시로 전락했다. 마지막으로 남은 곳이 철암역두선탄장으로 아직도 일부 지역에서 산출되는 석탄이 모이는 곳이다. 안성기와 박중훈이 주연으로 나온 영화 〈인정 사정 볼 것 없다〉에서 서로 주먹다짐을 하던 곳이기도 하다.

1 2 낙동강의 발원지 황지(黃池). 황지는 태백시 가운데에 있다. 상지, 중지, 하지 3개의 못이 연결되어 있으며 가장 위쪽의 상지에서는 가뭄에 상관없이 하루에 수천 톤의 물이 솟아오른다고 한다. 하지만 낙동강은 사람들이 알고 있는 것처럼 발원지가 황지가 아니다. 실제 발원지는 이보다 더 상류 쪽의 싸리재(1,280m) 아래에 있는 은대샘이라고 한다.

3 삼수동에 있는 삼수령. 이곳에 떨어진 빗물이 한강을 따라 황해로 가고 낙동강을 따라 남해로 가고 오십천을 따라 동해로 흘러간다고 해서 삼수령이라 한다.

4 태백시가 새로 개발한 대표적인 관광지인 철암단풍군락지. 태백산 남쪽으로 철암역두선탄장을 지나 철암중고등학교 앞으로 가면 단풍 군락지가 있다. 고원 지대라서 그런지 가을에 단풍이 유난히 붉고 노랗게 색을 내어 많은 관광객을 유혹한다.

  태백 시민이 석탄 산업을 대신하여 지방의 경제를 살리기 위해 선택한 것은 관광 산업이었다. 오랫동안 노력한 보람이 있어 꽤 성공적으로 정착되고 있다. 태백은 해발 700~800m에 있는 고원의 도시로 여름에는 모기가 없으며 계곡이 시원하여 많은 피서객들이 찾아오며, 가을에는 일교차가 심해 단풍이 매우 아름답다. 특히 겨울에는 눈이 많이 내려 태백산을 중심으로 눈꽃축제가 열리는데, 이것은 우리나라의 대표적인 겨울축제로 자리매김하였다. 게다가 태백이 우리나라의 양대 강물인 한강과 낙동강의 발원지라는 사실이 널리 알려지면서 사람들의 발길이 잦아지고 있다. 그러나 아직도 많은 사람들이 태백을 강원도 최북단에 있는 오지로 착각하는 경우가 많다. 사실 태백은 강원도 남부, 경상북도의 북부와 지척의 거리에 있다. 서울에서 3시간이면 충분히 닿을 수 있는 곳이니 가족 단위로 여행하기도 좋다.

찾 • 아 • 가 • 보 • 기

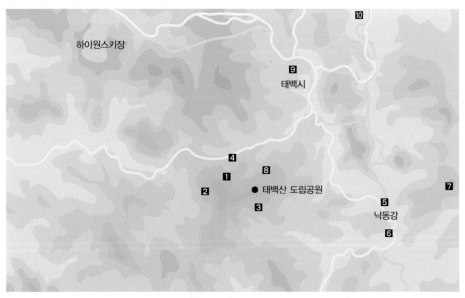

1 태백산 주목 군락지 **2** 태백산 천제단 **3** 문수봉 **4** 유일사 **5** 직운산 고생대 화적지 **6** 구문소 **7** 철암역두선탄장과 철암 단풍군락지 **8** 태백석탄박물관과 단군성전 **9** 황지 **10** 삼수령

" 한국의 대표적인
　　카르스트 지형 강원도 삼척 **"**

16

덕풍계곡에서 416번 지방도로를 타고 산양 서원이 있는 산양 마을로 가다 보면 도로에서 볼 수 있는 탑 카르스트 지형이다.
삼척에는 곳곳에 이러한 탑 카르스트 지형을 많이 만날 수 있다. 탑 카르스트 지형은 원래 강변이나 해안을 따라
탑 모양의 돌산이 우뚝 솟아 탑 카르스트라는 이름을 얻었는데 예로부터 산수화의 주요 주제가 되기도 했다.

...

이름만으로 아득해지는 고장이 있다면 그중 첫째는 삼척일 것이다.
삼척으로 가는 길은 그 이름이 주는 느낌만큼이나 멀고도 험하다.
기차를 타고 태백산맥을 넘어가는 동안 깎아지른 듯한 절벽과 마치 하늘을 나는 듯한
넘실대는 구름 위를 바라보고 있노라면 마치 하늘의 문을 열고 날아오르는 기분에 사로잡힌다.
하지만 그 길에는 하늘만 있는 건 아니었다.
한때 기차마저도 지그재그로 올라가야 했던 그 험준한 산맥의 땅속 지하에는
우리가 미처 가늠할 수 없었던 또 다른 세계가 펼쳐져 있었다.

...

고려의 마지막과 조국 근대화의 초석이 되었던 삼척(三陟)

| 강원도 삼척은 지리적으로 한반도의 중심에서 동쪽 끝 해안에 자리 잡고 있다. 서울을 비롯하여 전국 어느 곳에서도 '가는 길이 멀고 험하다' 하여 삼척이라는 이름을 얻었다. 그래서 변방의 이름 없는 곳으로 여길 수 있지만 역사적 사실은 그렇지 않다.

삼국시대에는 고구려와 신라의 국경 지대로서 군사적으로 중요한 역할을 했고 통일신라시대에는 정치 · 경제 · 문화적으로 수도인 경주 다음가는 중심지였다. 그리고 고려시대 때는 왕조의 마지막 운명을 함께했던 곳이었다. 태조 이성계가 이씨 조선을 개국한 후 3년이 지났을 당시 1394년에 공양왕과 그의 두 아

○ 통리재 정상 부근을 지나는 탄광 열차. 석탄은 우리나라에서 생산되는 유일한 에너지원이다. 석탄은 옛 지질 시대 때 양치식물 등이 땅속에 묻혀 공기와 차단된 채 지압과 지열을 받아 탄화된 화석 연료이다. 석탄 중 무연탄은 불기가 강하고 연기가 잘 나지 않아 연탄의 좋은 원료가 되어 한동안 우리나라 겨울철 난방의 대명사와 같은 역할을 했다.

들을 삼척에 유배 보냈으나 일부 신하가 이들이 반역을 꾀할 조짐이 있다고 하여 공양왕과 두 아들의 목숨을 빼앗았던 곳이기 때문이다.

한편 근대에 와서 삼척은 석회석과 석탄 그리고 철과 같은 지하자원이 풍부한 곳으로 우리나라 근대 산업의 중심지 역할을 했다. 그래서 삼척은 근대화 과정에서 우리나라에서 규모가 가장 큰 군^郡으로서 제주도 도지사보다 삼척 군수가 더 힘이 있다고 할 정도였다고 한다. 당시 유일한 에너지원이었던 석탄의 최대 생산지로 탄광 지대를 흘렀던 검은 강물은 한강의 기적을 이룬 한국 산업 발전의 척도로 여겨졌다. 덕분에 삼척 탄광 지역은 1960년대 초부터 1980년대까지 '개도 돈을 물고 다닌다'고 할 정도로 호황을 누렸다. 하지만 석탄 산업이 사양길로 접어들면서 삼척도 예전의 화려했던 흔적을 찾아보기 어렵게 되었다.

허목과 척주동해비

삼척항에서 멀지 않은 곳에 육향산이라는 작은 산이 있다. 그 산 꼭대기에 척주동해비^{陟州東海碑}가 있는데, 이는 조선 현종 2년(1661년) 삼척 부사 허목^{1595~1682}이 세운 것이다. 허목은 당시 삼척 지방에서 바닷물이 읍내까지 차고 올라와 오십천의 입구가 막히고 강이 범람하여 주민들이 큰 피해를 입는 것을 안타까이 여겨 이 비석을 세워 그 피해를 막고자 했다. 허목이 척주동해비를 세운 이후에는 신기하게도 심한 폭풍이 불어도 바닷물이 넘치는 일이 없어졌다고 전해진다. 이후 사람들은 그 비석과 비문의 신비한 위력에 놀라 이 비를 퇴조비로 부르기도 했다.

물론 돌로 만든 비석 하나가 자연의 재해를 막았다는 사실은 과학적으로 보면 말이 되지 않는다. 그러나 중요한 것은 자연 재해를 예비하고자 했던 허목의 목민으로서의 자세와 높은 안목이었다. 비석을 만든 후 허목은 "앞으로 오는 큰 해일은 그 누구도 막을 수 없다. 그 해일이 몰려오면 모두 솥을 들고 삼척을 떠나 두타산 정상으로 피해야 살 것이다."라는 말을 하여 백성들에게 위기를 대처하는 지혜를 심어 주었다. 허목의 말은 어린 동자들까지 다 알고 있어 그 후 '삼척동자도 안다.'라는 말이 생겼다고 전해진다.

여기서 말하는 해일은 아마 지진 해일, 즉 쓰나미일 가능성이 높다. 전 세계적으로 쓰나미의 80% 이상은 태평양 연안 지역에서 집중적으로 발생하고 이웃나라인 일본은 쓰나미 피해를 많이 받는 나라다. 우리나라는 일본이 태평양에

❍ 척주동해비. 허목이 자연재해로 동요하는 백성들의 민심을 다스리기 위해 만든 비다. 척주동해비라는 글체는 전서체로 허목 서예의 대표작으로 전해지고, 우리나라 서예사에 있어서 중요한 의미가 있다. 뒷면에는 동해를 칭송하는 글들이 쓰여 있다.

서 발생하는 쓰나미를 가로막아 주고 있어 쓰나미의 피해를 크게 입은 적은 없지만 완전히 쓰나미로부터 자유로운 것은 아니다. 왜냐하면 일본 홋카이도 근처에서 발생하는 지진으로 우리나라 동해안에서도 쓰나미가 발생할 수 있기 때문이다. 이에 대비하여 기상청은 일본 하와이지진해일센터 등과 공조해 긴밀한 경보체제를 구축했으며 동해안 주민과 대피 훈련도 실시하고 있다. 이러한 일을 두고 볼 때 그 옛날 동해안이 결코 해일로부터 자유로운 지역이 아님을 간파하고 이에 대비하여 백성들을 일깨운 삼척 부사 허목의 지혜가 남다르다고 할 수 있다.

미인의 한이 맺힌
미인폭포 | 미인폭포 앞에서 서서 '삼척 사람들은 왜 폭포에 왜 '미인'이라는 이름을 붙였을까?' 한참을 고민해 보았지만 이에 대한 답을 찾을 수 없었고 다만 전해지는 옛 이야기만 들었을 뿐이다.

본래 이 폭포 주변에서는 100년을 주기로 미인이 나왔다 한다. 어느 날 100년 만에 미인이 나타났는데 기가 너무 세었는지 아니면 남편 복이 없었는지 결혼을 하자 남편이 곧 세상을 떠났다. 젊은 나이로 혼자 살 수 없어 재가를 했는데 남편이 또 죽고 말았다. 이런 일이 반복되자 여인은 박복함을 탓하고 스스로 폭포에 올라 투신을 하여 목숨을 버렸다. 그 후 마을 사람들이 이 여인의 시체를 거두어 무덤을 만들고 미인 묘라 불렀다고 전해진다. 미인의 한이 서린 곳이어서 그런지 한 해가 끝나는 마지막 날 일몰 전과 새해 첫날 일출 전에 미인폭포에 따뜻한 바람이 불면 풍년이 들고 찬바람이 불면 흉작이 든다고 한다.

그런데 이름에 걸맞지 않게 미인폭포는 규모는 웅장하고 모습은 거칠었다.

사진을 찍을 당시 폭포 아래에서는 작은 굿판이 벌어지고 있었는데 무당과 주변 사람들의 키와 비교해 보니 미인폭포의 규모를 가늠할 수 있었다. 옛날 50평의 기암괴석에 50척 높이의 바위에서 물이 떨어진다 하여 오십장 폭포라 불렸다는 것이 실감이 났다. 폭포가 흐르는 곳 좌우로는 붉은색의 퇴적암 층리가 잘 발달해 있었다. 또한 폭포 아래에는 협곡에서 무너져 내린 것으로 보이는 역암 덩어리가 여기저기 흩어져 있어 미인폭포를 이루고 있는 암석의 지질을 보여 주었다.

미인폭포 앞으로는 거대한 협곡이 형성되어 있다. 이 협곡은 신생대 제3기에 이곳에 활발했던 단층작용의 결과로 형성된 단층선을 따라 오십천이 흐르면서 만든 협곡이다. 그런데 지반이 융기하여 태백산맥을 형성하는 과정에서 오십천

◑ 미인폭포. 삼척시 도계읍의 도계역에서 태백으로 가는 새로 난 길 우측으로 보면 혜성사라는 이정표가 보인다. 혜성사 아래에는 오십천 상류의 맑은 물이 만든 높이가 약 30m에 이르는 폭포가 있다. 굿을 하는 사람의 몸 크기와 비교해 보면 미인폭포의 규모를 짐작할 수 있다.

의 경사가 더욱 급해졌고 침식작용이 강화되었다. 그때 침식의 전단부로 자리 잡은 곳이 바로 지금의 미인폭포인 셈이다. 미국의 나이아가라 폭포가 두부 침

식작용으로 현재의 위치에서 점점 뒤로 후퇴하는 것처럼, 미인폭포의 위치도 오랜 세월이 지나면 지금보다 좀 더 뒤쪽으로 이동하게 될 것으로 여겨진다.

붉은 빛 퇴적암으로 된
통리협곡 | 협곡이란 폭이 좁고 깊은 계곡을 말한다. 강원도 삼척과 태백의 경계를 이루는 통리재 옆에 협곡이 발달되어 있는데 통리협곡이라 부른다. 통리협곡은 중생대에 형성된 두터운 퇴적층이 신생대 때에 있었던 지각변동으로 단층작용을 받아 갈라져 깊은 절벽을 이룬 곳에 오십천 강물이 침식작용을 하여 만든 협곡이다. 해발 약 700m의 단단한 바위 산 사이로 깊이 약 250m의 가파른 계곡이 버티고 있는 모습을 볼 때 지금은 조용하지만 한때 이곳에 큰 지각변동이 있었고 큰 물길이 지나갔음을 짐작할 수 있었다.

통리협곡의 지질을 자세히 관찰해 보면 암석의 입자가 다양함을 알 수 있다. 굵은 자갈로 된 역암과 모래로 이뤄진 사암 그리고 고운 진흙으로 된 이암이 차곡차곡 쌓여 있었다. 입자가 고른 이암이나 사암층이 형성될 당시는 이곳으로 강물이 조용히 흘러들었을 때이고 크고 작은 자갈 덩어리가 뒤섞인 퇴적암이 쌓였을 때에는 상류에 홍수가 져 큰물이 거칠게 들이닥쳤을 것으로 짐작할 수 있다.

또한 협곡의 색이 전체적으로 붉은색을 띠는 것으로 보아 퇴적층이 쌓일 당시 기후가 매우 건조했음을 추정할 수 있다. 지층이 붉은 것은 호수의 물이 비교적 얕았고 자주 건조하여 퇴적물이 퇴적될 때 공기와의 접촉이 잦아 산화 활동이 왕성하게 일어났기 때문이다. 특별히 이곳에서 화석이 잘 발견되지 않은 것도 이러한 추정에 힘을 실어 준다. 따라서 퇴적암의 굳기도 미약하여 이 지역은 다른 지역보다 풍화와 침식에 약해 깊은 계곡을 형성했다는 것을 알 수 있다.

○ 통리협곡. 통리협곡을 가면 주변에 마치 콘크리트 타설 현장에서나 볼 수 있는 바위 덩어리들이 무더기로 널려 있다. 주로 굵은 자갈로 된 역암과 모래로 이루어진 사암, 진흙으로 굳은 이암으로 구성되어 있는데 협곡의 퇴적층을 자세히 살펴보면 교대로 되어 있음을 알 수 있다.

통리협곡은 이색적인 곳이다. 우리나라 계곡이 대부분 화강암으로 되어 있는데 반해 통리협곡은 켜켜이 굵기가 다른 역암과 사암으로 된 퇴적암 계곡이기 때문이다. 또한 해질 무렵에 가서 보면 노을의 붉은 빛이 더욱 붉게 보여 마치 공룡이 활보했던 중생대로 되돌아간 것만 같다. 그래서인지 통리협곡을 찾은 사람들은 이곳을 '한국의 그랜드캐니언'으로 부르는 것을 좋아한다. 미국의 그랜드캐니언과 규모 면에서는 비교하기 어렵지만(그랜드캐니언은 깊이는 설악산의 높이와 비슷하고 길이는 서울에서 부산까지의 거리보다 더 길다.) 형성 과정과 색깔이 비슷하다는 것이다.

그러나 통리협곡은 우리나라에서 찾아보기 힘든 지형 그 자체로서의 가치를 가지고 있다. 하루 종일 차를 타고 가서 한 군데 정도의 지형만 감상할 수밖에 없는 미국보다 옹기종기 다양한 지형이 모여 있어 마치 지질 박물관과 같은 우리 땅이 더 소중하게 느껴지지 않는가.

탑카르스트 지형
덕항산 | 삼척은 우리나라의 대표적인 카르스트 지형이다. 환선굴, 관음굴, 초당굴, 대금굴 등으로 이루어진 대이리 석회 동굴 지대는 땅밑 카르스트 지형의 백미를 보여 주는 곳으로 말로 표현하기 어려울 정도로 **빼어난** 자연미를 자랑한다. 또한 땅 위 카르스트 지형은 덕항산德項山을 비롯하여 곳곳에 있는데 특히 동해안의 해안 절경을 만드는 카르스트는 떠오르는 아침 해의 찬란한 햇살을 받을 땐 신비롭기까지 하다. 한편 삼척과 태백의 경계에서 만나는 통리협곡은 다른 지방에서는 찾아보기 어려운 지형으로 붉은 빛 깊은 계곡의 장엄함과 한반도의 중생대와 신생대의 지질 역사를 한꺼번에 보여 준다.

덕항산은 강원도 삼척시 신기면 대이리와 한내리에 걸쳐 있는 해발 1,071m의 산이다. 삼척 방향은 가파른 협곡을 이루고 태백 방향은 완만하다. 그래서 주민들은 '기퍼른 산올 넘으면 화전을 일구기 좋은 편평한 땅이 있어 덕을 봤다.'고 하여 덕메기산이라고도 부르고 이를 한자로 표기하여 덕항산이 되었다고 한다. 낙엽송 숲길을 따라 산을 오르다 보면 촛대바위, 설패바위, 미륵봉 등 독특한 멋을 자랑하는 봉우리들을 만날 수 있는데, 자세히 보면 어디서 자주 본 느낌을 가질 것이다. 산을 이루는 봉우리들의 모습이 베트남 통킹만 하롱베이를 배경으로 찍은 한 항공사의 텔레비전 광고에 등장하는 산과 비슷하기 때문

1 베트남 하롱베이. 바닷속에 있는 탑 카르스트.
2 계림. 강 속에 있는 탑 카르스트.
3 삼척 카르스트 지형의 상징 덕항산. 카르스트 지형이란 물의 화학적인 작용으로 석회암이 용해되어 생긴 지형을 말한다. '험한 바위산'이라는 뜻의 유고슬라비아 어로 아드리아 해안의 석회암 지대가 있는 지방의 이름에서 유래했다. 덕항산과 덕항산 아래의 대이리 동굴 지대가 대표적인 카르스트 지형이다.

이다. 또한 중국의 화남 지방, 특히 광시성을 여행한 사람이라면 계림에서 본 산과 비슷하다는 생각도 했을 것이다.

모두 맞는 생각이다. 베트남의 하롱베이, 중국 계림의 산들과 덕항산은 모두 석회암으로 된 곳으로 카르스트 지형이다. 지질학적으로 이러한 지형을 탑 카르스트Tower Karst라고 한다. 탑 카르스트란 주로 열대 및 아열대의 습윤 지역 중에서 석회암층이 두껍게 나타나는 경우 많이 발달하는 것으로 석회암이 오랜 세월 물에 녹아 만들어진 바위산을 말한다. 하롱베이가 바닷속에 있는 탑 카르스트이고 계림이 강 속에 있는 탑 카르스트라면 덕항산은 산속에 있는 탑 카르스트라고 할 수 있을 것이다. 이것으로 삼척을 비롯한 일부 강원도 지방이 아주 옛날에는 남쪽 나라의 따뜻한 바다 밑 땅이었음을 짐작할 수 있다.

대이리 마을의 너와집과 굴피집

덕항산 아래에는 대이리大耳里라 불리는 마을이 있는데 그 이름은 촛대봉을 비롯한 덕항산의 봉우리들이 큰 귀를 닮았다고 하여 붙여진 것이라고 한다. 대이리에서 환선굴을 비롯하여 관음굴, 대금굴, 사다리바위, 바람굴, 덕밭세굴, 큰재세굴 등 여섯 개의 석회 동굴이 발견되었다. 이 동굴들은 고생대 캄브리아기에 형성된 것으로 수억 년의 신비를 간직하고 있어 우리나라의 대표적인 석회 동굴 밀집 지역이라고 할 수 있는 곳이다. 뿐만 아니라 대이리는 화전 마을로 그 흔적이 고스란히 남아 있는 몇 안 되는 곳이다. 소나무를 켜서 만든 너와집중요민속자료 제221호과 굴참나무 껍질을 벗겨 지붕을 이어 만든 굴피집중요민속자료 제233호이 아직도 보존되어 있는데, 대이리군립공원(환선굴군립공원이라고도 한다)주차장에서 올라갈 때 먼저 만나는 것이 굴피집이고 그보다 위쪽에 있는 것이 너와집이다.

너와집과 굴피집은 산간 오지에 살았던 화전민이 짓고 살았던 집이었다. 지금은 대부분 사라지고 오대산과 설악산 등지에 몇 채 남아 있을 뿐이다. 너와집과 굴피집을 보면 산골 사람들이 자연에 참 잘 순응하면서 살아왔다는 것을 알수 있다. 논농사가 가능한 평야 지역에서야 볏짚과 황토를 이용하여 초가집을 짓고 살았으나 화전을 일구고 밭농사 하며 살았던 가난한 산골의 사람들은 당연히 지천으로 널려 있는 나무를 이용해서 집을 지었다. 그래서 발명한 것이 너와집이다. 너와집은 너세집 또는 널기와집으로도 불리는데 가로 20~30cm, 세로 40~50cm, 두께 5cm 정도의 크기로 나무를 잘라 만든 집이다. 너와집은 누우면 틈새로 하늘이 보이고 불을 때면 너와 틈새로 연기가 새어 나간다. 틈새로 비가 샐까 찬바람이 들지 않을까 걱정스럽지만 사실은 그 반대라고 한다. 여름에는 바람이 불어 시원하고 겨울에는 눈이 덮어 온기가 밖으로 빠져나가지 못한다. 또한 비가 오면 나무가 습기를 머금어 팽창하여 틈 사이를 막으므로 빗물이 새지 않는다.

이것은 굴피집도 마찬가지다. 날씨가 좋으면 잘 건조되어 밤이면 지붕 사이로 별이 보이며 우기에는 너와와 마찬가지로 빗물을 먹거나 습기가 배어 부피가 팽창하여 그 틈이 없어지므로 빗물이 새지 않는다. 허술한 판자벽도 겨울철엔 땔감으로 쓰는 장작을 빙 둘러 쌓아 놓으니 걱정할 게 없다. 너와집과 굴피집은 방과 부엌과 외양간이 모두 한 지붕 아래에 모여 있는 내부 구조를 가진다. 소도 한 가족처럼 같은 지붕 아래 살았다는데 아주 추운 계절에는 이런 구조가 효율적이었을 것이다.

마을 앞개울에는 통방아가 있다. 약 100년 전에 대이리 마을의 방앗간으로 만들었는데 다른 말로 물방아 또는 벼락방아라고도 한다. 이 통방아의 공이 위

■1 덕항산 자락에 자리 잡은 너와집.

■2 앞개울에 있는 통방아. 하루에 벼 두 가마를 찧을 수 있었다고 한다.

■3 굴피집. 허술한 판자벽도 겨울철 땔감과 무게 있는 장독으로 뺑 돌아가며 쌓아 놓았으니 무너질 걱정은 없어 보인다. 너와집과 굴피집은 외양이나 내부 구조는 별 차이가 없으나 지붕을 얹은 재료에 따라 너와집 또는 굴피집으로 구분된다.

■4 굴피집의 지붕.

에는 굴쐬를 넓은 넛집을 원추형으로 만들어 놓았다. 불통에 흐르던 계곡물이 담기면 그 무게로 공이가 올라가고 그 물이 쏟아지면서 공이가 떨어져 방아를 찧게 된다. 사람이 발로 힘을 써서 디디는 디딜방아보다 힘이 세고 수월해 편리하지만 육중한 몸체 때문에 느린 것이 흠이다.

지하 카르스트의 백미
환선굴 | 삼척은 동굴박람회를 개최할 정도로 석회 동굴이 아주 많은 고장이다. 그중에서도 으뜸으로 치는 곳이 환선굴^{천연기념물 제178호}이다. 환선굴은 약 5억 년 전 고생대에 형성된 석회 퇴적암에 만들어진 동굴로 1997년 10월부터 개방되었다. 약 780m의 갈매산 봉우리에 있는 환선굴은 6.2km에 이르지만 그중 1.6km만 개방하고 있다.

환선굴은 다른 석회 동굴과는 달리 규모가 매우 크다. 그래서 헬멧을 쓰지 않아도 된다. 동굴 탐험은 신천지 광장의 오른쪽으로 오르면서 시작된다. 벽을 보면 마치 알타미라 동굴의 소를 그린 모습과 같은 모양의 벽화가 보이는데 사람이 그린 것이 아니라 용식공를 따라 흘러내린 물이 그린 것으로 이런 것을 스펀지워크^{Spongework}라고 부른다.

하늘에서 내리는 비는 대기와 땅에 있는 이산화탄소를 용해시켜 약한 산성을 띤다. 산성을 띤 물은 지하수가 되어 석회암의 빈틈을 따라 흐르면서 석회암을 녹여 동굴을 만든다. 석회암을 녹인 물에는 칼슘이온, 탄산염이온 등이 함유되어 있고 이것이 석회 동굴 내부를 이동하면서 여러 변화를 거치는데, 대표적인 것이 유리작용이다.

지하수에 포함되어 있는 이산화탄소가 동굴의 공기 속으로 다시 빠져나가는

○ 환선굴 입구. 마치 지옥으로 들어가는 구멍과 같아 보인다. 옛날 촛대바위 근처의 폭포수에서 아름다운 여인이 멱을 감고 있었는데 마을 사람들이 쫓아가자 지금의 환선굴 근처에서 자취를 감추었고 바위 더미를 쏟아 냈다고 한다. 이후 마을 사람들은 이 여인을 선녀가 환생한 것으로 보고 바위가 쏟아져 나온 곳을 환선굴이라 부른 뒤 제를 올리며 평안을 기원하게 됐다고 한다.

현상을 이산화탄소의 유리라고 한다. 이러한 유리작용은 동굴 안의 공기 속에 있는 이산화탄소의 양이 지하수에 용해되어 있는 것보다 낮을 때 일어나는데, 기체가 밀도가 높은 곳에서 낮은 곳으로 이동하여 균형을 맞추려는 성질 때문에 일어난다. 유리작용의 결과로 방해석 등과 같은 탄산염 광물로 침전된 것이 동굴 생성물이다.

동굴 생성물 중에는 천장에서 자라는 종유석과 바닥에서 자라는 석순이 있으며 이들이 만나 기둥처럼 된 석주가 있다. 또한 벽면을 스며 나오는 지하수가 만드는 동굴 산호가 있는데 바다의 산호와 비슷한 모양을 띠며 다른 말로 동굴 팝콘이라고도 부른다. 동굴 산호는 석회 동굴의 입구에서 깊은 곳까지 가장 흔

1 용식공을 따라 흐른 물이 만든 유석.

2 천장의 용식공에서 물이 그린 모양.

3 환선굴 내부를 흐르고 있는 물.

4 환선굴 천장이나 벽에서는 용식공을 쉽게 볼 수 있다. 용식공은 절리면이나 층리면과 상관없이, 석회암이 부분적으로 물에 용해되면서 마치 종을 엎어 놓은 것처럼 파여 있는 곳을 말한다. 그 파인 곳으로 석회암을 녹인 물이 흘러내리고, 물이 증발하는 과정에서 다양한 동굴 생성물을 만들고 멋진 무늬를 그려 낸다.

5 벽의 용식공에서 나온 물이 그린 모양.

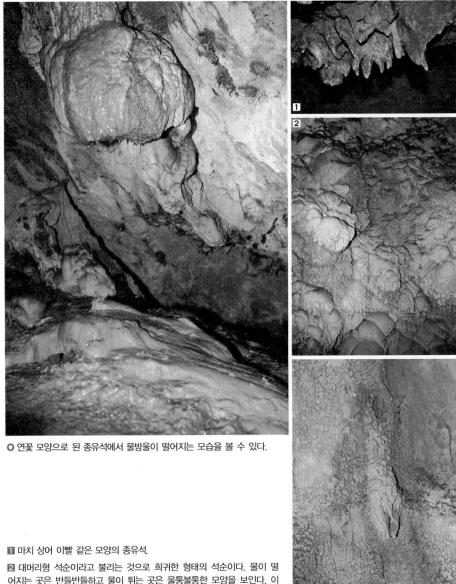

○ 연꽃 모양으로 된 종유석에서 물방울이 떨어지는 모습을 볼 수 있다.

▣ 마치 상어 이빨 같은 모양의 종유석.

▣ 대머리형 석순이라고 불리는 것으로 희귀한 형태의 석순이다. 물이 떨어지는 곳은 반들반들하고 물이 튀는 곳은 울퉁불퉁한 모양을 보인다. 이런 모양의 석순은 국내에서는 환선굴에서만 볼 수 있다.

▣ 동굴 산호들이 모여 있는데 고동 모양을 이루고 있다.

하게 볼 수 있는 농굴 생성물로서 동굴의 바닥이나 벽면 또는 종유석이나 석순과 같은 다른 동굴 생성물 위에서 자라기도 한다. 모양은 혹처럼 생겼거나 나뭇가지처럼 갈라진 모양을 한 것이 가장 흔하다.

한편 석회 동굴의 경사진 바닥에 물이 흐르면서 마치 계단식 논과 같은 모양을 만들며 자라는 동굴 생성물을 휴석이라고 한다. 휴석에는 물이 흐르기도 하고 고여 있기도 한다. 휴석의 크기는 수 센티미터에서 수십 미터에 이르기까지 매우 다양하다. 지하수가 동굴 바닥을 흘러갈 때 지면에 부딪히면서 이산화탄소가 빠져나가는데 물이 많이 부딪히는 곳일수록 이산화탄소가 더 빨리 빠져나가므로 물이 부딪히는 곳을 경계로 광물의 침전이 일어나 마치 논두렁과 같은 가장자리 모양을 갖게 되는데, 이것이 바로 휴석이 만들어지는 과정이다. 둑이 한번 자라기 시작하면 둑 내부부터 광물이 침전되고 이런 일이 반복되면서 평평한 층을 이루는 모양을 이루는 것이다.

유석은 흐르는 물이 만드는 동굴 생성물이다. 석회 동굴 안에서 물이 흐른 바

1 환선굴의 옥좌대(玉座臺). 옥좌대는 천장에서 많은 물이 떨어지면서 형성된 특이한 구조의 휴석이다. 세계적으로 유래를 찾아보기 힘든 규모다.
2 만마기기 논두렁. 넓게 논두렁 모양을 이루며 자란 휴석이다. 휴석 안에는 동굴 산호가 성장하고 있고 자갈 크기의 퇴적물도 보이는데 이것은 외부에서 비가 많이 왔을 때 동굴 깊은 곳으로부터 자갈이 운반되었음을 보여 준다. 물이 떨어지는 곳에는 감자 부침 모양의 생성물이 자라고 있다.

1 절리면을 따라 지하수가 흐르면서 형성된 유석.
2 많은 양의 지하수가 흐르면서 만든 계단형 유석.
3 천장의 용식공으로부터 지하수가 유입되면서 벽면 전체에 유석이 성장하는 모습인데 반원통형의 희귀한 유석이 발견된다.
4 전 세계적으로 찾아보기 어려운 희귀한 동굴 생성물로 환선굴만의 자랑인 지하 만리장성.

덕은 대부분 유석으로 덮여 있는데 이미 생성된 동굴 생성물 위에 많은 물이 흘러도 유석이 생성된다. 유석은 많은 양의 물이 흘러내리면서 자라기 때문에 자라는 속도는 물의 공급량과 관계가 깊다. 유석의 크기는 매우 다양하고 벽면이나 동굴 바닥의 지형에 따라 다양한 모양을 띠며 부분적으로 유석 위에는 동굴 산호가 자라기도 한다.

한편 환선굴에는 지하의 만리장성이라 불리는 독특한 동굴 생성물이 있다. 이것은 동굴의 상류로부터 오랜 세월 퇴적물이 동굴 안으로 유입되어 퇴적층을 두껍게 형성한 후 지하수가 들어와 빠르게 흐르면서 퇴적층의 양쪽에 수로를 만들고 계곡을 형성하여 만든 것이다. 퇴적층의 상부에는 퇴적물이 마르면서 나타나는 건열 구조가 있고 옆면에는 과거에 퇴적물을 운반한 하천이 흘러간 방향을 알 수 있는 퇴적 구조가 있다. 퇴적물의 높이가 광장의 입구보다 높은 것은 아직까지 그 원인을 알 수 없는 수수께끼다.

해안 카르스트
지형 |

삼척시와 동해시가 마주하는 접경 지역의 해안 지역으로 가면 추암 촛대바위라 불리는 잘 발달된 해안 카르스트 지형을 만날 수 있다. 이곳은 아마 우리나라에서 가장 예쁘게 발달한 해안 카르스트 지형일 것이다. 새해 일출 장면으로 널리 알려진 삼척 소망의 탑에서 새천년도로를 타고 북쪽으로 삼척 해수욕장을 조금 지나면 만날 수 있다.

삼척은 바다와 동굴의 도시다. 바다가 매력적인 이유는 그 끝이 보이지 않아서일 것이다. 동굴도 마찬가지다. 삼척 환선굴 내의 관람 코스를 따라 들어가다 보면 그 굴의 끝을 보지 못하고 돌아설 수밖에 없다. 어디까지 들어가야 동굴의 끝

○ 추암 촛대바위는 애국가의 첫 장면에 등장하는 명소로 행정구역상으로는 동해시에 속하지만 위치상으로는 삼척역 바로 옆에 있어 오히려 삼척을 갔을 때 가는 편이 좋다. 이 바위의 암석은 대부분 석회암으로 바닷물의 침식작용으로 기묘한 모양을 이루게 되었다. 아름다운 해안 카르스트 지형이다.

이 있을지 짐작할 수 없다. 끝을 보지 못한다는 점에서 바다와 동굴은 닮았다. 어쩌면 진정한 끝이라는 건 세상에 존재하지 않을 수도 있겠다. 지금 밟고 서 있는 곳이 끝일 수도 있고 역으로 시작이 될 수도 있다. 자연도 그렇고 인생도 그렇다.

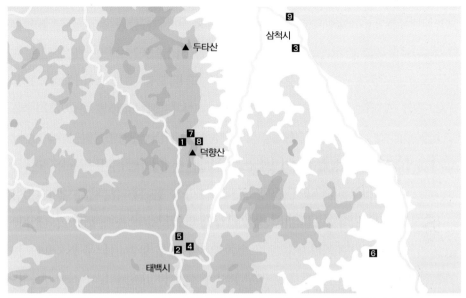

▲ 두타산
삼척시
▲ 덕향산
태백시

1 덕향산 2 통리재 3 척주동해비 4 미인폭포 5 통리협곡 6 산양마을 7 대이리 8 환선굴 9 추암 촛대바위

" 적도의 바다에서 이동해 온 땅
강원도 영월

17

선암 마을의 한반도 지형. 강원도 영월군 서면 옹정리에 있는 선암 마을은 서강(西江)의 샛강인 평창강(平昌江)의
맑은 물이 크게 물돌이 치면서 흐르는 곳이다. 이 물은 주천강과 만나기 직전에 약 5억 년 전 적도 근처의
바다에서 형성된 석회암을 깎아 내면서 독특한 지형을 만들었다. 그 지형은 동쪽으로는 한반도의 백두대간을 연상시키는
산맥과 같은 모양의 지형으로 이어지고, 서쪽은 황해의 넓은 갯벌과 같은 모래가 펼쳐져 있어
한반도 지형을 쏙 빼어 닮아 그 이름도 한반도 지형이라 불린다. 이 지형을 볼 수 있는 곳은 선암마을의
오간재로 옛날에는 산길을 따라 올라가야 했으나 현재 도로 공사가 한창 진행되고 있어 도로에서 조금만 걸어가면 된다.

...

여행을 떠나는 사람들에게는 약간의 무모함이 필요하다.
익숙한 시간과 공간을 뒤로한 채 낯선 곳으로 떠나는 발걸음은
설렘과 동시에 두려움을 내포하고 있기 때문이다.
그래서 여행을 자주 떠나는 이들의 시간과 공간은 항상 새롭고 거침없다.
영월은 새로운 곳으로 향하려는 이들에게 안성맞춤인 곳이다.
아름다운 경치와 맑은 강물, 다양한 볼거리와 행사가 여행객들의 마음을 사로잡는다.
그러나 정작 영월은 겉으로 보이는 아름다움보다는 신비로운 속내를 감추고 있는 곳이다.
예부터 지금까지 많은 이들이 자신도 모르게 영월에 끌렸던 것은,
고대의 머나먼 곳에서 이곳까지 여행해 온 영월의 발자취 때문일 것이다.
그도 그럴 것이 영월은 아주 오래전부터 외로운 여행을 시작해 왔다.

...

오랜 여행의
흔적들 | 강원도 영월은 평창, 정선과 함께 강원도의 고원 지대에 속하는
데, 빼어난 경치를 자랑하는 곳이 많다. 또 비명에 간 어린 단종의 슬픔, 후삼국
시대의 영웅 궁예의 야망, 평생을 떠돌며 민중의 애환을 읊은 김삿갓의 시 등이
곳곳에 흔적으로 남아 있는 유서 깊은 곳이기도 하다. 뿐만 아니라 동강과 서강
이 합류해 남한강을 이루는 곳으로, 해마다 여름이 되면 래프팅의 고장이 되기
도 한다.

오랜 여행의 흔적은 영월의 땅에 고스란히 남아 있다. 영월에는 거대한 석회
암 지형들이 존재한다. 시멘트의 원료가 되는 석회암은 조개류, 산호 등 바다
생물의 몸을 보호하는 껍데기나 골격 등이 바다 밑에 쌓여 형성된 퇴적암이다.
석회암이 만들어지기 위해서는 이들 생물이 번성할 수 있는 따뜻한 수온을 가
진 바다가 필요하며, 실제로 세계적으로 대규모 석회암 지대는 적도를 중심으
로 남·북위 25°~30°선 안쪽으로 분포하고 있다. 그런데 현재 중위도에 위치한
우리나라의 일부 지역에 거대한 석회암 지대가 분포하고 있다. 이것은 이들 지
역이 고생대 무렵에는 적도 부근의 따뜻한 바다 밑 땅이었다가 지금의 위치로
이동했다는 것을 의미한다. 영월이 그런 곳 중 하나다. 문곡리에 있는 스트로마
톨라이트 화석, 하동면에 있는 고씨동굴을 보면 알 수 있다.

비운의 임금
단종의 한이 서려 있는 땅 영월 | 영월에는 섬이 아닌 섬이 있
다. 지리적인 특성으로는 섬이라 할 수 없지만, 그곳에 남겨진 적막함과 슬픈 사
연들은 그곳을 섬이게끔 만들어 준다. 청령포는 쪽빛 강물 위에 새하얀 섬의 형

상으로 외롭게 영월의 바람들을 맞이하고 있다. 이곳은 동, 남, 북, 삼면이 물로 둘러싸여 있으며 서쪽으로는 험준한 암벽이 솟아 있어 나룻배가 없으면 벗어날 수 없는 섬과 같은 곳이다. 이곳을 찾아오는 길은 청령포 앞의 작은 나룻배가 전부일 뿐, 청령포는 그렇게 홀로 자신의 외로움을 온 몸으로 드러내고 있다.

처음 이곳을 찾는 이들은 청령포의 수려한 절경에 마음을 빼앗기고 만다. 그러나 이곳에 얽힌 단종의 비화를 아는 이들은 몇이나 되는지. 단종이 유배 당시 비참한 모습을 보고[觀] 오열하는 소리를 들었다[音]는 관음송觀音松과 수많은 거송들이 그 애달픔을 고스란히 간직하고 있을 뿐이다.

단종은 조선 왕조의 제6대 임금이다. 그는 열두 살 때 왕위에 올랐으나 숙부인 수양대군에게 왕위를 빼앗긴 후 상왕으로 있던 중, 성삼문 등이 꾀한 상왕 복위 계획이 탄로나 노산군으로 지위가 낮아져 1456년 6월에 청령포로 유배되었다. 1457년 10월 24일 세조의 사약을 받고 열일곱 살의 나이로 승하했다.

그래서 영월에는 곳곳에 단종과 관련된 유적지가 많다. 대표적인 곳으로 단종의 귀양 장소였던 청령포를 들 수 있다. 단종은 청령포를 '육지고도陸地孤島'라 칭하면서 이곳의 외로움과 적막감을 표현하였다. 청령포 건너편에는 왕방연 시조비가 세워져 있는데, 단종에게 먹일 사약을 가지고 행차했던 금부도사 왕방연이 단종의 죽음을 보고 한양으로 돌아가는 길에 비통한 심정을 가눌 길이 없어 시조를 읊었다고 하는 곳이다.

천만 리 머나먼 길에 고운 님 여의옵고
이 마음 둘 데 없어 냇가에 앉았으니
저 물도 내 안 같아야 울어 밤길 예놋다.

이 시조는 오랜 시간 동안 영월의 아이들이 노랫가락으로 불렸다가 나중에 시조로 옮겨져 전해지게 되었다고 한다.

당시 단종의 시신은 엄흥도라는 사람에게 의해 거두어져 매장되었다가 100년 이라는 긴 세월이 지난 후 영월 군수 박충원이 시신을 찾아내 현재의 장릉으로 모셔 왔다. 장릉은 여느 왕들의 능과 같은 구조와 형식을 제대로 갖추지는 못했지만, 단종의 영혼은 많은 충신들과 참배객들의 마음을 통해서 그 한스러움을 풀어 놓았을 것이다. 영월 사람들은 단종의 혼령이 위로를 받아 지금까지 이곳을 평안하게 지켜 주고 있다고 생각한다.

단종은 극적으로 세상을 떠났지만 영월군민들의 단종 사랑은 지극하여 최근에 그의 국상을 치러 주었다. 조선 왕조 518년 27대 왕 가운데 유일하게 국상

○ 조선 왕조 제6대 임금 단종의 왕릉인 장릉.

1 장릉 입구에 놓여 있는 스트로마톨라이트 화석.

2 얇은 층이 겹겹이 쌓여 형성된 것으로 나무의 나이테를 연상하게 하는 줄무늬가 바로 스트로마톨라이트 화석의 특징이다.

을 치르지 않은 단종의 상례를 승하한 지 550년 만에 행한 것이다. 영월군은 이를 위해 폭 4.10m, 길이 10m의 대여^{국상 때 쓰는 큰 상여}를 제작하고, 『세종장헌대왕실록』을 참고하여 조선시대의 모습을 재현했다. 또한 영월군은 제41회 단종문화제를 기점으로 해서 2008년부터 단종문화제의 국가 무형문화재 지정을 서두르고 있다.

장릉으로 가는 길에 누가 언제 가져다 놓은 것인지는 알 수 없지만 영월 땅의 출생을 알려 주는 돌이 있다. 영월을 이루는 땅이 약 5억 년 전에는 따뜻한 적도의 바다 밑에서 만들어졌다는 것을 알려 주는 스트로마톨라이트 화석이다.

고생대 초기 바다 밑에 있었던 영월의 땅

영월군 문곡리 연덕천 주변에는 고생대 초기에 형성된 퇴적암 지층으로 된 절벽이 있다. 이 절벽에는 스트로마톨라이트와 건열 구조가 잘 발달되어 있어 퇴적 당시의 환경을 잘 보여 주고 있다. 이들은 약 5억 년 전 우리나라 고생대 초기의 자연 환경과 지질 역사를 아는 데 결정적인 단서를 제공한다.

스트로마톨라이트는 광합성으로 지구에 산소를 공급하는 원시 미생물인 시아노박테리아가 만드는 화석으로 시아노박테리아의 표면에 형성되는 끈끈한 물질에 바닷물에 부유하던 모래나 진흙이 달라붙어 시간이 지나면서 암석화된 것이다. 시아노박테리아는 광합성을 하기 위해 빛을 향하여 자라는 성질이 있어서 항상 위쪽으로 이동하고, 광합성 활동이 활발한 낮과 활발하지 않은 밤이 되풀이되는 까닭으로 층 모양의 줄무늬를 만들며 화석화된다. 이 줄무늬는 계절에 의한 태양의 기울기 차이나 낮과 밤의 길이 차이를 반영하며 마치 나무의

◎ 강원도 영월군 북변 문곡리 산 3번지 일대에 있는 스트로마톨라이트 화석 및 건열 구조(천연기념물 제413호). 수평으로 쌓였던 지층이 지각변동으로 거의 70° 이상으로 세워져 절벽처럼 보인다. 사진 아래 왼쪽은 스트로마톨라이트 화석을, 오른쪽은 건열 구조를 확대한 것이다.

나이테와 같은 형태로 자라므로 지질 시대의 자연 환경을 짐작하는 데 중요한 자료가 된다. 또한 스트로마톨라이트는 동심원을 그리며 자라기 때문에 몽글몽글한 형태의 바위 모양으로 된다.

스트로마톨라이트는 일반적으로 수온이 따뜻하고 물의 깊이가 낮아 햇빛이 잘 드는 적도 주변의 바다에서 잘 만들어지는 화석으로 현재 한반도가 위치하고 있는 중위도 지역에서는 형성되기 어렵다. 이것은 이들 스트로마톨라이트가 현재의 위치에서 형성된 것이 아니라 고생대 때 적도의 바다에서 형성된 후 이곳까지 이동했다는 것을 의미한다.

또한 건열 구조는 퇴적물이 대기에 노출되어 물이 증발하여 마르면서 갈라지기 때문에 만들어지는 퇴적 구조이다. 이것은 문곡리의 퇴적 지층이 형성된 곳이 매우 얕은 바다의 조간대* 환경임을 말하고 있다. 그리고 이들 내부에는 바닷물이 증발하면서 형성되는 대표적인 증발암인 석고 결정의 흔적도 발견된다. 따라서 이들 건열 구조는 기온이 높은 저위도의 매우 건조한 기후의 영향을 받으며 퇴적되었다는 것을 알 수 있다. 그러므로 영월은 과거에 지금의 오스트레일리아 서부 지역처럼 따뜻한 적도 근처의 얕은 바다 밑이었던 것으로 생각된다.

물이 만든 위대한 조각품 전시장, 석회 동굴 |

우리나라는 좁은 국토 면적에 비해 동굴의 수가 많은 나라다. 제주도에 가면 용암이 흐르면서 만든 용암 동굴이 있고, 황해나 남해안에

---

* **조간대** 밀물과 썰물에 의해 퇴적물이 형성되는 곳으로 우리나라 황해안이 대표적인 조간대 환경이다.

가면 파도가 만든 해식동굴이 곳곳에 산재해 있다. 그러나 가장 많은 수를 자랑하는 동굴은 석회 동굴인데 이는 우리 땅을 이루는 지층 중에 석회암층이 많기 때문이다.

영월에도 석회 동굴이 여러 곳에서 발견되었는데, 이들 석회 동굴이 발달한 석회암층은 고생대 캄브리아기와 오르도비스기 사이$^{5억 7,000만 년 전부터 4억 3,000만 년 전}$에 형성된 것으로 이것 역시 영월이 과거에 적도 근처의 바다 밑에서 형성된 땅임을 알려 주는 증거다. 석회암은 따뜻한 바다에 사는 조개나 산호의 껍데기와 골격을 이루던 탄산칼슘이 퇴적되어 만들어지는 퇴적암이기 때문이다.

영월을 대표하는 석회 동굴은 고씨굴이다. 고씨굴은 남한강 상류의 강변에 있는 석회 동굴로 1966년 4월 한국동굴학회가 이끄는 한일합동조사단에 의해 세상에 알려지게 되었다. 고씨굴이라는 이름은 임진왜란이 일어났을 때 왜병과 싸웠던 고씨高氏 가족들이 피신했다고 하여 붙여진 이름이라고 한다. 전체 길이는 약 6km에 이르지만 현재 일반인에게 공개되고 있는 것은 일부 구간에 해당하며 1969년 6월에 천연기념물 제219호로 지정되었다.

1 고씨굴의 내부. 마치 협곡처럼 보이는 동굴 내부는 지하수가 흐르면서 석회암을 용해시켜 만든 것이다.
2 고씨굴의 지하수. 고씨굴을 만든 주인공은 지하수다. 지하수가 동굴 바닥 곳곳에 고여 있다.

고씨굴과 같은 석회 농굴은 석회암층에 발달한 절리를 따라 지하수가 흐르면서 만들어진 것이다. 석회암은 탄산칼슘 성분의 방해석이라는 광물로 이루어져 있는데, 이 방해석은 산성을 띠는 물에 쉽게 녹기 때문이다. 그러므로 석회 동굴은 산성을 띤 빗물과 지하수가 수만 년 이상 석회암층 사이를 흐르면서 석회암을 용해시킨 결과로 만들어진 것이라 할 수 있다. 이러한 사실은 산성을 띤 식초에 탄산칼슘 성분으로 된 달걀을 넣고 며칠이 지나면 달걀껍질이 모두 녹아서 없어지는 것을 보면 실감할 수 있다. 또한 콜라와 같은 탄산음료를 많이 마시면 이가 약해지는 것도 같은 이유이다.

빗물과 지하수가 산성을 띠는 것은 하늘에서 내리는 비(H_2O)가 공기 중이나 땅속에 있는 이산화탄소(CO_2)를 만나면 탄산(H_2CO_3)이 되고, 탄산이 물에 이온 상태로 존재하기 때문이다. 사이다나 콜라와 같은 음료수를 탄산음료라고 부르는 것은 이들 음료수에 탄산이 포함되어 있기 때문이다.

고씨굴에는 다양한 모양의 종유석이 발달해 있다. 종유석은 한자로 鐘乳石이라고 하는데, 마치 종 모양의 돌에서 젖이 방울방울 떨어진다고 해서 붙여진 이름이다. 종유석은 석회 동굴에서 가장 흔하게 볼 수 있는 동굴 생성물인데, 암석을 따라 땅 밑으로 흘러온 지하수가 동굴의 천장에 물방울로 매달려 있다가 자란다. 물이 공급되는 방향이나 양, 그리고 동굴 내부에서 부는 바람의 방향에 따라 모양이 매우 다양하게 나타나는데 비가 많이 오는 여름철에 성장 속도가 상대적으로 빠르다.

동굴의 바닥에는 종유석으로부터 떨어지는 물이 만든 석순이 자란다. 석순은 석순의 물이 동굴의 바닥에 부딪히거나 석순의 표면을 따라 흘러내릴 때 물에서 이산화탄소가 빠져나가면서 조금씩 성장한다. 그리고 종유석과 석순이 만나 이어지면 기둥 모양의 석주가 형성된다.

1 다양한 높이로 자라고 있는 석순들.

2 종유석과 석순이 만나 이어진 석주.

3 천장에 매달려 있는 종유석. 종유석은 암석을 따라 지하로 흘러내려 온 지하수가 동굴의 천장에 물방울로 매달려 있으면서 자라게 된다. 자세히 관찰하면 내부가 비어 있는 것을 보게 되는데, 종유관으로 자라던 것이 물의 공급이 많아지면서 종유석으로 변했다는 것을 알 수 있다. 노란색 원 안에 종유관의 흔적이 보인다.

❶ 연꽃 모양의 석주.

❷ 동굴 벽을 따라 형성된 커튼. 지하수가 동굴의 경사면을 따라 흘러내리면서 형성된 동굴 생성물이다.

❸ 상어 이빨처럼 생긴 종유석.

❹ 폭포처럼 생긴 유석(流石). 유석은 '흐르는 돌'이라는 뜻으로 지하수가 흐르면서 형성된다.

종유석, 석순, 석주 등이 형성되는 과정은 지하수에 의해 석회 동굴이 만들어지는 것과는 반대 방향으로 일어난다. 석회암을 이루는 물질은 주로 탄산칼슘($CaCO_3$)으로 여기에 산성(H_2CO_3)을 띤 빗물이나 지하수가 흘러 석회암이 용해되어 생긴 빈 공간이 석회 동굴이다. 이때 석회암과 산성을 띤 물이 석회 동굴을 만들면서 화학 반응을 하고 탄산수소칼슘[$Ca(HCO_3)_2$]이라는 물질을 만드는데, 물에 녹아 있던 탄산수소칼슘에서 이산화탄소가 빠져나오고, 물이 증발하면 만들어지는 것이 종유석, 석순, 석주인 것이다. 이것을 화학 반응식으로 나타내면 다음과 같다.

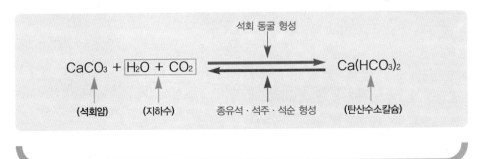

단종의
애환이 깃든 선돌

요즘에는 제천에서 시원하게 뚫린 도로를 따라 영월로 들어가지만 옛날에는 영월로 들어가려면 방절리를 흐르는 서강 옆의 고갯길을 지나야 했다. 수양 대군으로부터 쫓겨난 단종이 유배지인 영월의 청령포로 가기 위해 이 고개를 넘을 때 소나기가 내렸다고 해서 소나기재라는 이름이 붙었는데, 고개 이름에서 단종의 참담한 심정에서 흘린 눈물이 연상된다.

소나기재 꼭대기 주차장에 차를 대고 이정표를 따라 숲으로 들어서면 영월에서 가장 풍광이 빼어난 전망대에 이르는데, 그 앞으로 높이 약 70m에 이르는 거대한 바위가 우뚝 솟아 있다. 이 바위의 이름은 선돌로 마치 큰 도끼를 내려

1 선돌은 세워진 돌[立石]이라는 뜻을 가진 말로, 거대한 석회암 지층이 지각운동의 결과로 세워진 것이다.
2 강원도 삼척의 환선굴이 있는 덕항산에 수직으로 세워진 석회암 지층들.

친 것처럼 둘로 쩍 나뉘어져 있고 그 뒤로 서강이 유유히 휘돌아 흐른다.

　이처럼 거대한 바위가 수직으로 쪼개지는 것은 석회암의 특징으로 볼 수 있다. 석회암은 퇴적암으로 층을 이루면서 퇴적되는 특징을 가지고 있는데, 선돌은 그 석회암 지층이 지각변동에 의해 수평에서 거의 수직으로 세워지는 과정에서 벌어졌거나, 아니면 지층이 수직으로 세워진 후 오랜 세월 차별침식을 받아 두 지층 사이의 암석이 풍화되었기 때문에 형성된 것으로 추정된다. 거대한 석회암 지층이 수직으로 세워진 모습은 강원도 삼척의 석회 동굴인 환선굴 입구 주변 등에서 흔히 볼 수 있다.

절벽과 선돌 사이로 내려다보이는 강물은 마치 한 폭의 수묵화를 보는 듯한 착각이 들게 한다. 도도히 흐르는 강물과 깊은 절벽이 어우러진 선돌 주변의 풍광을 보고 있으면 마치 신선이 된 듯한 느낌을 가지게 되는데 그래서 신선암神仙巖이라는 이름이 붙었다. 선돌을 마주하고 소원을 빌면 이루어진다는 이야기도 그래서 전해지는 듯하다.

'신선이 놀다 간 자리'에 있는 화강암의 너럭바위들

물이 너무 맑아 술이 솟아난다는 전설의 샘 주천酒泉. 영월의 주천강에는 이 전설의 샘 주천에 얽힌 옛이야기가 전해진다. 예부터 이곳에는 양반이 잔을 대면 청주가, 천민이 잔을 놓으면 탁주가 솟았다고 한다. 한 천민이 양반 복장을 하고 청주를 기다렸으나 이를 알아챈 바위샘이 천민의 잔에 탁주를 부었고 이에 화가 난 천민은 샘을 부숴 버렸다. 이후 술 대신 맑은 물이 흐르게 되었다는 주천강. 지상의 그 무엇과도 비교할 수 없는 이 맑은 물줄기는 평창과 횡성 경계에 있는 태기산에서 시작해 산허리를 돌아 평창강과 합류하고 서강을 이룬다. 서강은 다시 동강과 만나 남한강이 되고 남한강은 북한강을 만나 한강이 되어 서울을 지나 황해로 빠져나간다.

그 주천강이 영월군 수주면 무릉리에서 거대한 화강암 덩어리들을 깎아 만든 것이 바로 요선암邀仙巖이다. 요선암 주위에는 조선시대 양사언이 '신선이 놀다 간 자리'라고 할 정도로 아름다운 너럭바위들이 지천으로 널려 있다. 특히 서강의 상류인 주천강은 그 흐름이 고요하고 부드러워 속세에 지친 사람들의 마음을 달래 준다. 강의 여유로운 흐름을 지켜보고 있는 바위와 절벽들은 물결 위로 잘게 부서지는 청량한 소리에 마음을 놓게 된다. 시간과 공간이 정지해 버린 것처럼 고요한 이곳은 시선들의 놀이터가 되기에 충분한 듯하나.

　그런데 요선암의 바위들은 고씨굴과 같은 석회 동굴을 만든 석회암이 아니라 마그마의 관입으로 형성된 화강암으로 근본적으로 태생이 다르다. 이 화강암은 서울의 북한산이나 강원도의 설악산, 오대산 등을 만들고 있는 암석으로 남한 면적의 약 25%를 차지할 정도로 많이 분포하여 우리 민족에게 가장 친숙한 암석이기도 하다. 또한 이 화강암은 중생대 트라이아스기에서 쥐라기 중기^{약 2억} _{5,000만 년 전~1억 5,000만 년 전}에 있었던 대보조산운동의 결과로 형성된 것으로 추정되고 있는데, 이는 고생대 석회암이 형성된 후에 일어난 지각운동이다.

　요선암이 내려다보이는 곳에 요선정이라는 작은 정자가 있다. 정자의 규모는 보잘것없으나 그 지역의 빼어난 정취로 조선시대 숙종, 영조, 정조 등 세 명의 임금으로부터 친필 어제시를 받았을 정도로 유서 깊은 곳이다. 요선정 옆에는 무릉리 마애여래좌상으로 알려진 마애석불이 있다. 마애석불은 암벽이나 구릉에 새긴 불상 또는 동굴을 뚫고 그 안에 조각한 불상을 이르는 것이다. 우리나라를 비롯하여 인도 · 중국 · 일본 등에 퍼져 있는 부처의 조각상으로 경주의 석굴암도 마애석불 중 하나다. 무릉리 마애여래좌상은 중생대 화강암 덩어리를 재료로 고려시대 때 제작된 것으로 알려져 있다. 신경림 시인은 마애석불의 부처님이 밤마다 중생들 몰래 바위에서 빠져나와 주천강 요선암에서 논다고 이야기했다. 그 정도로 마애석불은 금방이라도 바위에서 튀어나올 것 같은 느낌의 생동감을 준다.

　영월은 강의 고장이다. 거침없이 흐르는 동강과 순하고 부드러운 서강이 영월을 감고 돌아 남한강으로 흘러간다. 산과 바위, 심지어 수풀 사이에서도 품어져 나오는 비릿한 물내음이 영월이 강의 고장임을 말하는 듯하다. 바다는 섬들을 마주하지만 강은 산과 나무들을 마주한다. 그렇기 때문에 영월의 쪽빛 물결

은 산과 나무를 닮아 있다. 이 쪽빛 물결들을 따라가면 영월의 산과 바위는 저절로 열린다. 강물은 여러 갈래로 나뉘고 흩어져 지금의 영월을 만들어 냈다. 아름답고 맑은 영월의 강에 이끌려서였을까. 이곳의 땅들은 영월의 강을 만나기 위해, 석도에서 이곳끼지 머나먼 길을 여행해 왔다. 모든 물결이 그러하듯 그 흐름에는 경계가 없다. 물결을 따라온 땅들도 그러할 것이다. 그들이 여행해 온 머나먼 시간과 공간들은 현재를 사는 우리들에겐 그저 가늠할 수 없는 무한한 자연의 신비로움을 느끼게 해 준다. 그들의 무한성이 퇴색되지 않도록 소중하게 지켜 나가야 하는 것도 바로 우리들의 임무일 것이다.

1 요선암의 바위들. 요선암은 주천강 바닥에 있는 화강암 중 하나로 조선시대 시인 양봉래가 평창 군수 시절 선녀들과 함께 이곳에서 풍류를 즐기다가 돌의 아름다움을 기리기 위해 쓴 글이라고 전해지는데, '요선(邀仙)'은 '신선을 맞이한다'는 뜻이다.

2 무릉리 마애여래좌상. 강원도 유형문화제 제74호로 철원군 동송면에 있는 마애석불과 함께 강원도에 있는 두 개밖에 없는 마애석불이다. 하체가 상체에 비해 크게 조각이 되어 균형이 없어 보이는 듯하지만 이것이 오히려 생동감을 주고 있다.

1 장릉 **2** 문곡리 스트로마톨라이트 및 건열 발견 지역 **3** 고씨굴 **4** 선돌 **5** 요선암, 요선정, 무릉리 마애여래좌상

" 고원의 청청한 하늘과
바람이 있는 곳

18
강원도 평창 "

대관령 삼양 목장. 강원도 평창군 도암면의 횡계고원에 위치한 대관령 삼양 목장의 넓이는 여의도 면적의 약 7.5배이고,
해발 고도는 850m~1,400m로 우리나라에서 가장 넓고 높은 목장이다.
화강암의 침식작용과 조륙운동으로 형성된 고원에는 현재 약 700두의 육우와 젖소가 사육되고 있다.

...

하늘 이외에는 그 어느 것도 보이지 않는다.
먼 배경으로 물결처럼 넘실대는 산머리의 행렬이 바다를 이루고,
가까운 배경으로는 탁 트인 들판이 답답한 가슴을 한껏 틔워 준다.
평창은 그런 곳이다.
하늘이 가깝다는 말을 곧이곧대로 실감할 수 있다.

...

평창으로 들어가는 길, 봉평 효석문화마을

강원도 평창平昌은 이름 그대로 평평하고 창대한 곳이다. 태백산맥의 줄기 위에 있어 평균 해발고도가 600m 이상으로 높은 곳에 있지만, 도암면 일대를 중심으로 화강암의 침식작용으로 형성된 고위평탄면이 발달해 있기 때문이다. 그리고 대화면, 방림면, 미탄면의 일부 지역에는 석회암 지층이 발달하여 카르스트 지형이 형성되는 등 강원도의 다양한 지질학적 특징을 살펴볼 수 있는 곳이기도 하다. 내륙 고원지대에 위치하여 기온의 일교차가 심한 대륙성 기후를 나타내므로 같은 위도의 다른 지역보다 기온이 낮아 고랭지 농업이 발달한 곳이며, 겨울에 눈이 많이 와 2018년 동계 올림픽 유치를 향한 꿈을 키우고 있는 곳이기도 하다.

◎ 소설 『메밀꽃 필 무렵』의 배경이 된 강원도 평창군 봉평면의 메밀밭.

○ 이효석 문학관과 이효석 문학관 내부.

…… 길은 지금 긴 산허리에 걸려 있다. 밤중을 지난 무렵인지 죽은 듯이 고요한 속에서 짐승 같은 달의 숨소리가 손에 잡힐 듯이 들리며, 콩 포기와 옥수수 잎새가 한층 달에 푸르게 젖었다. 산허리는 온통 메밀밭이어서 피기 시작한 꽃이 소금을 뿌린 듯이 흐붓한 달빛에 숨이 막힐 지경이다. ……

위 글은 우리나라의 대표적인 소설가 이효석이 쓴 『메밀꽃 필 무렵』의 일부다. 소설의 공간적 배경이 되는 곳은 평창군 봉평면이다. 서울에서 영동고속도로를 타고 평창으로 가는 사람이면 가장 먼저 들르는 곳으로 평창의 입구라 할 수 있는 곳이다. 평창으로 갈 때면 옛날 학창 시절에 국어 교과서에서 만났던 효석의 글이 아련히 떠올라 봉평을 그냥 지나치기 어렵다. 그의 글을 읽은 사람들은 누구나 그 느낌을 가슴 한곳에 흔적으로 남기고 있기 때문이다. 사람들은 그 느낌을 따라 봉평을 가게 되는 것이다.

해마다 9월 중순이면 봉평면에 있는 효석문화마을에서는 효석을 기리는 축제가 열린다. 특히 2007년은 이효석 선생이 태어난 지 100년이 되는 해여서 더욱 행사가 컸다. 비록 효석과 그의 문학이 지역 경제 발전을 위한 상업적 도구로 사용되고 있다는 느낌을 지울 수 없었지만, 그의 문학에 대한 동경심은 막을 수 없었다. 메밀꽃이 흐드러지게 핀 봉평은 추억의 마을로서 자격이 충분하다.

차령산맥이 시작되는 곳
오대산(五臺山) | 백두대간은 힘찬 기세로 금강산, 설악산을 지나 대관령, 태백산, 소백산으로 이어진다. 백두대간이 대관령을 넘기 전에 큰 곁가지

◐ 비로봉에서 본 오대산. ❶상왕봉(1,491m), ❷두로봉(1,422m), ❸동대산(1,434m)이 보인다. 사진에서는 호령봉과 비로봉이 보이지 않는다. 오대산은 이들 다섯 봉우리가 병풍처럼 둘러싸여 있다고 해서 오대산이라는 이름을 갖게 되었다는 이야기도 있다. 오대산 국립공원은 1975년 2월 1일, 우리나라에서 11번째로 국립공원으로 지정되었다.

○ 월정사. 강원도 평창군 진부면(珍富面) 오대산에 있는 사찰로, 대한 불교 조계종 제4교구의 본사이다. 조선왕조실록 등 귀중한 사서를 보관하던 오대산 사고가 있는 곳으로, 부처님의 사리를 보관하기 위해 건립한 8각 9층석탑(국보 제48호, 사진의 중앙에 보이는 탑)이 유명하다.

하나를 뻗는데, 바로 차령산맥이다. 차령산맥은 치악산을 지나 충청도를 관통해 대천 앞바다로 뻗어 내리는 산맥으로 그 시작이 되는 산이 오대산이다.

오대산은 강릉시, 홍천군, 평창군에 걸쳐 있는 큰 산이다. 오대산은 주봉인 비로봉$^{해발 1,563m}$이 있는 월정사 지역과 소금강 지역으로 구분되는데, 월정사 지역이 있는 곳이 행정구역상 평창군에 속한다.

오대산이라는 이름은 신라시대의 고승 자장율사가 지었다고 전해진다. 자장율사는 진골 출신으로 태어나 스스로 부귀영화를 버린 후, '내 차라리 계를 지키면서 하루를 살지언정 계를 깨뜨리고 백년 살기를 원치 않노라' 며 불교에 정진한 신라의 고승이다. 자장은 '부처는 멀리 있지 않나'는 가르침을 널리 퍼뜨렸고, 통도사 등 전국에 10여 개의 사찰을 건립하여 신라 불교를 부흥시켰다. 그는 선덕 여왕의 명을 받아 당나라에 불교를 배우러 유학을 갔는데, 그가 공부한 곳은 산시성으로 그곳에 오대산(원래 이름은 청량산이고, 오대산은 별칭)이라는 멋진 산이 있었다. 신라로 돌아온 자장율사는 전국을 순례하던 중 백두대간 한가운데 우뚝 솟은 지금의 오대산을 보고, 중국의 오대산과 닮았다는 이유로 오

■1 상원사로 올라가는 곳에 있는 계곡과 산길. 오대산은 화강암 외에 오대산 편마암 복합체로 이루어졌다. 편마암 복합체란 편마암, 규암, 결정질 석회암 및 편암 등이 심한 습곡 구조를 보이며 함께 분포하는 지역을 말하는데, 사진의 계곡 바닥을 보면 편마암 등 변성암의 특징을 나타내는 줄무늬를 볼 수 있다.
■2 화강암 등이 오랜 풍화작용으로 토양으로 변한 모습을 보여 주고 있다.

① ② 오대산에서 만난 다람쥐와 새. 비로봉으로 올라가는 도중에서 만난 다람쥐와 새는 여느 산의 다람쥐와 새와는 다른 품성을 보인다. 사람을 두려워하지 않고 오히려 사람 가까이에 다가와 친구가 되기를 원하는 듯하다. 가방에서 과자를 꺼내 줄 때까지 도망가지 않고 기다리는 것이 이채롭다. 아마 오대산을 찾는 등산객들이 이들에게 좋은 친구가 되어 주었기 때문으로 생각된다.

대산이라는 이름을 지어 주었다고 한다.

자장율사는 중국의 오대산에서 오랜 수도를 한 후, 신라에 가면 만 명의 문수보살이 있다는 깨달음을 얻고 바랑에 부처님의 진신 사리를 담아 신라로 돌아왔다. 그리고 자리 잡은 곳이 오대산이었다. 오대산에 들어간 자장율사는 풀로 집을 짓고 문수보살을 기다렸는데 그곳에 월정사가 터를 잡았다. 그래서인지 오대산은 스스로 자신들의 나라가 불국토佛國土라 믿었던 신라 사람들의 정신적인 본향이 되었다. 선덕 여왕은 신라 땅이 곧 부처의 나라라는 자장율사의 뜻에

공감하여 큰 불사를 일으켰다. 덕분에 신라는 왕권이 강화될 수 있었고, 삼국통일을 위한 튼튼한 사상적 기반을 마련할 수 있었다.

오대산은 대부분 해발 고도가 1,000m가 넘는 산들로 되어 있지만 특별히 모나게 치솟은 곳이 없어 반반한데, 암반이 노출된 곳이 적으며, 오랜 세월 풍화작용을 받아 대부분 토양으로 덮여 있다. 오대산을 이루는 기반암은 선캄브리아대에 형성된 편암이나 편마암 등의 변성암과 중생대 쥐라기에 관입된 대보화강암으로 이루어져 있는데, 편암이나 편마암은 풍화에 비교적 잘 견디지만, 화강암은 풍화에 약하여 쉽게 토양으로 변하고, 그 토양이 변성암 계통의 암석을 덮고 있는 것이다. 또한 잘 발달된 식물 군락이 그 위를 덮고 있어 암반이나 바위가 설악산과 같은 다른 산에 비해 적게 보이는 것이다.

고도가 높은 산길을 걷지만 여느 산책로를 걷는 듯 마음이 편하다. 바람 소리를 듣고, 수백 년이 넘는 오랜 고목들에서 나는 진한 나무 향을 맡으며 느린 걸음으로 걷다 보면 어느새 도인이 된 듯하다.

도인이 된 등산객의 발걸음을 막는 것은 오대산의 주인인 다람쥐와 새다. 다람쥐는 사람이 지나가는 길에 미리 나와 기다리고 있다가, 사람들이 과자 부스러기라도 건네주기를 기다린다. 과자를 건네주면 다정스럽게 받아 도망가지도 않고 그 자리에서 먹는다. 새는 다람쥐보다 조심성이 있어서 직접 손에 다가와 과자를 먹지 않고, 던져 줄 때까지 기다려 먹는다. 성정이 부드러우면 많은 것을 품고 아우르는 것은 산이나 사람이나 동물이나 모두 마찬가지인 모양이다.

월정사에서 주봉인 비로봉을 향해 올라가는 길목에는 상원사가 있다. 상원사는 월정사의 말사에 해당하는 산사이지만 선원으로 명성이 높다. 상원사의 옛 이름은 진여원眞如院으로 신라의 보천寶川과 효명孝明 두 왕자가 수도하다가 훗날 효명태자가 성덕왕이 되어 705년에 창건한 절이다.

상원사와 관련된 재미있는 이야기가 전해 내려온다. 온몸에 부스럼이 난 세조는 치료를 위해 명산대찰을 찾아다니게 되었다. 어느 여름 상원사에 들렀는데 불공을 드리기 위해 대웅전 법당을 향해 올라가고 있었다. 세조가 막 법당으로 들어가려는데 갑자기 고양이 한 마리가 나타나서 곤룡포를 물고 늘어졌다. 세조가 고양이를 물리치려고 했으나 고양이는 더 세게 옷을 물고 법당에 들어가지 못하도록 막았다. 기이한 일이라 여긴 세조는 법당 안에서 느껴지는 살기를 감지하고 호위무사들을 시켜 법당을 살피도록 했다. 때마침 그곳에는 세조를 죽이려는 자객이 있었고 고양이 덕에 세조는 목숨을 지킬 수 있었다. 세조는 자신을 구해 준 고양이를 찾았으나 이미 사라진 지 오래였다. 이에 세조는 생명을 지켜 준 고양이에게 보은하는 마음으로 땅을 하사하고 석상을 만들었다. 지금도 상원사 앞에는 고양이 석상이 세워져 있다.

또 이런 전설도 있다. 상원사에 도착한 세조는 절에서 500m 떨어진 관대거리에 나가 관대와 띠를 풀고 맑은 계곡에 목욕을 하였다. 아무리 씻어도 가려움증이 가시지 않아 답답해하고 있는데 계곡에서 한 동자가 물장난을 치고 있었다. 동자에게 등이 가려우니 긁어 달라고 부탁하자 동자는 흔쾌히 등을 긁어 주었다. 세조의 가려움증이 씻은 듯이 가시는 듯했다. 이윽고 세조는 동자에게 자신이 왕이니 어디 가서 왕의 등을 긁어 주었다는 이야기를 해서는 안 된다고 당부하였다. 이에 동자는 빙긋 웃으며 "임금님께서도 다른 사람에게 문수동자가 와서 등을 밀어 주었다는 말을 하지 마십시오."라고 하며 사라졌다고 한다. 신기하게도 그 동자가 자신의 등을 닦아 준 이후로 세조의 가려움증은 깨끗이 사라졌다고 한다.

평창 지진을 일으킨
월정사 단층 | 오대산 물은 동자로 변신하여 나타난 문수보살이 세조의
등을 닦아 병을 고쳤다는 전설이 전해질 정도로 그 청정함을 자랑한다. 조카를
죽이고 왕위를 찬탈한 세조는 창병으로 돋은 종기뿐만 아니라, 자신의 피 묻은
칼날과 마음의 깊은 상처를 이 물에 씻고 싶어 오대산을 찾았을 것이다.

2007년 1월 20일, 월정사 계곡 지하 깊은 곳이 진원으로 추정되는 지진이 발
생했다. 진앙지는 평창군 도암면 일대로 리히터 규모 4.8이였는데, 서울에서도

◐ 월정사 옆으로 계곡을 따라 흐르는 물. 이 물은 깊은 협곡을 이루다가 남한강의 지류인 오대천으로 흘러들어 한강으로
간다. 이 계곡 지하에 월정사 단층이 있으며, 최근 이 단층을 진원지로 하는 지진이 발생했다.

아무르 판

오호츠크 판

강릉

대륙충돌대
예상 위치

대전

전주

대구

광주

필리핀 태평양 판

남중국 판

→ GPS위성으로 측정한 이동 방향과 힘의 크기

⟹ 한반도로 밀려오는 4가지 힘과 방향

◉ 한반도의 4개의 지각판

거의 모든 사람이 건물의 흔들림을 느낄 정도로 강력한 지진이었다. 내륙에서 이런 규모의 지진은 1978년 이후 처음이었는데, 다행히 인명 피해나 국가 기간시설 피해는 거의 없었다. 하지만 지진학자들은 이번 지진을 계기로 긴장감을 가져야 했다. 1990년대 이후 한반도에 지진이 잦고 강도가 더 세지는 것이 심상치 않은 일이기 때문이다.

독일 포츠담의 연방지구물리연구소 인공위성통제센터에서 일하는 한인 과학자 최승찬 박사와 같은 이는 한반도 지하에 '지진의 눈'이 있다는 색다른 주장을 내놓기도 했다. 그의 주장에 따르면 한반도가 지금은 4개의 지각 판*이 힘의 균형을 이루고 있지만, 어느 순간 그 균형이 깨지면 강진이 발생할 가능성이 있다는 것이다.

물론 이것이 이번 평창 지진의 원인을 명확하게 설명해 주는 것은 아니지만, 분명한 것은 이제 우리나라가 지진 안전지대라는 생각에서 벗어나 지진에 대한 과학적인 대비를 서두를 때가 왔다는 점이다. 이를 위해서 가장 먼저 선행되어야 할 일은 전국적인 지질 조사다. 특히 평창은 앞으로 동계 올림픽을 유치하려

---

* 아무르 판, 오호츠크 판, 남중국판, 필리핀 판

는 꿈이 큰 지방으로, 이 지역에 대한 면밀한 지질 조사는 상당히 중요하다. 지진이 발생할 경우 동계 올림픽을 치르기는 매우 어렵기 때문이다.

침식작용과 조륙운동으로 형성된 횡계 고원

해발 고도 832m의 대관령을 앞에 둔 평창군 도암면 일대는 고위 평탄면을 이룬다. 고위 평탄면은 높은 산지 지역에 발달한 넓

1 용평 리조트 슬로프. 평창군 도암면 용산리 일대에 건설된 용평 리조트는 경사가 급하지 않은 횡계 고원의 구릉지를 이용하여 겨울 스포츠를 즐기기에 알맞은 곳이다. 평창이 동계 올림픽 유치에 힘을 쏟을 수 있는 것도 결국 횡계 고원과 같은 고위 평탄면이 있기 때문이다.

2 대관령 삼양 목장에서 발견된 두터운 마사토층. 마사토는 화강암이 풍화작용을 받아 형성된 토양이다.

3 횡계 고원의 정상부에 해당하는 대관령 삼양 목장의 동해 전망대 근처에서 촬영한 화강암과 마사토.

고 평평한 지면을 말한다. 대부분 높고 거친 산악 지역으로 이루어진 강원도에 이런 지형이 발달해 있다는 것은 신기한 일이 아닐 수 없다.

도암면 일대에 이러한 고위 평탄면이 발달하게 된 까닭은 이 지역의 지질학적 특성 때문이다. 고위 평탄면이 자리한 횡계 고원 일대는 중생대 쥐라기에 있었던 한반도 최대의 지각변동이었던 대보조산운동으로 관입한 대보 화강암이 기반암을 이루고 있다. 화강암은 지하 깊은 곳에서 마그마가 오랜 시간을 두고 천천히 식어서 형성된 심성암의 한 종류로, 원래 결정이 크고 단단한 암석에 속한다. 하지만 이것이 지각변동에 의해 지표로 올라오게 되면 문제는 달라진다. 지하에 있을 때는 높은 압력에 의해 치밀도를 유지하지만, 지표로 올라오는 과정에서 급속하게 낮아지는 압력에 의해 화강암 자체가 팽창하면서 암석의 치밀도가 약해지고, 가장자리부터 균열이 생기기 때문이다.

균열이 있는 절리 면을 따라 물이 들어가게 되면 복합적인 풍화작용이 일어난

■ 대관령 삼양 목장 계곡. 주로 화강암으로 이루어져 있어 판상 절리의 모습을 볼 수 있고, 풍화에 의해 형성된 모래가 물밑에 풍부하다.
② 오대산 계곡. 주로 편암이나 편마암과 같이 풍화에 잘 견디는 변성암 계통으로 된 계곡에는 풍화작용으로 형성되는 모래를 발견하기 어렵다.

다. 물의 화학작용에 의해 풍화작용이 일어나기도 하지만 결정적인 것은 물이 얼고 녹는 과정을 반복하면서 일으키는 기계적 풍화작용이다. 화강암 속으로 침투한 물은 기온이 낮아져 얼음이 되면 부피가 팽창하는데, 이것이 쐐기와 같은 역할을 하여 화강암을 풍화시키는 것이다. 특히 횡계 고원은 여름철 강

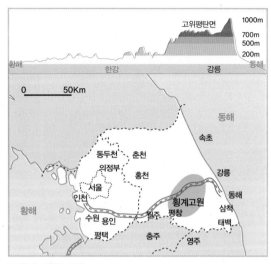

◐ 횡계 고원의 위치.

수량이 많고, 겨울에는 눈이 많이 내리며 기온이 낮다. 또한 바람이 세차게 불어 풍화에는 최적의 조건을 가지는 곳이다. 지금도 횡계 고원이 있는 대관령 삼양목장 곳곳에 가면 화강암의 활발한 풍화작용의 증거가 되는 마사토를 발견할 수 있다.

반면에 횡계 고원의 북서쪽에 위치한 오대산 일대는 선캄브리아대의 변성암 계열에 속하는 암석이 주를 이루고, 남쪽으로 발왕산 지역은 고생대 평안계 계열의 사암과 셰일로 이루어진 퇴적암으로 되어 있어 상대적으로 풍화작용이 강하다. 따라서 풍화에 약한 횡계 고원 일대의 풍화작용이 먼저 일어나 평탄한 평원이 된 것이다.

풍화작용으로 평탄한 지형이 된 횡계 고원 일대는 지금으로부터 약 2,300만 년 전, 신생대 제3기에 있었던 지각변동을 받았다. 이 지각변동으로 동해가 형성되기 시작했고, 한반도는 동고서저東高西低의 경동 지형을 형성하게 되었다. 이

1 대관령 삼양 목장 일대의 풍력 발전기. 횡계 고원의 대관령 삼양 목장 정상부는 바람이 강하기로 유명한 곳이다. 연평균 초속 7m의 세찬 바람은 풍력 발전에 최석의 조건을 자랑한다. 현재 이 일대에는 2MW급 49기의 풍력 발전기가 건설되어 연 약 24만 5,000MWh(메가와트시)의 전력을 생산하고 있는데, 강릉시 7만 가구가 1년 동안 사용할 수 있는 양이다.

2 고랭지 배추 밭. 횡계 고원 일대는 해발고도가 약 800~1,300m에 달하여 한여름인 8월에도 최고기온의 평균이 23.3℃밖에 되지 않는다. 배추는 보통 20℃에서 재배가 잘 되는 작물인데, 여름철 기온이 높아 저지대에서는 재배가 곤란하다. 기온이 23℃를 넘으면 무름병이 발생하여 배춧잎이 썩어 들어가기 때문이다. 따라서 횡계 고원 일대에서는 고랭지 배추 농사를 많이 짓는다.

무렵 태백산맥이 융기하면서 지금과 같은 고지대를 이루게 되었는데, 횡계 고원도 따라서 융기를 하면서 고위 평탄면이 된 것이다.

대화면과 미탄면 일대에 발달한
카르스트 지형 | 평창군의 대화면, 방림면, 미탄면 등 일부 지역에서
는 석회암 지층이 발달한 카르스트 지형이 형성되어 강원도의 다양한 지질학적 특징을 살펴볼 수 있다. 고생대 오르도비스기, 저 멀리 남쪽 적도 근처에서 형성되어 이곳 한반도까지 올라온 석회암 지층인데, 대표적인 곳으로 미탄면을 들 수 있다. 미탄면의 문희 마을 동쪽으로 동강을 끼고, 백운산 자락 아래에는 석회 동굴인 백룡동굴이 있다. 백룡동굴은 천연기념물 제260호이고 전체 길이가 무려 12km에 이르는 석회암 동굴로 종유석과 석순, 석주 등의 농굴 생성물이 잘 발달되어 있어 학술적으로 가치가 아주 높다. 하지만 아쉽게도 아직 일반인들에게는 공개되지 않아 그 신비로운 모습을 보기 어렵다.

한편 석회암 지층의 단층면과 절리를 따라 빗물이 스며들고 밑으로 지하수가 흐르게 되면 카르스트 지형이 형성된다. 평창에는 이러한 카르스트 지형이 곳곳에 발달해 있다. 대표적인 곳으로 미탄면 한탄리 고마루 마을 일대, 대화면 상·하안미 4리 일대와 방림면 일부 지역을 들 수 있다. 따라서 이들 지역에는 석회암이 풍화작용을 받아 형성된 암적색 테라토사 토양을 곳곳에서 볼 수 있다.

◐ 대화면 중왕산 자락의 석회암 지형들. ①은 전형적인 석회암 봉우리이고, ②는 붉은색을 띠는 석회암질 토양으로 테라로사(terra rossa)라고 한다. ③은 작은 규모의 돌리네로 주변 지역에 비해 밑으로 가라앉아 있다.

평창은 내륙 고원 지대에 위치하여 기온의 일교차가 심한 대륙성 기후를 나타내고, 같은 위도의 다른 지역보다 기온이 낮아 고랭지 농업이 발달한 곳이다. 요즈음 평창에는 동계 올림픽 유치를 위한 각종 개발사업과 인프라 구축으로 그 어느 지역보다 분주하고 들뜬 분위기가 형성되어 있다. 곳곳에서 투기꾼들이 모여들고, 펜션이라든가 위락시설들이 우후죽순처럼 건설되고 있다. 지역 경기 부양이라는 면에서 본다면 긍정적인 요소가 될 수 있겠지만 평창의 미래가 단지 동계 올림픽 하나에 달려 있는 것만은 아닐 것이다. 빌딩 숲과 네온사인 간판에 뒤덮여야만이 비로소 아늑함을 느끼는 도시인들에 평창고원의 날것 그대로의 배경이란 그다지 매력적이지 않을 수도 있다. 그렇지만 평창의 하늘과 들판은 아무것도 없는 빈 공간이 아니라 그 자체로 안락한 엄마의 품속이다.

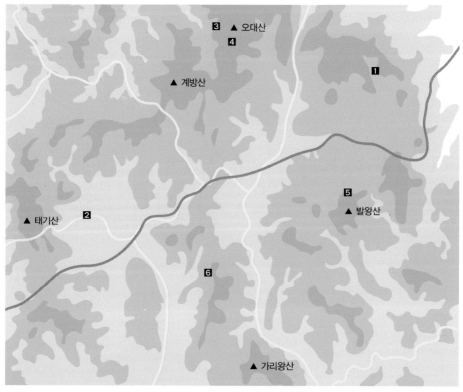

1 횡계고원(대관령 삼양목장) **2** 봉평 효석문화마을 **3** 오대산 비로봉과 삼원사 **4** 월정사(월정사 단층) **5** 용평 리조트 **6** 대화면 카르스트 지역

"
호수·바다·산이 함께 있는
강원도 속초 19
"

미시령에서 바라본 울산바위. 해발 고도 873m에 있는 설악산의 울산바위는 둘레가 약 4km에 이르며
6개의 거대한 바위 봉우리로 이루어져 있다. 이름이 울산바위가 된 것은 이 바위의 고향이 원래 울산이었는데
금강산에 가려다 결국 설악산에 눌러앉았다는 전설 때문이다.

...

속초는 복이 많은 곳이다.
서쪽으로는 설악산이 계절마다 독특한 모습을 드러내고 있으며
동쪽으로는 푸르른 동해가 넘실대고 있다.
속초는 호수의 아름다움 또한 지니고 있다. 바다와 산 그리고 호수가 함께 모여
속초의 절경을 이루고 있는 것이다. 영랑호와 청초호가 맑은 모습으로 설악산을 비출 때면
속초가 동해의 여느 지역과는 다르다는 것을 여실히 느끼게 된다.
속초의 복은 아름다운 자연경관에서만 드러나는 것이 아니다.
바다가 가까운 탓에 해양성 기후를 지니고 있으며 겨울에는 태백산맥이 차가운 북서 계절풍을
막아 주기 때문에 연평균 기온이 11.8℃로 같은 위도의 다른 지역에 비해 포근하다.
살기 좋은 자연환경뿐 아니라 금강산 관광의 출발지이자 중국과 러시아
그리고 일본으로 가는 뱃길이 매우 짧은 곳이기도 하다.

...

바다의 물길이 만들어 낸 호수

석호 | 항상 제자리를 지키고 있는 산에 비하면 강과 바다의 물길은 종잡을 수 없을 정도로 제각각이다. 특히 동해의 바닷물은 저 혼자 움직이는 것이 아니라 모래와 흙 그리고 주변의 많은 것들을 함께 담아 온다. 그러고 보면 바다는 그저 혼자 제 갈 길을 가는 것이 아니라 절벽을 다듬고 부수는 과정을 통해 지형을 변화시켜 온 셈이다. 우리나라가 아름답고 신기한 지형들을 가지고 있다는 것은 삼면이 바다로 둘러싸여 있기 때문일 것이다.

동해 고속도로나 7번 국도를 따라 강릉을 지나 북쪽으로 이동하다 보면 동해의 바다가 만들어 내는 아름다운 작품들을 만나게 된다. 그러나 특이하게도 바다와 접해 있으면서도 바다가 아닌 물이 있다. 이러한 것을 석호潟湖, lagoon라 한다. 속초의 영랑호와 청초호는 대표적인 석호로서 그 규모가 크고 아름답다. 짠 내음과 함께해 온 속초의 여행길은 영랑호와 청초호에 다다르면 호수 특유의 물비린내를 맞이하게 된다. 똑같이 바다에서 시작된 물이지만 바다와 석호의 물은 나름의 계통을 고수하는 듯 보인다. 내륙 분지 지역에서 형성된 호수와는 다르게 석호는 독특한 형성 과정을 지니고 있다.

우리나라에서 영랑호나 청초호와 같은 석호가 형성된 것은 신생대 제4기가 끝나 갈 무렵(지금으로부터 약 1만 8,000년 전)에 있었던 해수면 상승과 관련이 깊다. 해수면 상승이라는 것은 바닷물의 높이가 전보다 높아지는 현상을 말하는데 이러한 일이 가능한 것은 당시 지구의 평균 기온이 올라가면서 빙하기가 물러갔고 많은 양의 빙하가 녹았기 때문이다. 이러한 과정은 약 1만 2,000년 동안 지속되어 약 6,000년 전 오늘날과 비슷한 해안선이 형성되었다. 후빙기의 해수면 상승은 많은 양의 바닷물을 해안에 가까운 골짜기로 침입하게 했고 그 결과 동해안 곳곳에 크고 작은 만*을 만들었다.

---

* **만(Bay)** 바다가 육지 쪽으로 들어와 있는 형태의 지형으로 항만이 발달한 곳이 많다.

1 설악산 권금성에서 내려다본 속초의 전경. 하늘과 바다가 맞닿은 곳이 하얀 선으로 보인다. 왼쪽으로 영랑호, 가운데에 청초호, 그리고 오른쪽으로 설악산에서 동해로 흘러드는 쌍천이 보인다. 쌍천을 경계로 왼쪽은 속초, 오른쪽은 양양으로 구분된다.

2 지상에서 7km 상공에서 인공위성으로 찍은 사진. 위쪽에 있는 것이 영랑호이고 아래쪽에 있는 것이 청초호다.

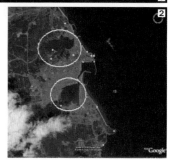

　　한편 태백산맥의 급격한 경사를 따라 흐른 하천은 모래를 동해로 운반하는 일을 했다. 하지만 모래는 해안을 따라 흐르는 연안류와 조류에 의해 바다 쪽으로 멀리 가지 못하고 해안을 따라 길게 퇴적되었는데 이렇게 해서 형성된 해안 퇴적 지형을 사취^{Sand Spit}라 한다. 사취는 연안류가 운반한 모래가 만의 입구에 쌓여 해수면 위로 모습을 드러낸 퇴적 지형으로 육지에서 바다로 뻗어나간 형태

○ 해수면이 상승하여 만이 형성되고 그 앞으로 사취가 발달하여 만의 입구를 막아 석호를 만드는 과정.

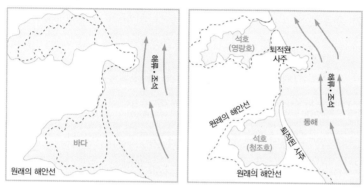

○ 영랑호와 청초호가 형성된 과정.

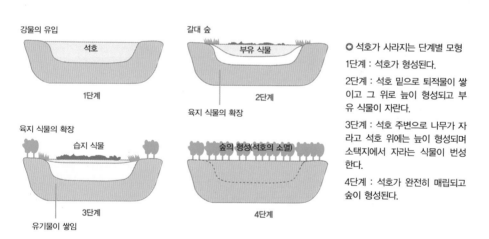

○ 석호가 사라지는 단계별 모형

1단계 : 석호가 형성된다.

2단계 : 석호 밑으로 퇴적물이 쌓이고 그 위로 늪이 형성되고 부유 식물이 자란다.

3단계 : 석호 주변으로 나무가 자라고 석호 위에는 늪이 형성되며 소택지에서 자라는 식물이 번성한다.

4단계 : 석호가 완전히 매립되고 숲이 형성된다.

를 가진다. 이러한 사취가 만의 입구를 막아 물이 바다로 나가지 못하게 막아 버리면 호수가 되는데, 그것이 바로 석호다.

석호로 흘러드는 하천은 규모가 작아 운반되는 퇴적물의 양이 그렇게 많지 않기 때문에 석호를 쉽게 메우지는 못한다. 하지만 티끌 모아 태산이라고 오랜 세월이 지나면 결국 석호는 메워지고 큰 하천의 하류 지역처럼 충적지로 변하게 되어 석호로서의 모습은 자취를 감추게 된다.

속초의 영랑호와 청초호는 우리나라에서는 백두산 천지와 같은 칼데라호나 한라산의 백록담과 같은 화구호를 제외하고는 국내에서 찾아보기 힘든 몇 안 되는 자연 호수다. 그리고 산에서 내려오는 민물과 동해에서 들어오는 바닷물이 서로 만나는 곳으로 담수생물과 해양생물이 함께 공존하는 독특한 수중 생태계를 이루는 곳이다. 그래서 신석기시대부터 사람들에게 좋은 삶의 터전이 되었다. 그들은 호수 주변은 농경지로 사용하고 호수에서는 물고기를 잡으며 먹을거리를 해결했을 것이다. 또한 우리나라의 석호는 한반도 신생대 제4기의 지질학적 현상을 연구하는 데 많은 정보를 제공하는 학습 현장이기도 하다.

영랑호는 설악산의 울산바위와 범바위까지 모두 볼 수 있는 아름다운 경관을 지니고 있다. 신라시대의 화랑인 영랑永郎이 동료들과 금강산으로 수행을 다녀오는 길에 아름다운 경관에 사로잡혀 풍류를 즐기던 호수가 바로 이곳이다. 영랑호의 이름도 바로 화랑인 영랑의 발걸음을 잡았다는 데서 유래되었다. 영랑호뿐만 아니라 청초호도 빼어난 경관으로 유명한 곳이다.

이중환의 『택리지』에는 양양의 낙산사 대신 청초호가 관동8경關東八景의 하나로 기록되어 있다. 청초호는 한겨울에는 얼음이 얼어 마치 논두렁같이 되는데 호수 밑에 사는 용이 갈아 놓은 것이라고 하여 이것을 용경龍耕 또는 용갈이라고 부른다. 영랑호에는 암룡, 청초호에는 숫룡이 산다는 얘기가 전해져 오는 것으로 보아 이 두 석호의 모습이 예사롭지 않음을 알 수 있다. 지금도 영랑호와 청초호는 많은 이들의 사랑을 받고 있다. 그 아름다움에 반한 나머지 나는 단순히

○ 조양동 선사 유적. 속초시의 남쪽에 위치한 조양동은 청초호에 가까운 곳이다. 이곳에는 낮은 구릉이 있는데 그곳에 약 3,000년 전 청동기 시대에 사람들이 살았던 유적이 있다. 1992년 강릉대학교에서 모두 7채의 움집터와 고인돌 2기를 발견했다. 집터가 발견된 구릉에서 고인돌과 부채꼴 모양의 청동 도끼가 발견되기도 하여 사적 제376호로 지정 보호되고 있다.

사람들의 이익을 위해 사용되어 버리지는 않을까 하는 노파심이 들기도 했다.

　2007년 원주지방환경청에서 동해안 18개 석호를 대상으로 조사를 벌였는데 그중 2개 정도만이 석호의 원형과 기능을 보존하고 있다는 결과가 나왔다. 수많은 석호가 매립되어 곳곳에 콘도나 펜션이 들어서거나 농지로 변해 버렸고 강릉의 명물이었던 풍호는 폐탄 매립지로 사용되다가 최근에는 골프장 허가가 난 상태라고 한다. 석호는 이처럼 사람들에 의해 훼손되고 있어 보전에 대한 대책이 시급하다. 언젠가는 자연스럽게 사라져 버릴 테지만 그 모습이 존재하는 한 보존해야 할 방법을 찾아야 한다.

속초의 바다

해빈과 파식대지 | 파도의 작용에 의해 형성된 해안의 모래 지역을 해빈海濱이라고 한다. 해빈은 아래 그림처럼 세 구역으로 구분된다. 우리가 흔히 해변이라고 말하는 곳은 전안Foreshore에 해당한다. 전안은 해빈의 활동 구역에 해당하는 곳으로 밀물과 썰물이 일정한 주기를 두고 오르내리면서 파도에 씻기는 지역이다. 전안을 기준으로 바다 쪽에 있는 것을 외안Offshore이라고 하는데 이곳에는 해안선과 나란하게 사취나 연안 사주Longshore bar 또는 연안 사곡Longshore trough이 발달한다. 사취가 뻗어 나가 만의 입구를 막고 그 안쪽에 석호를 가지게 되면 사주라고 한다.

한편 전안을 기준으로 육지 쪽으로 발달하는 해변을 후안Backshore이라고 한다. 이곳에는 바람에 의해 모래가 언덕처럼 퇴적된 모래언덕(해안사구)이 발달하고 잡초나 사람들이 심은 해송들이 해풍과 모래 바람을 막는다. 그리고 해안에 평행하게 쌓여 있는 모래 퇴적물로 보통 파도에 의한 모래의 퇴적 한계 지점을 애

○ 해안 지형

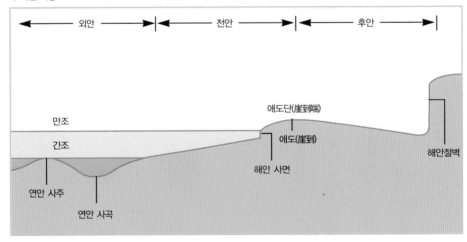

도^{Berm}라고 부르며 애도 꼭대기의 뾰족한 부분을 애도단^{Berm crest}이라 한다. 속초에는 이와 같은 해안 지형이 잘 발달되어 있는데 대표적인 곳으로 속초 해수욕장을 들 수 있다.

속초 해변을 따라 이어지는 조용하고 한적한 해안도로로 차를 몰다 보면 고운 모래펄을 자랑하는 속초 해수욕장에 도착하게 된다. 속초 해수욕장의 모래펄에 서면 이곳을 이루는 많은 모래들이 어디에서 왔는지 궁금해진다. 보통 해변의 모래는 하천에서 공급되어 바다로 온 것이 주를 이루는데 속초 해수욕장으로 들어오는 하천은 없기 때문이다. 그러나 속초 해수욕장에서 남쪽으로 한참 떨어진 쌍천^{雙川}이 모래를 공급하는 역할을 한다. 쌍천은 설악산에서 시작하여 동해로 흘러 들어 가는 하천으로 하류에서 두 가닥으로 갈라져 쌍천이라는 이름을 얻었다.

쌍천을 따라 내려온 많은 모래

1 속초 해수욕장의 해빈. 속초 해수욕장은 청초동에서 대포동까지 이어지는 약 1.2km에 이르는 모래펄을 갖추고 있다. 모래의 질이 양호하고 바닷물이 깨끗하며 송림이 아름다워 동해안의 대표적인 해수욕장 중 하나다.

2 쌍천의 상류에 해당하는 설악산의 계곡은 전형적인 V자곡을 이루고 있다. 쌍천은 남으로는 양양군, 북으로는 속초시를 가르는 경계선 역할을 한다.

퇴적물은 강의 삼각주처럼 하천의 하구 주변에 쌓여야 하는데 어떻게 그 위로 속초 해수욕장과 청초호 그리고 영랑호 앞의 사취가 만들어졌을까? 그 비밀의 열쇠는 연안 해류Longshore current에 있다. 연안 해류가 해안선을 따라 평행하게 흐르면서 모래를 운반시켜 주기 때문에 비록 부근에 하천이 없더라도 모래로 된 해빈과 사취와 같은 해안 퇴적 지형이 생길 수 있는 것이다.

연안 해류는 먼바다에서 파랑이 해안선에 부딪힐 때 옆으로, 즉 해안선과 평행하게 흐르는 물의 흐름이다. 이러한 연안 해류가 생성되는 원리는 다음과 같다. 밀려오는 파도의 힘은 해안선에 평행한 방향과 해안선에 수직한 방향으로 나누어진다. 수직한 방향의 성분은 연안 쇄파를 만들지만 평행한 성분은 해안선을 따라 흐르는 연안 해류를 발생시킨다. 이 해류가 쌍천 하구의 모래를 동해안을 따라 북쪽으로 운반하는 것이다.

쌍천 외에도 속초 해안에 풍부한 모래를 공급하는 일을 하는 것은 파도다. 파도가 해안으로 가까이 다가오면 파도 중 어느 한 부분이 먼저 해저 면에 닿게 된다. 그러면 그 부분의 속도가 느려지게 되는데 이때 파도의 파장이 줄어들고 파고는 높아진다. 이에 따라 서서히 파도가 해저 지형과 평행하게 휘어지게 되는 파동의 굴절 현상이 일어난다. 파동의 굴절 현상은 해안선과 각도를 이루며 다가오는 파도의 각도를 해안선에 평행하도록 변형시키는 역할을 한다. 따라서 먼바다에서 해안선에 40° 또는 50°의 각도를 갖고 접근하는 파도가 해안에서는 5° 이하로 감소하게 된다. 이러한

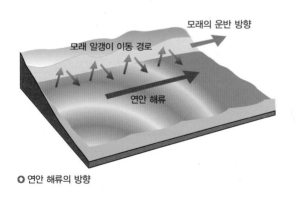

모래의 운반 방향

모래 알갱이 이동 경로

연안 해류

○ 연안 해류의 방향

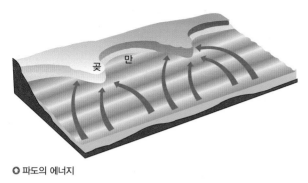

효과 때문에 파도가 가지고 있는 에너지는 해안선에 돌출된 곶과 그 밑으로 솟아 있는 해저 지형에 수렴하게 되는 것이다. 이러한 수렴은 곶 주위에서 침식이 집중적으로 일어나게 만든다.

○ 파도의 에너지

이때 침식작용으로 생성되는 모래 퇴적물은 에너지가 상대적으로 적게 집중되는 만 쪽으로 운반되어 퇴적되는 것이다. 연안 해류와 파도의 굴절 현상이 오랜 세월 작용한 결과 원래 해수면 상승으로 톱니 모양으로 복잡했던 동해의 해안의 지형이 오늘날 해안선을 따라 평행하게 완만해진 모습을 갖추게 된 것이다.

속초 등대 전망대 앞의 파식대지 | 영금정灵琴亭은 속초8경 중 제1경으로 손꼽히는 곳이다. 영금정은 돌로 된 산으로 파도가 쳐서 부딪치면 거문고 소리와 같은 신묘한 소리가 들린다고 해서 만들어진 이름이다. 속초의 등대 전망대에 올라서면 신묘한 파도 소리를 들으며 영금정을 관찰할 수 있다.

우리나라 해안 지형은 크게 해안 퇴적 지형과 해안 침식 지형으로 구분할 수 있다. 해안 퇴적 지형은 앞에서 살펴본 해빈이나 사취 등을 들 수 있고 해안 침식 지형으로는 해식절벽과 파식대지를 들 수 있다. 해식절벽과 파식대지는 주로 암석 해안에서 볼 수 있는데 암석 해안은 파도의 침식작용으로 기반암이 드러난 곳을 말한다. 이러한 암석 해안은 산지나 구릉지가 바다로 돌출하여 먼바

● 속초 동명동 해안의 동명 횟집 단지 앞 해안에는 파도의 침식작용에 의해 잘 발달된 파식대지가 있다. 기반암을 이루는 것은 화강암인데 사진에서 보는 암석들도 화강암으로 왼편은 회색 장석이 포함된 화강암이고 오른쪽은 분홍색 장석이 포함되어 분홍색을 띤 화강암이다. 검게 보이는 점 같은 것은 흑운모 결정이다.

다에서 밀려오는 큰 파도를 맞는 해안에 잘 발달한다. 속초 해안에서도 잘 발달된 파식대지를 찾아볼 수 있는데 등대 전망대 앞 해안에서 있는 영금정이 바로 그런 곳이다. 파식대지는 암석의 특성, 절리와 성층면의 발달 정도 그리고 단층과 습곡의 존재 여부 등의 지질 구조적인 특성에 따라 그 모양과 발달 과정이 달라진다.

바위에 새겨진 풍경
속초 설악산 | 신라 말 풍수지리의 대가 도선 스님이 쓴 『옥룡기玉龍記』를

보면 "우리나라는 백두산에서 시작되어 지리산에서 끝나는데 그 지세의 뿌리는 물이요 줄기는 나무다."라는 대목이 나온다. 아마 이때부터 백두산에서 지리산까지 이어져 한반도의 등뼈를 이루는 산줄기를 백두대간이라 불렀고 백두대간은 우리 민족의 정기를 상징하는 것이 되었을 것이다. 이 백두대간의 중앙에 우뚝 솟은 산이 설악산이다. 옛 선조들은 우리나라의 3대 명산으로 금강산, 한라산, 지리산을 꼽아 설악산은 그중에 들어가지 못했으나 실제로 이들 산 못지않은 산세를 자랑하는 명산이다. 설악산을 명산으로 꼽은 대표적인 사람으로 육당 최남선崔南善을 들 수 있는데 그는 자신의 글에서 설악산을 이렇게 표현했다.

> 탄탄이 짜인 상은 금강산이 승하다고 하겠지만 너그러이 펴인 맛은 설악이 도리어 승하다고 하겠지요. 금강산은 너무나 현로顯露하여서 마치 노방路傍에서 술파는 색시 같이 아무나 손을 잡게 된 한탄이 있음에 비하여 설악산은 절세의 미인이 그윽한 골속에 있으되 고운 양자樣子는 물속의 고기를 놀래고 맑은 소리는 하늘의 구름을 멈추게 하는 듯한 뜻이 있어서 참으로 산수풍경의 지극한 취미를 사랑하는 사람이면 금강보다도 설악에서 그 구하는 바를 비로소 만족케 할 것입니다. … 중략 … 이와 같이 설악의 경치를 낱낱이 세어보면 그 기장함이 결코 금강의 아래 둘 것이 아니건마는 워낙 이름이 높은 금강산에 눌려서 세상에 알리기는 금강산의 몇 백 천 분의 일도 되지 못함은 아는 이로 보면 도리어 우스운 일입니다.
> – 육당 최남선의『조선의 산수』중에서

설악산의 위용을 유감없이 나타내는 것 중에 대표적인 것이 울산바위다. 미시령을 넘어 속초로 내려가는 도로에 서서 울산바위를 보면 마치 거대한 사자가 산 위에 웅크리고 있는 것처럼 보인다.

울산바위라는 이름에 얽힌 동화 같은 전설도 전해진다. 아주 옛날 호랑이가

① 설악산 전경. 오른쪽 뒤로 멀리 칠성봉이 보인다. 그 너머로 설악산의 최고봉인 대청봉이 있다. 높이 1,708m의 설악산은 어디를 둘러보아도 한 군데도 비슷한 곳이 없을 정도로 매력이 넘치는 명산이다. 설악산은 백두대간 중앙부에 자리 잡은 산으로 남한에서는 한라산, 지리산에 이어 세 번째로 높은 산이다. 경관이 빼어나고 다양한 생태계가 있어 천연기념물 제175호 천연보호구역으로 지정되었고 1970년에는 다섯 번째로 국립공원으로 지정되었다.

② 설악산을 대표하는 폭포 중 하나인 비룡폭포. 마치 용이 굽이쳐 석벽을 타고 하늘로 올라가는 것 같다고 하여 비룡폭포라 한다.

담배 피던 시절이었을 것이다. 이 땅을 만든 조물주가 금강산을 빚기 위해 이 나라에 한가락 한다는 바위들을 다 불러 모았다. 이 소식을 들은 울산바위도 먼 길을 나섰다. 그러나 워낙 덩치가 큰 까닭에 행보가 늦었다. 울산바위가 설악산 즈음에 이르렀을 때 이미 조물주가 금강산을 다 빚었다는 소식을 듣게 되었다. 돌아갈 길이 아득하고 여기까지 온 것이 억울해 울산바위는 지금 있는 곳에 눌러앉았다는 것이다.

그리고 속초라는 지명도 울산바위 때문에 생긴 것이라고 한다. 원래 울산에 있던 바위를 차지하고 있다는 이유로 울산 고을의 원님이 속초까지 와서 세금을 받아 가곤 했는데 신흥사에 있던 어떤 똑똑한 동자승 하나가 더 이상 세금을 줄 수 없다며 그 고을 원님에게 이 울산바위를 도로 데려가라고 했다. 그러자 울산 고을의 원님은 풀을 태운 재로 꼰 새끼로 바위를 묶어

○ 아마 남한에서 가장 멋진 바위산이 바로 이 울산바위가 아닐까 싶다. 울산바위로 오르는 길은 설악동 소공원의 신흥사 옆으로 나 있다. 정상까지 오를 수 있는 계단이 만들어져 있고 정상에 오르면 대청봉과 외설악 전경도 눈에 들어온다.

주면 가져가겠다고 버텼다. 그때 동자승은 청초호와 영랑호 사이의 풀로 새끼를 꼬아 바위에 동여맨 뒤 그걸 불로 태워 재로 꼰 새끼처럼 만들어 보였다고 한다. 그 후 청초호와 영랑호 사이의 지역이 묶을 속束 자와 풀 초草 자를 쓰는 속초가 되었다.

울산바위를 이루고 있는 암석은 화강암이다. 화강암은 지하 깊은 곳에서 마그마가 천천히 식어 형성된 암석인데 우리나라 지질의 약 30% 정도를 이루고 있을 정도로 흔하게 분포한다. 우리나라에 분포하는 화강암은 대부분 중생대 때 여러 차례의 지각변동 때 있었던 활발한 화산활동의 결과로 형성된 것들로 중생대 트라이아스기의 송림변동과 쥐라기의 대보조산운동 그리고 백악기의 불국사운동 등이 바로 그것들이다. 울산바위는 이 중에서 신생대가 시작하기 약 500만 년 전에 있었던 중생대 말 백악기 때 있었던 불국사운동으로 형성된 화강암이다. 따라서 울산바위는 설악산의 다른 지역보다는 상대적으로 나이가 젊은 바위라고 할 수 있다.

울산바위를 자세히 보면 그 모양이 하나도 같은 것이 없이 다양하다. 울산바위의 이러한 여러 가지 모양새는 바위를 이루고 있는 암석의 특징 때문에 생긴 것이다. 화강암이 형성되는 곳은 지하 수천 미터가 넘는 깊은 곳으로 지층이 누르는 압력이 매우 크다. 그러다가 지각변동에 의해 화강암이 지표 가까이로 올라오게 되면 주위에서 누르는 압력을 받지 않게 되므로 암석을 이루는 결정들의 조직력이 약해진다. 그러면 가장 바깥 부분부터 풍화작용을 받게 된다. 풍화작용은 물리적·화학적·생물학적인 방법 등으로 매우 다양하게 이루어지는데, 그 결과 절리가 형성되어 각을 이루며 쪼개지고 박리작용에 의해 겉에서부터 푸석푸석하게 허물이 벗겨지듯이 깎여 나간다.* 특히 절리 틈을 따라 모서리 부

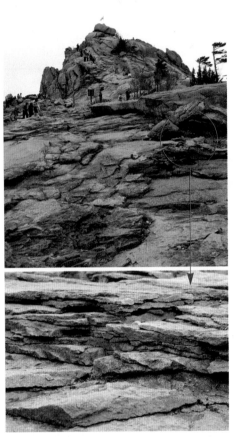

○ 권금성 정상의 바위봉으로 올라가는 비탈길에는 지금도 풍화가 진행되고 있는 화강암을 볼 수 있다.

분이 깎이면서 둥근 핵석이 만들어지기도 하는데 계조암에서 볼 수 있는 흔들바위가 그 예가 된다. 이와 같은 화강암의 풍화작용은 설악산 곳곳에서 흔하게 볼 수 있다. 케이블카를 타고 올라갈 수 있는 권금성에 가면 지금도 풍화작용이 진행되고 있음을 알 수 있다.

설악산은 울산바위를 이루는 울산 화강암 외에 여러 종류의 화강암과 시대를 달리하는 변성암으로 이루어져 있어 지질이 매우 복잡한 산이기도 하다. 내설악 지역은 대부분 중생대 백악기에 형성된 여러 종류의 화강암으로 되어 있으나 대청봉 정상 부근이나 외설악의 남부는 선캄브리아대로 추정되지만 시대를 정확하게 알기 어려운 변성암으로 이루어져 있기 때문이다.

화강암이나 변성암은 모두 땅속 깊은 곳에서 형성되는 암석으로 이들로 이루어진 설악산이 오늘날과 같이 우리 눈앞에 웅장하게 솟아올라 자태를 보일 수 있는 것은 지각변동 때문이다. 지질학자들의 연구에 의하면 설악산이 지금처럼 높은 산이 된 것은 중생대 백악기 말 화강암의 관입 이후 습곡작용에 의해서 서서히 솟아오른 후 지금으로부터 약 2,300만 년 전에서 1,500만 년 사이 신생대 제3기에 있었던 경동성요곡운동 때문이라고 한다. 경동성요곡운동이란 한반도를 둘러싼 판의 이동으로 동해가 확장되고 이때 평탄하던 한반도가 횡압력을 받아 비대칭적으로 융기하게 된 지각변동을 말한다. 이 지각변동으로 우리나라의 지형이 동고서저형이 되었으며 태백산맥이 형성되면서 설악산을 이루고 있던 암석들을 세상 밖으로 드러낸 것이다.

바위를 자세히 들여다보면 바위가 겪었던 세월들이 고스란히 담겨져 있음을

---

* 최근 부산대학교 지질학과의 강항묵 교수팀은 오랜 풍화작용에 의해 형성되었다는 지금까지의 통설과는 달리 설악산을 이루고 있는 수천 개의 기암괴석과 깊은 골짜기 등 아름답고 웅장한 형태가 지금으로부터 1만 년 전에서 100만 년 전 사이에 있었던 빙하 시대에 형성되었다는 다른 주장을 내놓았다. 특히 울산바위에서는 빙하가 흘러내리면서 바위를 깎은 줄무늬 마찰 흔적이 남아 있다고 한다.

■ 권금성 올라가는 길의 간이음식점 앞에서 볼 수 있는 화강암. 마치 나이 많은 거북이가 목을 길게 빼고 쳐다보는 형상이다. 화강암의 풍화작용이 빚어낸 조각품이다.

② 비룡폭포에서 설악동 매표소로 내려오는 길가에서 본 화강암 절리. 마치 칼로 바위를 토막 친 것처럼 보인다. 설악산의 기암괴석은 이러한 절리와 같은 풍화작용의 결과물이다.

③ 화강암으로 된 기반암이 풍화작용에 의해 토양으로 변하는 과정이다. 표토가 아주 얇게 덮여 있어 나무가 깊이 뿌리를 박지 못하고 있다.

알 수 있다. 그래서 바위의 모습은 풍경이 되고 그 풍경은 바위를 찾아오는 사람들에게 고스란히 전달된다. 설악산의 바위들도 마찬가지다. 땅에 묻히는 것들이 있는 반면 설악산의 바위처럼 땅속에서 서서히 그 모습을 드러내는 것도 있다. 바위는 오랜 시간 땅속에 살면서 품었던 시간들을 지금에서야 우리들에게 이야기하고 있는 것이다. 겉으로는 신기한 모양의 돌덩어리로 보이겠지만 바위들의 얼굴에 새겨진 풍경은 과거와 현재 그리고 미래의 풍경을 잇는 다리가 될 것이다. 그래서 설악산의 바위들은 제각각의 모습으로 여행객들을 맞이하고 있는 것이 아닐까.

찾 · 아 · 가 · 보 · 기

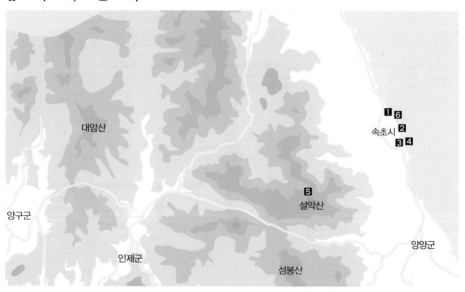

■1 영랑호 ■2 청초호 ■3 조양동 선사유적지 ■4 속초 해수욕장 ■5 설악산, 쌍천, 울산바위 ■6 영금정

" 폭포와 옥 그리고 추억의 도시
강원도 춘천 **"**

20

남이섬은 강원도 춘천시 남산면에 있는 섬이다.
북한강 물줄기 가운데에 형성된 섬으로 전체 면적은 약 14만 평에 이른다.
옛날에는 홍수가 질 때에만 섬으로 고립되었는데 지금은 아래에 청평댐이 건설되어
완전한 섬이 되었고 유람선이 방문객을 실어 나르고 있다.

...

경춘선 열차를 타고 가며 바라보는 북한강변의
물결 속에는 과거의 어느 시절을 떠올리게 하는 추억의 고리가 흐른다.
그래서 우리는 춘천 가는 길을 유난히 경외한다.
추억이 아득한 만큼 춘천 역시 아득해 보일 수밖에 없는 운명인가 보다.
춘천은 물의 도시다. 춘천(春川)을 우리말로 풀어 보면 '봄 내'가 된다.
봄이 되면 얼음이 녹아 내를 이루는 곳이 많은데 상대적으로 고도가 낮은
분지 지형으로 소양강과 북한강이 흘러들어 와 합류하기 때문일 것이다.
또한 수도권의 홍수 조절을 위하여 강줄기를 따라
여러 곳에 댐을 건설한 까닭으로 인공적으로 조성된 호수가 많다.
덕분에 호반의 도시라는 아름다운 이름을 얻었고 서울이 가까이 있어 관광객들이 많이 찾는다.
드라마 〈겨울 연가〉의 촬영지로 유명해진 남이섬,
우리나라에서 유일하게 옥이 생산되는 연옥 광산, 그리고 덩치에 비해 유난히
폭포가 많은 삼악산 등이 대표적인 관광지다.

...

남이섬에는
남이 장군이 없다?

호반의 도시답게 춘천에는 하중도^{河中島}가 많다. 하중도란 강[河]의 중간[中]에 형성된 섬[島]이란 뜻이다. 강물은 상류에서부터 많은 양의 퇴적물, 즉 모래나 자갈을 운반하는 일을 한다. 그런데 강물이 흐르다가 속도가 느려지면 운반해 온 퇴적물을 바닥에 쌓게 된다. 이를 퇴적작용이라고 한다. 이런 일이 오랜 세월 반복해서 일어나면 하중도와 같은 퇴적 지형이 형성되는 것이다.

하중도는 보통 큰 하천의 하류에 잘 형성된다. 한강의 밤섬이나 여의도 낙동강의 을숙도 등이 대표적이다. 남이섬은 북한강의 유속이 약한 곳에 형성된 하중도로 예전에 유량이 많을 때는 섬이 되었다가 유량이 적을 때는 춘천시 남산

◎ 삼악산 정상에서 내려다본 의암호. 가운데 보이는 것이 붕어섬이고 그 뒤로 하중도와 상중도가 차례로 보인다. 오른편으로 오목하게 들어간 지역에 춘천시가 자리 잡고 있다. 춘천은 동쪽으로는 대룡산지, 서쪽으로는 삼악산지, 북쪽으로는 오봉산지, 남쪽으로는 봉화산지 등으로 구분되는 60여 개의 크고 작은 산으로 둘러싸인 분지다.

면 빙하리로 연결되기도 했다. 하지만 청평댐이 들어선 후 유속이 감속하여 퇴적물이 많이 쌓이게 되었고 또한 물의 양도 많아져 지금은 완전한 섬이 되었다. 의암댐 위에 있는 붕어섬이나 상중도와 같은 섬도 하중도라고 할 수 있다.

준천을 대표하는 관광지인 남이섬은 조선시대의 무장 남이 장군의 묘가 있다고 하여 얻은 이름이다. 남이 장군은 1441년에 태어나 17세에 무과에 급제하여 소년 무장이 되었다. 그는 세조 13년(1467년) 26세의 나이로 이시애의 난을 토벌하였고 북쪽 변방을 수시로 괴롭히던 여진족을 평정하는 등 큰 공을 세워 27세라는 이른 나이에 병조판서에까지 올랐다. 하지만 우리가 남이 장군의 이름을 기억하는 것은 그가 이시애의 난을 평정한 후 지은 '북정시北征詩'에 드러난 빼어난 호연지기 때문일 것이다.

> 白頭山石磨刀盡(백두산의 돌은 칼을 갈아 다 없애고)
> 豆滿江水飮馬無(두만강의 물은 말먹이 물로 다 없앴네.)
> 男兒二十未平國(사내 나이 이십에 나라를 평안케 하지 못하면)
> 後世誰稱大丈夫(훗날 그 누가 사내대장부라고 일컬으리오.)

20대의 젊은 나이에 그가 지녔던 뜻은 너무 크고 높았나 보다. 용맹하고 강직한 남이를 남달리 총애하였던 세조가 죽고 예종이 등극하자 남이 장군은 중신들의 모함의 덫에 걸려 버렸다. 남이 장군의 위세를 두려워했던 한명회 등이 그를 병조판서에서 밀어낸 것이다. 뿐만 아니라 조선시대의 대표적인 간신 유자광은 남이 장군이 역모를 꾀한다는 모함을 하여 능지처참이라는 극형으로 그를 한강의 새남터에서 죽였다. 후에 백성들은 그의 죽음을 안타깝게 여겨 오늘날에도 서울시의 한강변 여러 곳에 그를 기리는 사당을 두고 제사를 지내고 있다.

1 남이섬. 강원도 춘천시 남산면에 있는 섬이다. 북한강 물줄기 가운데에 형성된 섬으로 전체 면적은 약 46만 3,000㎡에 이른다. 옛날에는 홍수가 질 때에만 섬으로 고립되었는데 지금은 아래에 청평댐이 건설되어 완전한 섬이 되었고 유람선이 방문객을 실어 나르고 있다.

2 3 남이 장군 묘라고 알려진 곳. 원래 주인이 없던 묘지였는데 어떤 연유에서인지 남이 장군의 묘로 알려지게 되었다. 실제 남이 장군 묘는 경기도 화성시에 있다고 한다.

　　그런데 여기서 한 가지 밝히고 넘어가야 할 부분이 있다. 실제로 그의 무덤이 있는 곳은 우리들이 흔히 알고 있는 것처럼 춘천의 남이섬이 아니라는 점이다. 그의 진짜 무덤은 경기도 화성시 비봉면 남전리_{경기도기념물 제13호}에 있다. 어떤 까닭으로 춘천의 남이섬에 남이 장군의 묘가 있다고 전해졌는지 모를 일이다.

청평사(淸平寺)
가는 길에는 전설이 있다 | 소양강은 알아도 청평사는 모르는 사

람들이 많다. 그러나 소양강에 가서 청평사를 보지 않는다는 건 강릉에 가서 경포대를 가지 않는 것만큼이나 허탈한 일일 것이다. 청평사로 가는 길은 육로와 수로 두 가지가 있다. 육로로 가려면 배후령 고개를 지나 오음리 사거리에서 청평사 방향으로 우회전하여 고개를 올랐다가 내려가면 된다. 그런데 추운 겨울에는 차로 이동하기가 쉽지 않다. 조금만 눈이 내려도 길이 미끄럽기 때문이다. 반면에 수로로 가는 길은 언제나 열려 있다. 소양호 선착장에서 배를 타고 10분 정도 호수를 가르고 가면 된다. 짧은 시간이지만 배가 만드는 파고의 물결로 넉넉한 마음을 맛볼 수 있다.

청평사로 가는 숲길에는 애틋한 사랑 이야기가 전해진다. '공주와 상사뱀'이라는 제목으로 전해지는 이야기의 주인공은 중국 왕실의 공주와 그녀를 몹시도 사랑한 평민 총각이다. 신분을 뛰어넘는 총각의 사랑은 이루어지지 못했고 결국 왕에게 들켜 목숨을 잃었다. 하지만 죽어서도 공주를 잊지 못한 총각은 뱀이 되어 공주의 몸을 감싸고 떨어지지 않았다. 왕실은 이 일로 고민했는데 어떤 사람이 도가 높은 절에 가서 기도하면 떨어질 것이라고 했다. 도가 높고 영험한 절을 찾아 나선 공주는 이곳 청평사까지 오게 되었다고 한다. 청평사에 온 공주는 밤이 늦어 동굴에서 노숙하고 다음날 아침에 절에 가서 밥을 얻어 올 테니 잠시 몸에서 떨어져 달라고 뱀에게 부탁했다. 뱀은 순순히 공주의 말을 들었고 공주는 계곡에서 목욕재계한 후 청평사에 들어가 기도를 올렸다. 하지만 공주를 기다리다 못한 뱀은 회전문을 통해 절에 들어가다가 갑자기 맑은 하늘에서 벼락과 함께 폭우가 쏟아져 물에 떠내려가 죽고 말았다고 한다. 이때 뱀이 떠내려가다가 걸렸다고 하는 것이 구성폭포다.

○ 소양호는 강원도 춘천시를 비롯하여 양구군과 인제군에 걸쳐 있는 우리나라 최대의 인공 호수로 저수량이 약 27억t에 이른다. 1973년에 소양강댐이 건설되면서 조성되었다. 소양호 선착장에 가면 청평사로 가는 배가 30분 단위로 있다. 소양 강댐은 수도권의 젖줄인 한강 유역의 홍수를 조절하고 농·공업용 용수를 공급하기 위해 건설되었다. 높이는 123m, 제방 길이는 530m로 1967년 4월에 착공하여 1973년 10월에 완성했다.

오봉산 기슭에 포근히 안겨 있는 청평사는 973년 고려 때 건립되었으니 천년이 넘는 고찰이다. 고려 선종 6년(1089년)에 이자현李資玄이라는 사람이 관직을 버리고 이곳으로 들어와 선禪을 닦으며 은둔 생활을 하면서 주변에 자연경관을 살린 대규모의 정원을 가꾸었다고 전해지고 있다. 이자현은 고모부를 왕으로 두었고 당대 권력 실세였던 이자겸의 사촌으로 권력의 중앙에 있었지만 아내의 갑작스런 죽음을 보고 세속을 떠나 청평거사라는 이름으로 이곳에서 죽을 때까지 금욕 생활을 하며 여생을 마쳤다고 한다.

청평사에서 유명한 것은 회전문보물 제164호이다. 청평사는 다른 절과는 달리 사천

왕문이 없으며, 회전문이 사천왕문을 대신하고 있다. 회전문의 '회전'은 '윤회전생輪廻轉生'의 줄임말로 중생들에게 윤회의 이치를 깨우치기 위해 지어진 문이라고 한다. 지붕은 옆면에서 볼 때 사람 인人자 모양을 한 단층 맞배지붕 형태를 하고 있다. 건물 안쪽으로 벽이 둘러진 공간에 사천왕상을 놓을 수 있게 했으나 실제로는 없으며 윗부분에는 화살 모양의 나무를 나란히 세워 만든 홍살을 설치하였다. 전문가들은 이것이 16세기 중엽 건축 양식 변화 연구에 중요한 자료가 되는 건축물로 보고 있다.

1 공주와 상사뱀. 청평사를 올라가는 길옆의 청평사 계곡 중간에는 공주와 상사뱀의 이야기를 형상화한 조각이 있다.

2 공주굴. 공주와 상사뱀 조각 위로 올라가면 공주가 노숙을 했다는 굴이 있다. 굴 앞에는 이루지 못한 총각의 사랑을 안타깝게 여긴 연인들이 만든 작은 돌탑이 여기저기에 쌓여 있다.

3 구성폭포. 청평사로 가는 길에는 아홉 가지의 소리를 낸다고 하여 구성폭포라 불리는 폭포가 청평사 계곡을 끼고 발달해 있다. 깎아지른 절벽이 특이하다.

◑ 청평사는 고려 광종 24년(973년)에 백암 선원이라 불렸으나 그 후 몇 번에 걸쳐 증축을 했다. 청평사라는 이름을 얻은 것은 조선 명종 5년(1550년)에 보우선사가 절을 증축한 후부터이다. 청평사 뒤로 오봉산이 보인다.

작지만 단단해서 폭포가 많은 삼악산

춘천을 대표하는 산인 삼악산은 서울에서 멀지 않은 곳에 있어. 주말이면 늘 등산객으로 붐비는 곳이다. 산세는 그다지 험하지 않지만 입구에서부터 범상치 않은 기운을 느낄 수 있다. 초입부터 깎아지른 듯 좁고 깊은 골짜기가 거대한 동물의 입처럼 벌리고 있어 약간 스산한 느낌마저 준다.

삼악산의 입구가 이렇듯 깊은 계곡으로 시작되는 것은 삼악산의 형성 과정과 관계가 깊다. 삼악산은 대부분 규암으로 되어 있는 돌산이다. 규암은 모래가 퇴

적작용을 받아 형성되는 사암이 지각변동으로 땅속 깊은 곳으로 끌려 들어 간 후 높은 온도와 압력에 의해 변성 작용을 받아 형성된 변성암으로 매우 단단하고 치밀하다. 지질학자들의 연구에 따르면 이곳의 규암은 약 5억 7,000만 년 전에서 25억 년 전에 퇴적된 사암이 변성작용을 받아서 형성된 것이라고 한다. 그러므로 선캄브리아대에 이곳은 바다나 호수 밑이었던 셈이다. 바다나 호수 밑 깊은 곳에 있던 사암이 오랜 세월 동안 변성작용을 받아 규암이 되었다가 지각변동에 의해 지표로 솟아올라 지금의 삼악산이 된 것이다.

암석은 광물로 이루어지는데 규암은 광물 중에서도 매우 단단한 편에 속하는 석영으로 되어 있다. 따라서 규암은 암석 중에서도 단단한 편에 속한다. 이러한 이유로 규암은 침식이나 풍화작용에 매우 강하여 쉽게 부서지거나 풍화되지 않는 특

1 삼악산 입구. 삼악산은 강원도 춘천시 서면에 있는 산이다. 경춘 국도의 의암댐 바로 서쪽에 있으며 북한강을 끼고 있다. 용화봉과 청운봉 그리고 등선봉 등 세 개의 봉우리가 있어 삼악산이라는 이름을 얻었다. 산 전체가 단단한 규암으로 되어 있어 들어가는 입구는 천연 요새와 같다.
2 삼악산 정상에 잘 발달되어 있는 규암. 삼악산은 전체가 규암으로 되어 있어 토양보다는 돌이 많다. 특히 의암댐의 상원사 쪽에서 등반하는 길은 그 특징이 더욱 두드러져 경사가 매우 급하다.

○ 규암을 이루고 있는 석영과 운모. 규암은 대부분 석영으로 되어 있고 사진의 반짝거리는 것은 운모다. 운모는 손톱으로 긁으면 판상으로 쪼개진다. 운모는 전기나 열을 잘 전달하지 않는 광물로 다리미 내부에 사용된다.

징을 가진다. 계곡의 가장자리를 자세히 관찰해 보면 모난 부분이 많은 것을 금방 알 수 있는데 삼악산의 초입은 규암으로 된 단단한 암석이 지각변동을 받아 갈라지면서 형성되었기 때문이다. 그리고 규암은 오랜 세월 풍화작용이나 침식작용에도 잘 버텨 여전히 깊은 계곡의 모양을 간직하였다.

이러한 구조적인 특징 때문에 삼악산은 산의 규모에 비해 폭포가 잘 발달해 있다. 규암으로 된 산은 폭포가 만들어지기에 좋은 조건을 갖기 때문이다. 폭포는 절벽과 같이 경사면이 급한 곳에서 물이 떨어지는 것을 말하는데 경사면을 이루는 암석이 풍화작용에 약한 암석으로 되어 있다면 시간이 지나면서 경사면

1 등선폭포. 삼악산의 명물 등선폭포는 하얀 옷을 걸친 선녀가 하늘로 올라갔다는 전설이 얽힌 곳이다. 폭포 위에 있는 흥국사는 옛날에 수백 명의 스님들이 수도를 하던 큰 절이었는데 공양을 위해 쌀을 씻으면 쌀뜨물이 밑으로 흘러내려 하얀 물줄기가 되었다고 한다. 이것을 멀리서 보면 마치 선녀가 하얀 옷을 입고 하늘로 가는 모양이 되었을 것이다.

2 구곡폭포. 북한강을 건너 삼악산 맞은편에 있는 문배마을 뒤에 있는데 아홉 굽이를 돌아 들어간다고 해 붙여진 이름이다. 오른쪽의 단단하게 보이는 암석이 규암이고 왼쪽의 층은 편마암층이다. 규암이나 편마암 모두 변성암으로 퇴적암이나 화성암보다 단단하여 절벽이나 폭포를 잘 만든다.

3 선녀탕. 폭포 밑에는 '소(沼)'라고 부르는 물웅덩이가 발달한다. 소는 폭포에서 오랜 시간 동안 물이 떨어질 때 자갈들이 부딪치고 돌면서 암석을 깎아 내어 형성된 것이다. 사람들은 그곳에서 선녀들이 목욕을 했다고 해서 선녀탕이라는 이름을 붙여 주었다.

이 완만하게 된다. 그러면 물이 떨어지는 것이 아니라 경사면을 따라 흐르게 되고 제대로 된 폭포의 모습을 갖출 수 없을 뿐 아니라 그냥 개울이 될 수도 있다. 하지만 규암과 같은 단단한 암석은 급한 경사면을 아주 오랜 시간 동안 유지하여 한번 형성된 폭포의 모양을 잘 지킨다. 그래서 삼악산에는 등선폭포 위로 비선폭포, 승학폭포, 백련폭포 등의 폭포가 잘 발달되어 있다.

삼악산 정상에서 등선폭포 쪽으로 내려오다 보면 곳곳에 크고 작은 돌들이 무더기로 쌓여 있는 것을 볼 수 있다. 예전에 이곳이 채석장이 아니었나 싶을 정도로 돌들이 많다. 하지만 이 돌들은 채석장에서 화약으로 깬 돌이 아니라 지

○ 삼악산 너덜겅. 삼악산의 정상으로 올라가는 기슭에는 모가 난 크고 작은 돌들이 채석장처럼 쌓여 있다. 이런 지형을 너덜겅 또는 테일러스라고 하는데 산 정상 부근의 암석이 풍화작용을 받은 뒤 밑으로 미끄러져 내려와 쌓인 것이다.

각변동 또는 물과 나무의 뿌리가 쪼갠 것들이다. 아무리 단단한 규암이라고 해도 지각변동 등의 충격을 받으면 암석 사이에는 약간의 틈이 생긴다. 비가 오면 그 틈 사이로 물이 스며들고, 추운 겨울이 되어 그 물이 얼면 부피가 팽창하고, 봄이 되면 다시 녹는다. 이런 일이 계절에 따라 계속 반복되면 결국에는 규암도 돌 조각으로 쪼개질 수밖에 없는 것이다. 뿐만 아니라 처음에는 가냘픈 뿌리였지만 암석 사이에 깊이 파고든 상태에서 천천히 자라면서 굵어진 뿌리도 규암 사이를 넓히고 결국에는 작은 조각으로 쪼갠다. 그렇지만 규암은 쪼개진 상태에서 다른 암석에 비해 풍화작용을 천천히 받는다. 따라서 삼악산은 다른 산에 비해 너덜겅이 잘 발달해 있다.

우리나라 유일의 옥 광산

옥 광산 | 가장 한국적인 보석을 들라고 하면 옥을 들 수 있다. 옥은 화려하지 않으면서도 은은한 빛이 오래 마음을 사로잡는 것이 마치 한국의 여인을 닮았다. 그리고 옥은 우리 선조들에게 '천지의 정수이며 음양에 있어 지극히 순결한' 돌로서 사람의 건강에도 아주 좋은 보석으로 통했다. 그래서인지 우리 조상들도 옥을 무척 좋아했다. 가야, 신라, 백제 등의 고분에서 출토된 유물 가운데 많은 것이 옥으로 만든 것이었다.

우리나라 사람들이 옥을 좋아하는 심성은 오늘날에도 여전하다. 최근에 인기를 끌고 있는 제품 중에 유난히 옥이 들어간 것이 많다. 옥 매트, 옥 침대 등이 대표적으로, 옥이 몸에 좋다는 것을 누구나 인정하기 때문인 것 같다. 오죽하면 옥 찜질방까지 생겼을까. 그런데 생각보다 옥의 생산지는 흔하지 않다. 남한에서 옥이 생산되는 곳은 춘천시 동면 월곡리의 금옥동 골짜기가 유일하다.

춘천 옥 광산에서 생산되는 옥은 녹색인 연옥과 흰색의 백옥으로, 학자들의 연구에 따르면 대리암이 변성되어 만들어진 것이라 한다. 대리암은 시멘트의

■ 춘천의 옥 광산에서 채굴된 옥. 춘천 옥은 흰색의 백옥과 녹색의 연옥이 대부분이다. 이 옥은 우리 조상들이 사용했던 옥과는 성분이 다르다. 고분에서 출토된 옥 제품은 경옥으로 만들어졌으나 아직까지 우리나라에서 생산되지 않는 옥으로 알려져 있다. 대신 연옥은 전 세계적으로 우리나라에서만 생산되는 보석으로 알려져 있다.

■ 휴양 시설로 바뀐 옥 광산 내부. 현재 옥을 채굴하지 않는 광산 내부를 개조하여 찜질방의 일부 시설로 만들어 이곳을 찾는 사람들에게 공개하고 있다. 이 동굴을 따라 쭉 이어진 곳 끝에는 현재도 옥을 채굴하는 광산이 있는데 일반인들에겐 공개되지 않는다.

원료가 되는 방해석과 구성 성분이 같은 탄산염 암석이다. 이들은 바다에서 형성되는 퇴적암인 석회석이 변성작용을 받아서 된 암석이다. 따라서 연옥의 광맥이 분포하고 있는 춘천과 강촌 사이의 지역은 한때 바닷속이었음을 알 수 있다. 월곡리의 연옥 광산은 부존량이 풍부하여 매년 150t씩 약 1,000년 동안 채굴할 수 있다고 한다.

언제든 지친 몸을 이끌고 쉬어 갈 수 있는 휴식 같은 도시가 인근에 있다는 건 수도권 시민들에게는 큰 축복이다. 경기도의 끝자락 강원도의 입구에서 춘천은 그렇게 보석과도 같은 반짝임으로 우리에게 손짓한다. 지금 당장이라도 청량리역이나 동서울 터미널로 달려가 춘천행 차표를 끊어 보자. 춘천은 생각보다 가까이에 있다.

찾 · 아 · 가 · 보 · 기

1 의암호와 붕어섬 2 남이섬 유원지 3 소양호와 소양강댐 4 청평사 5 삼악산 6 등선폭포 7 구곡폭포 8 춘천 옥 광산

"
신생대 화산활동이
남긴 자취들   제주도 남제주군 "

21

성산 일출봉은 언제나 멋있지만 붉은 노을을 배경으로 짙푸른 바다 위로 우뚝 솟아 있을 때가 가장 아름답다.
거대한 성채와 같은 성산 일출봉을 하늘에서 내려다보면 거대한 사발 모양의 큰 분화구를 가지고 있어
당시 화산 활동이 매우 격렬했음을 알 수 있다.

...

바람과 돌과 여자가 많아 삼다도(三多島)라 불리는 제주도.
사면이 바다로 둘러싸인 화산섬 제주도는 돌과 바람의 고장이다.
한라산의 화산활동으로 인해 생겨난 많은 돌과 거센 바람은 제주도를
삶의 터전으로 삼는 섬사람들에게 많은 영향을 미쳤다.
제주 사람들은 땅 위의 돌을 치워 밭을 개간하고 포구를 만드는 등의
긴 과정을 통해 지금과 같은 제주도를 만들었다.
그래서 제주도는 우리나라의 그 어느 땅보다도 사람들의 많은 땀이 배어 있는 곳이기도 하다.
태풍의 길목에 서서 많은 바람을 맞으며 지금의 제주도를 일궈 온 사람들.
그들의 모습을 닮은 제주도의 땅은 지금도 자신의 온몸을 드러내며
온전히 거친 바람을 맞고 있었다.

...

섬 속의 섬,
우도 | 신생대 제4기에 만들어진 화산섬 제주도. 화산활동의 흔적을 고스란히 담고 있는 제주도의 모습은 한번 보면 잊을 수 없는 신비함을 지니고 있다. 한라산 정상에 있는 백록담, 한라산 자락에 옹기종기 솟아 있는 360여 개의 오름_{기생화산}들, 아름다운 일출 광경을 볼 수 있는 성산 일출봉, 용암이 만든 동굴인 만장굴 등이 대표적인 것들이다. 또한 제주도의 해안에는 용암이 흐르면서 만든 기묘한 조각품들이 병풍처럼 둘러쳐 있으며 해안 건너에는 우도와 같이 이국의 정취를 느끼게 하는 아름다운 섬이 자리 잡고 있다. 한때 땅의 울음이었던 화산활동이 남긴 흔적들이 이제는 소중한 천연 자원이 되어 제주의 관광 산업에 밑거름이 되고 있는 것이다.

제주도를 포함해 8개의 유인도와 55개의 무인도로 이루어진 제주도. 제주도를 구성하는 수많은 섬 중에도 제일 먼저 발걸음을 재촉해야 하는 곳이 바로 우도다. 우도에 전해 내려오는 이야기에 의하면 제주도에는 설문대할망이라는 거인할망이 있었다. 하루는 설문대할망이 성산 일출봉에 다리를 걸치고 떠오르는 해를 감상하고 있었는데 갑자기 화장실이 급해지자 성산읍 오조리 식산봉과 일출봉 사이에 발을 디디고 앉아 실례를 해 버렸다. 그런데 오줌 줄기가 어찌나 힘이 센지 땅이 패어지고 강물처럼 흘러가게 되었는데 오줌 줄기가 흘렀던 곳으로 바닷물이 들어와 그 자리에 있던 우도가 제주도 밖으로 떨어져 나갔다고 한다. 그래서 우도는 지금처럼 제주에서 떨어진 섬으로 남게 되었다.

우도는 제주도에서 떨어져 나간 가장 큰 섬으로 북제주군 우도면이라는 하나의 면 소재지를 이루고 있다. 우도로 가기 위해서는 성산포항에서 출발하는 배를 타야 한다. 성산포에서 우도의 천진항으로 가는 배를 탄 지 몇 분이 지나지 않아 멀리 바다 건너 우도가 보였다. 제주 사람들이 섬의 이름을 牛島, 즉 소섬

1 우도. 성산포에서 뱃길로 약 15분 거리에 있는 우도. 해안선의 길이는 약 17km로 걸어서는 약 3시간이 걸린다.

2 우도의 응회환은 북서 방향으로 터진 형태를 띠고 있는데 소머리 오름의 화구에서 용암이 흘러나왔기 때문이다. 사진에 보이는 해안절벽을 이루고 있는 퇴적 지층은 바다 밑에서 화산재가 쌓여서 이루어진 것으로 최근에 무너져 내린 것이다.

3 우도 천진항 근처 퇴적 지층의 모습. 수성 화산활동 기간 중에 쌓인 응회 퇴적 지층에 단층들이 발달하여 지층을 절단하는 모습을 보인다. 또한 퇴적 지층의 경사 방향이 다르게 나타나는 것은 화도가 각기 달랐다는 것을 의미한다.

이라고 지어 준 것은 섬의 형태가 마치 '소가 머리를 들고 누워 있는 모양'을 하고 있기 때문이다. 섬의 남단에는 소의 머리 부분에 해당하는 소머리 오름이 있고 반대쪽으로는 용암이 넓게 퍼지면서 흘러 만든 용암 대지가 발달해 있다.

원래 소머리 오름은 바닷속에서 화산이 분출하여 형성된 수성 화산체다. 소머리 오름이 수성 화산체라는 사실은 바다와 접해 있는 해안절벽의 완만한 층리를 이루고 있는 퇴적물을 보면 알 수 있다. 이들 퇴적물은 대부분 화산재로서 마그마가 바닷물을 만나 급격히 냉각됨과 동시에 수증기의 폭발적 팽창으로 잘게 부수어진 것들이기 때문이다. 그리고 이러한 화산재가 화도 주위에 쌓여 만들어진 것 중에서 반지 모양으로 둥글게 쌓이면 응회환tuff ring이라고 하고 아이스콘 모양으로 쌓이면 응회구tuff cone라고 하는데 소머리 오름은 퇴적 지층이 화도 주위로 반지 모양으로 둥글게 쌓여 있어 응회환에 해당한다.

한편 바다 밑에서 화산이 분출할 때는 폭발의 충격으로 먼저 쌓인 지층을 뒤흔들어 지형의 변화를 준다. 그 결과 화구vent 주변에 단층이 생기거나 화구의 함몰로 화도conduit가 이동하여 층리의 방향을 다르게 만들기도 한다. 이러한 흔적은 우도의 천진항 근처에서 살펴볼 수 있다.

우도가 제주를 찾는 관광객들에 인기를 얻는 가장 큰 이유는 아마 눈부시게 하얀 모래와 파란 바닷물이 있는 '서빈백사西濱白沙' 때문일 것이다. 서빈백사는 '서쪽 물가의 하얀 모래'라는 뜻으로 우도 서쪽의 우목동 포구 남쪽에 있는 해변의 이름이다. 우도8경의 하나이며 한때 산호사 해변으로 불리기도 했다. 산호사 해변으로 불린 까닭은 산호가 모래처럼 부서져서 만들어진 것이라는 생각에서였을 터인데, 사실은 산호가 만든 모래가 아니라 홍조단괴紅藻團塊로 형성된 것이다. 따라서 '산호사 해변'이라는 용어는 잘못된 이름이고 '홍조단괴 해빈'이라 부르는 것이 옳다.

홍조단괴는 광합성 작용을 하면서 바다에 서식하는 조류 중 하나인 홍조류가 탄산칼슘을 침전시켜 형성한 것이다. 주로 얕은 바다에서 성장하는 홍조단괴는 태풍과 같이 큰 바람이 불 때면 바닷가로 운반되어 해안에 쌓인다. 우도의 홍조단괴는 직경이 4~5cm에 이르며 원래는 짙은 갈색을 띠지만 해안에서 건조된 후 파도에 의해 침식되어 하얀 모래가 되었다. 홍조단괴 해빈의 하얀 모래는 햇빛에 눈부시게 반사되며 그 위로 바닷물이 넘실대면 바다는 더욱 푸르게 보여 우리나라에서 가장 아름다운 해안을 만드는 역할을 한다.

소머리 오름의 동쪽 해안에는 홍조단괴 해빈의 하얀 모래와는 아주 대조적인 검은 모래로 된 검멀래 해빈이 있다. 검멀래 해빈의 검은 모래는 소머리 오름의 응회환을 이루고 있던 응회암들이 잘게 부서져서 만들어진 것이다. 검멀래 해안 안쪽에는 예전에 고래가 살았다고 하여 '고래굴' 또는 '경안동굴'이라고 불리는 해식동

○ 우도의 홍조단괴 해빈은 해안선을 따라 약 15m의 폭으로 수백 미터 길이로 형성되어 있다. 학술적 가치가 높아 천연기념물 제438호로 지정되어 보존되고 있다.

굴이 있는데, 이것은 응회암 퇴적 지층의 경사 절리 면을 따라 파도의 침식작용으로 형성된 것이다. 내부는 꽤 넓어 매년 이곳에서 동굴 음악회가 열리고 있다.

검멀래 해안에서는 아주 특이한 용암의 구조를 볼 수 있는데 소머리 오름으로부터 흘러내린 용암류에 발달한 투물루스tumulus가 바로 그것이다. 투물루스는 흐르는 용암이 장애물을 만나 먼저 굳은 표면의 지층을 밀어 올리거나 굳은 표면 속에 갇혀 있던 가스가 팽창하여 만들어진 것이다. 지속적으로 공급되는 용암이 굳은 표면을 들어 올리게 되면 표면에는 빵 껍질 모양의 절리가 형성된다.

1 2 검멀래 해안의 해식동굴인 고래굴과 검은색을 띤 모래.
3 검멀래 해안의 투물루스 : 투물루스는 내부에 있는 유체의 용암과 굳어진 용암 표면의 압력차에 의해 발생한다. 주로 부풀어 오른 언덕 모양을 갖는 용암류의 표면 형태를 말한다. 용암이 투물루스의 틈을 따라 치약을 짜듯이 밖으로 흘러나와 코끼리 발톱 모양의 암석을 만드는 경우도 있다.

송악산과 마라도

바다의 물결은 해안선을 타고 돌면서 절벽이나 바위 등과 만나 자신의 목소리를 만들어 낸다. 물결은 저 혼자서 이야기를 할 수 없고 오직 부닛힐 수 있는 그 무엇이 있어야만 제 소리를 낼 수 있기 때문이다. 송악산에 다다르면 아름다운 경치와 더불어 바다의 목소리를 함께 들을 수 있다. 송악산은 일명 '절울이'라 불리는데 '절'은 제주말로 '물결'이고 '절울이'는 '물결이 운다'라는 뜻이다. 바다 물결이 절벽에 부딪쳐 우레같이 울린다고 해서 이런 이름이 붙여졌다. 그 때문일까. 송악산에 서면 아름다운 경관과 더불어 물결의 울음소리도 들리는 듯 했다. 어쩌면 바다의 경관이란 아름다운 섬과 절벽뿐 아니라 바다의 목소리도 함께해야 한다는 생각이 들었다.

◑ 송악산 동쪽 해안을 따라 나열되어 있는 동굴들. 응회암으로 된 퇴적 지층은 단단하지 않아 파기가 쉬웠을 것이다. 마치 터키의 기독교 신도들이 박해를 피해 만든 동굴 집으로 이루어진 카파도키아를 보는 듯한 느낌을 준다. 카파도키아도 응회암을 파서 만든 것이기 때문이다.

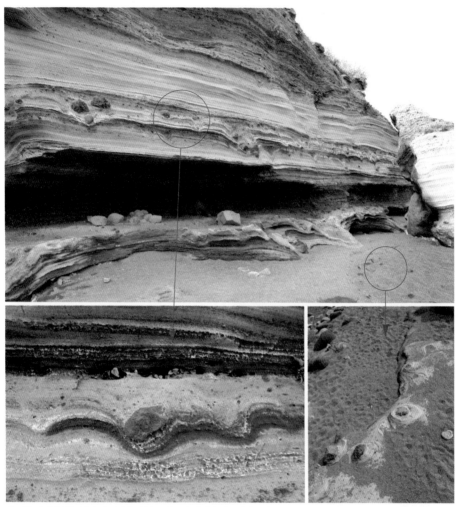

◎ 지층이 형성되는 중간에 무거운 암석 조각들이 떨어져 만들어진 탄낭 구조. 탄낭 구조는 주로 화구 가까이 떨어지므로 화구 주변에 탄낭 구조가 많이 형성된다. 오른쪽 사진은 탄낭 구조를 덮고 있는 지층이 침식된 후 나타난 것이다.

송악산은 우도의 소머리 오름과 마찬가지로 수성 화산체다. 수성 화산체는 수증기가 마그마 폭발을 통하여 형성되므로 미립질 화산 쇄설물을 많이 포함하며 화쇄 난류의 발생으로 기저 직경이 크고 비고가 낮은 형태를 보인다. 하지만

송악산은 육지화된 후에도 화산활동이 반복되었기 때문에 2중 화산체의 형태를 띤다. 바다 밑에서 화산이 분출된 후에 형성된 제1분화구에는 화구구, 용암호수 및 탑상용암이 잘 보존되어 화산 지질학자들에게는 중요한 연구 대상이 되고 있다.

송악산의 동쪽 해안은 화산 분출 때 나오는 쇄설물로 이루어진 퇴적암인 응회암이 발달되어 있는데 그 아래쪽에는 제2차 세계대전 말기에 일본군들이 파 놓은 동굴들이 약 20개 정도 있다. 폭 4~5m, 너비 약 10m에 이르는 동굴들은 일본군이 미군과 최후의 격전을 앞두고 어뢰

○ 마라도 서쪽 해안에 발달한 해식동굴. 마라도의 해안절벽을 자세히 보면 용암이 여러 차례 흘렀던 흔적을 알 수 있다. 그리고 용암의 표면은 고래등처럼 부풀어 있으며 그 속은 비어 있는 경우가 많다.

정을 숨겨 놓기 위해 만든 곳이라고 한다.

그리고 송악산은 화산활동으로 산체가 형성된 이후부터 수천 년 동안 바닷물의 침식작용을 받아 해안에 높은 절벽을 이루고 있다. 이들 해안절벽은 응회환의 화산재층이 깎여 나간 화산체의 절단면이라 할 수 있는데 분화구의 중심부 근처의 지층을 보여 준다. 이 해안절벽에는 사층리와 거대연흔 그리고 탄낭 구조와 같은 다양한 지질 구조들이 발달되어 있다. 특히 일부 절벽의 지층에는 커다란 암석이 지층을 주머니 모양으로 뚫고 들어간 현상을 볼 수 있는데 이를 탄

낭 구조라 한다. 탄낭 구조는 화산 폭발 당시에 하늘 높이 솟아올라 갔던 화산암의 암석 조각들이 지층 위에 떨어져 만들어진 것이다.

또한 송악산은 우리나라 최남단 섬인 마라도로 가는 유람선이 뜨고 내리는 송악선착장이 있는 곳이다. 이 선착장을 지나 해안절벽으로 난 길을 걸으면 송악산 정상에 오를 수 있다. 마라도는 송악선착장에서 뱃길로 약 9.4km 떨어진 곳에 있는데 배를 타고 가면서 본 마라도의 모양은 남북이 동서에 비해 두 배 긴 타원형이다. 북쪽에서 본 마라도는 등대가 있는 부분이 높고 전체적으로 완만한 경사를 이루고 있었다. 그 이유는 마라도는 두께가 얇은 용암이 여러 차례 흘러 겹겹이 쌓인 현무암으로 이루어져 있기 때문이다. 해안은 오랜 해풍의 영향으로 기암절벽을 이루고 있으며 해안절벽을 자세히 살펴보면 용암이 흘렀던 흔적도 발견할 수 있다.

산방산과 용머리 해안

송악산에서 한라산 쪽으로 머리를 돌려 바라보면 거대한 종 모양의 산이 보이는데 바로 산방산이다. 용머리 해안과 함께 망망대해를 표류하던 하멜이 처음 발을 디딘 곳으로 유명하다.

산방산 전설에 따르면 오래전 이곳에는 제주도를 창조한 설문대할망의 아들들인 '오백장군'이 살고 있었다고 한다. 이들은 주로 한라산에서 사냥을 하면서 살았는데 하루는 오백장군의 맏형이 사냥이 제대로 되지 않아 화가 난 나머지 허공에다 대고 활시위를 당겨 분을 풀었다. 그런데 그 화살이 하늘을 꿰뚫고 날아가 옥황상제의 옆구리를 건드리고 말았다. 크게 노한 옥황상제가 홧김에 한라산 정상에 암봉을 뽑아 던져 버렸는데 뽑힌 자리에 생긴 것이 백록담이

○ 산방산은 평탄한 지형을 이루고 있는 제주도 서남쪽에 약 400m의 높이로 솟아 있다. 남쪽 면은 조면암의 주상절리가 잘 발달되어 있고 산 중턱에 형성된 산방굴사는 바람의 침식에 의해 형성된 풍화혈, 즉 타포니(tafoni)이다.

고, 뽑아 던진 암봉이 날아가 사계리 마을 뒤편에 떨어졌는데 그것이 바로 산방산이 되었다는 것이다. 실제로는 백록담과 산방산은 그 생성과정이나 시기가 전혀 다르지만 한라산 정상의 분화구와 둘레가 같고 산방산의 암질과 백록담 외벽의 암질이 같은 조면암질로 이루어져 있어 괜한 전설로 그치는 것만은 아니라는 생각이 든다.

산방산과 같이 종 모양의 화산암체를 지질학에서는 용암 돔^{lava dome}이라고 한다. 산방산의 용암 돔은 점성이 큰 용암이 분출하여 만든 것으로 형성 과정을 간단히 그림과 함께 정리하면 다음과 같다.

먼저 화산 폭발을 하면서 마그마가 분출된다. 그 후 마그마에 포함되어 있던

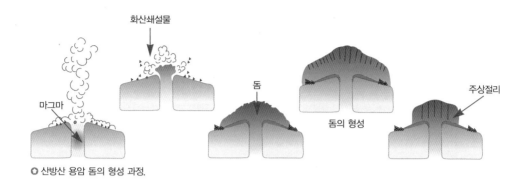

화산쇄설물

마그마

돔

돔의 형성

주상절리

◉ 산방산 용암 돔의 형성 과정.

◉ 용머리 해안절벽. 지질학자들은 용머리 응회환은 약 170만 년 전 제주도가 형성될 무렵에 만들어졌다고 추정한다. 제주도 형성 초기에는 퇴적층만 지금의 제주도 바다 밑에 분포해 있었다. 이 퇴적층을 뚫고 올라온 마그마는 물과 접촉하여 수성 화산활동을 했는데 바로 이 시기의 수성 화산 분출에 의해 형성된 것이 바로 용머리 응회환이고 이 응회환이 바닷물의 침식작용으로 위와 같은 형태의 해안 절벽을 만든 것이다.

가스가 폭발하면서 화산 쇄설물을 분출하고 화구 주위에 쌓인다. 점성이 큰 마그마가 계속 흘러나와 돔을 형성한 후 돔이 식으면서 방사상의 절리가 형성된다. 돔의 가장자리는 침식에 의해 사라지고 가운데 부분만 남게 된다. 이러한 용암 돔 구조는 우리나라에서는 산방산에서만 관찰되는 특이한 구조다.

산방산 가까이에 있는 용머리 해안은 제주도에서 가장 오래된 수성 화산활동의 결과물이다. 응회환의 일부가 해안절벽을 이루고 있는데 마치 용이 머리를 들고 바다로 향하는 형태를 하고 있어 용머리라는 이름을 얻게 되었다. 용머리 해안절벽을 관찰하면 산방산이 형성되면서 분출된 화산 쇄설물이 원래 용머리를 이루던 응회암을 덮고 있는 것을 알 수 있다. 이러한 까닭으로 산방산의 용암 돔은 용머리가 형성된 후에 일어난 화산활동으로 만들어진 것으로 추정할 수 있다.

서귀포층의
신생대 화석과 폭포들 | 서귀포층은 천지연폭포 밑에서부터 남쪽

해안을 따라 약 50m 높이의 해안절벽에서 관찰되는 퇴적 지층이다. 이 지층을 이루고 있는 퇴적암으로는 역질 사암, 사암, 사질 사암, 이암 등이 있고 그 위를 현무암이 덮고 있다. 역질 사암은 1cm보다 작은 크기의 알갱이를 가지며, 겉이 거친 유리질 현무암 조각과 유리질 화산재로 구성되어 있고, 암석 조각의 표면은 담황색으로 변질되어 있다. 현무암질 암석 조각과 응회질 화산재는 크기와 외형의 변질 양상으로 보아 수성 화산활동의 산물이 이동되어 퇴적된 것으로 생각된다.

서귀포층에는 맨눈으로도 쉽게 관찰이 되는 조개류 화석이 많이 들어 있다. 그 밖에는 불가사리나 성게 등의 화석이 보이는데, 상어 이빨 화석도 발견되었

○ 제주 서귀포시 서홍동 해안 지역은 해안 절벽을 이루던 퇴적 지층들이 무너져 내린 형태로 되어 있다. '제주서귀포층패류화석산지'라는 명칭으로 천연기념물 제195호로 지정되어 있으나 실제로 가 보면 전혀 보호되지 않고 있다.

다고 한다. 서귀포층에서 발견된 조개 화석들의 주인공들은 지금은 서귀포보다 더 따뜻한 남쪽 바다에서 살고 있는 조개들이다. 이것으로 보아 신생대 플라이오세에서 플라이스토세 때 서귀포층이 형성될 당시의 서귀포 앞바다는 지금보다 훨씬 수온이 높았을 것으로 추정된다. 조개류 화석들은 볼록한 부분이 위를 향하고 있어 파도에 의해 굴러다니다가 가장 안정한 자세로 놓인 것을 알 수 있다. 그리고 서귀포층에는 수평 및 수직으로 벌레들이 퇴적물을 파고 들어가 살았던 흔적으로 추정되는 생흔 화석이 많이 발견된다.

한편 제주도에서 이름난 폭포들은 대부분 서귀포에 모여 있고 다른 곳에서는 찾아보기 힘들다. 그 이유는 무엇일까? 크게 두 가지로 생각할 수 있다.

첫째 폭포가 폭포다우려면 풍부한 물이 필요하다. 멋진 절벽이 있더라도 그곳에 물이 떨어지지 않으면 폭포라 할 수 없기 때문이다. 그런데 제주도의 물은 대부분 용천수다. 용천수는 지하에서 흐르던 지하수가 바위나 지층의 틈을 타고 지상 위로 솟아오르는 물을 일컫는 말이다. 섬 자체가 대부분 화산암이나 화산 퇴적암으로 이루어져 있는 제주도에서는 이러한 용천수가 주로 해안 가까이에서 풍부하게 산출되는데, 특별히 서귀포가 그 양이 많다. 그렇다면 왜 하필 서귀포 지역에서 많은 양의 용천수가 솟아오르는지 의문이 생길 것이다. 그 의문에 대한 답은 이렇다.

용천수가 솟아 나오려면 지하수가 지히 더 깊은 곳까지 스며들지 못하도록 막아 주는 기반암이 지하에 분포해야 한다. 그런데 서귀포 지역의 지하에는 넓은 범위에 걸쳐 수성 응회암이 분포하는 것이 시추에 의해 확인된다. 수성 응회암은 물이 잘 통하지 않은 암석에 해당하고 넓은 지역을 덮고 있어서 지하수를 더 깊은 곳까지 스며들지 못한다. 이런 역할을 하는 시층을 불투수층이리 히는데 서귀포 지역에 폭포가 많게 된 것도 지하에 불투수층이 넓게 분포하고 있어서 지하수가 더 깊은 곳까지 스며들지 못하고 일정한 위치에서 물이 지표로 나오기 때문인 것이다. 서귀포시에 분포하고 있는 천제연·정방·천지연폭포의 물은 모두 이와 같은 과정으로 형성된 것이다.

이러한 사실을 직접 확인하기에 가장 알맞은 폭포가 천제연폭포다. 천제연폭포는 위에서부터 아래로 제1폭포, 제2폭포, 제3폭포 등 3단으로 구성되어 있는데 하단 폭포로 갈수록 수량이 증가한다. 그 원인은 천제연폭포에 있는 산책로를 따라가다 왼쪽의 배수로를 보면 잘 알 수 있다. 돌 사이에서 물이 솟아 나오는 것을 곳곳에서 볼 수 있기 때문이다. 이 물이 폭포에 합류하기 때문에 밑으로 내려갈수록 폭포수가 증가하는 것이다. 이는 육지에서는 찾아볼 수 없는 매우 특별한 현상이다.

서귀포에 폭포가 몰려 있는 두 번째 이유는 지질과 관련이 있다. 이것은 정방폭포에서 확인할 수 있다. 정방폭포는 동양에서 유일하게 바다로 직접 떨어지는 폭포라고 하는데 아직 다른 나라의 폭포들에 대한 경험이 부족한 까닭으로 확인하기 어렵다. 약 20m의 높이에서 곧장 바다로 떨어지는 정방폭포는 웅장

1 바다로 직접 떨어지는 정방폭포. 가까이 가면 지축을 뒤흔드는 소리를 들을 수 있다.
2 천지연폭포. 기암절벽에서 떨어지는 세찬 물줄기가 장관을 이룬다.

한 것이 서귀포의 폭포 중에서 가장 남성적인 느낌을 준다. 정방폭포에서 폭포수가 바로 떨어질 수 있는 것은 폭포를 이루는 절벽이 주상절리로 되어 있다는 것이 큰 역할을 한다. 왜냐하면 용암이 급격하게 식어서 이루어진 주상절리는 파도의 침식작용으로 기둥 모양의 시층이 쉽게 떨어져 니기므로 수직의 해안절벽을 만들기 쉽기 때문이다.

색달과 대포동의 주상절리

제주도가 화산섬이라는 사실을 가장 극명하게 보여 주는 것은 해안에 즐비하게 늘어선 주상절리일 것이다. 제주도에서 주상절리가 가장 잘 발달한 곳은 색달과 중문인데 색달 마을 해안의 갯깍 주상절리대는 아직 일반인들에게는 잘 알려지지 않은 반면에 중문의 지삿개 주상절리는 관광지로 개발되어 늘 관광객들로 붐빈다.

서귀포시 예래동 색달 해안으로 들어서면 조면안산암질 용암이 식어서 된 약 40m 높이의 주상절리대가 약 1km의 해안선을 따라 서 있는 것을 볼 수 있다. 이곳에서는 키가 약 15m에 이르는 해식동굴을 볼 수 있는데 이 동굴은 제주도 해안의 해식동굴 중에서 규모가 큰 편에 속한다. 특히 주상절리 암반을 사이에 두고 양쪽으로 서로 트여 있는 형태를 하고 있다. 또한 그 앞으로 주상절리대가 침식된 후 형성된 '먹돌' 이라 불리는 둥글넓적한 자갈들이 해안을 덮고 있다.

우리나라에서 최대 규모를 자랑하는 주상절리대인 대포동^{지삿개} 주상절리대는 제주국제컨벤션센터 앞의 중문 관광단지 해안에 있다. 이곳은 25만~14만 년 전 사이에 한라산 쪽에서 흘러내린 현무암질 용암류가 대포 마을 전체를 덮으면서 형성되었다. 그래서 대포동 주상절리대를 이루고 있는 암석을 대포동 현무암이라 부르고 이 암석은 암석 표면에 큰 기공이 발달되어 있는 특징을 가진다.

대포동 해안의 주상절리는 바닷물과 접하는 아랫부분에는 주상절리가 뚜렷하지만 위로 갈수록 주상절리가 희미해져 없어지는 것을 알 수 있다. 그 이유는 클링커^{Clinker}층의 보온 효과 때문이다.

대포동 해안을 덮은 용암은 비교적 점성이 높은 것들로 용암이 분출했을 당시에는 천천히 흘렀을 것이다. 용암이 천천히 흐르면 이미 굳었던 표면의 암석이 깨져서 내부의 용암과 함께 운반된다. 이렇게 용암의 표면에 굳어 있던 암석이 깨지고 뒤틀린 것을 클링커라고 한다. 대포동 현무암질 용암이 만든 암석은 표면이 거칠고 두꺼운 클링커를 갖게 되었는데 용암이 계속 이동하면서 두께가 약 20m에 이르는 클링커층을 형성했다. 클링커층은 용암의 가장자리에 집적되어 클링커로 구성된 클링커 벽을 형성하게 한다. 이때 클링커는 단열 역할을 하여 클링커 벽의 안쪽의 용암은 굳지 않고 계속 흐르게 되고 나중에 식더라도 천천히 식게 되어 주상절리가 잘 발달하지 못하게 되는 것이다.

한편 용암이 서서히 굳으면서 표면 혹은 지면과 접하는 부분부터 절리가 생

1 색달(갯깍) 주상절리대. 이곳의 주상절리대는 사람이 직접 손으로 만질 수 있어 주상절리의 신비로움을 직접 경험할 수 있는 곳이다.
2 해식동굴과 먹돌.

기게 되는데, 용암의 내부는 서서히 식기 때문에 표면과 물성이 달라 암석의 내부로 가면서 절리의 방향이 휘게 된다. 암석에서 수직으로 발달한 절리 구간을 콜로네이드culunnade라 하고 중앙부에 휘어져서 겹친 부분을 엔태블러처entablature라고 한다.

그런데 이러한 주상절리는 제주도의 북쪽 해안보다는 주로 남쪽 해안에서 만날 수 있다. 이곳 제주도의 남쪽 해안이 오랜 세월이 지나면서 서서히 융기했기 때문이다. 즉, 오늘날의 색달이나 대포 마을의 해안절벽 지대는 과거에는 바다 밑이었는데 융기를 하여 우리 눈앞에 드러난 것이라는 뜻이다. 따라서 이 지역의 주상절리를 잘 분석하면 제주도에 용암 대지가 형성된 시기나 언제 제주도

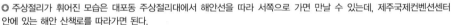
○ 주상절리가 휘어진 모습은 대포동 주상절리대에서 해안선을 따라 서쪽으로 가면 만날 수 있는데, 제주국제컨벤션센터 안에 있는 해안 산책로를 따라가면 된다.

가 융기했는지도 알 수 있다.

　제주도는 신神들의 섬이라고도 한다. 제주도의 여러 섬들과 오름 그리고 길가의 돌 하나하나에도 수많은 신들이 존재한다. 화산활동이 빚어낸 천혜의 경관을 자랑하는 제주도. 지금은 세계적인 관광 도시지만 과거에 이곳을 살아가는 사람들에겐 결코 살기 좋은 곳은 아니었다. 물이 고이지 않는 화산 토양은 척박했고 변덕스러운 태풍으로 많은 사람이 죽기도 했다. 더불어 수많은 왜구의 침략으로 고통스러운 생활을 견뎌야만 했다. 그래서 제주도의 사람들은 믿고 의지할 신들을 찾기 시작했고 수많은 신들이 지금까지 제주도의 곳곳에 살아 숨쉬고 있다. 어쩌면 제주도의 아름다운 경관은 힘겨운 삶을 살아온 제주 사람들에게 신이 준 선물이 아닐까.

찾 • 아 • 가 • 보 • 기

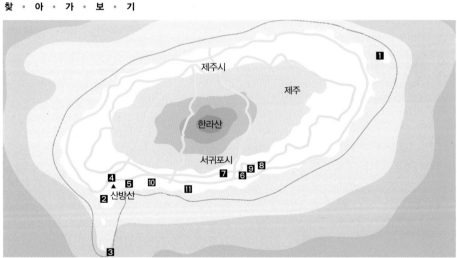

■1 우도　■2 송악산　■3 마라도　■4 산방산　■5 용머리 해안　■6 서귀포층　■7 천제연 폭포　■8 정방폭포　■9 천지연 폭포　■10 색달(갯깍) 주상절리대　■11 대포동(지삿개) 주상절리대

손영운의 우리 땅 과학 답사기

| 펴낸날 | 초판 1쇄 2009년 4월 17일 |
| | 초판 8쇄 2014년 4월 18일 |

지은이	손영운
펴낸이	심만수
펴낸곳	(주)살림출판사
출판등록	1989년 11월 1일 제9-210호

주소	경기도 파주시 광인사길 30
전화	031-955-1350 팩스 031-624-1356
홈페이지	http://www.sallimbooks.com
이메일	book@sallimbooks.com

| ISBN | 978-89-522-1094-4 03400 |